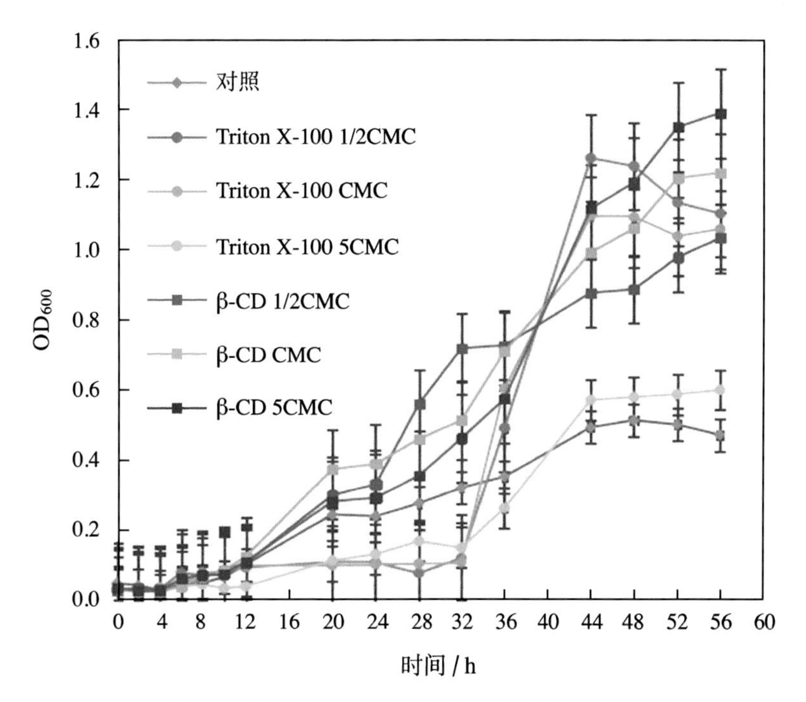

图 6.3 降解系统对细胞利用水溶性碳源的影响

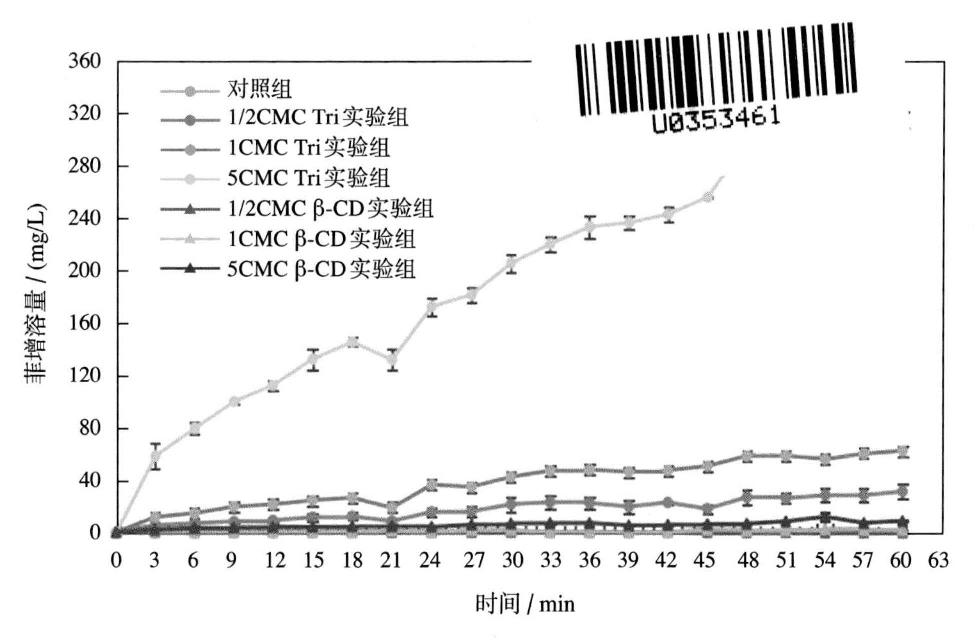

图 6.6 增溶系统对晶体菲在水相中的分配影响

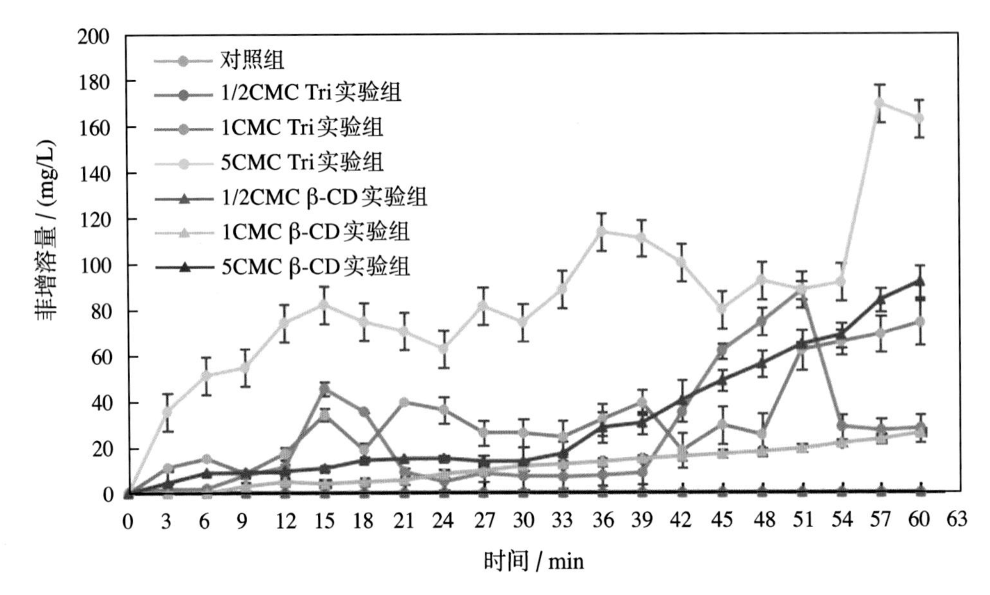

图 6.7　增溶系统对晶体菲在非水相中的分配影响

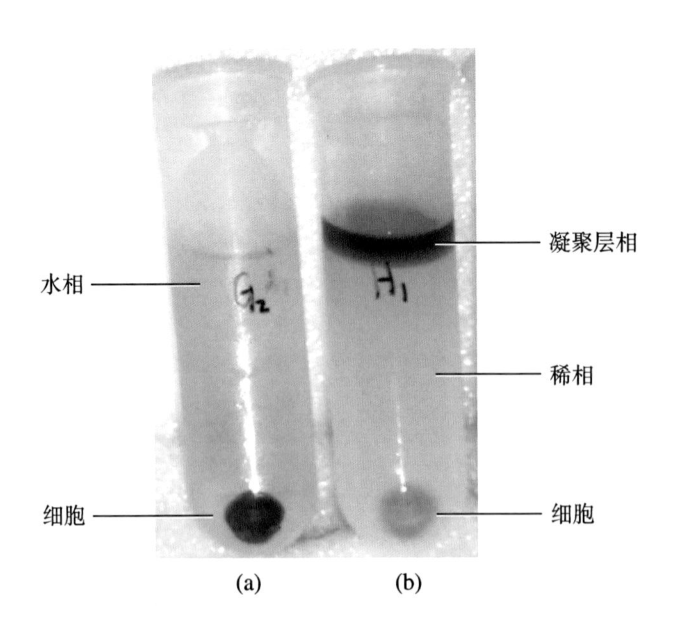

图 7.8　在浊点系统中细胞降解菲的代谢产物

(a) 对照系统；(b) 浊点系统

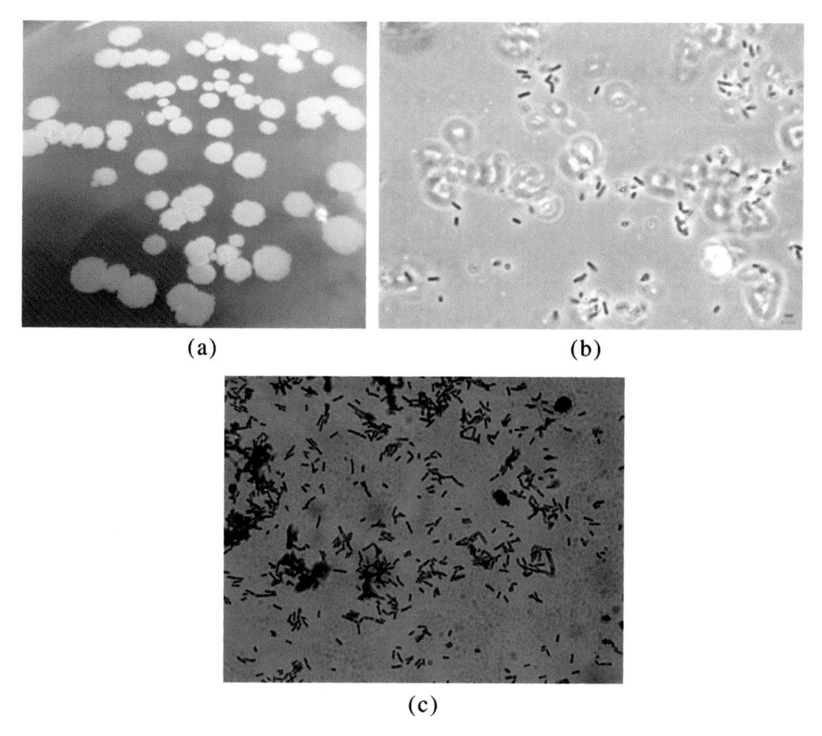

图 9.4　菌株的形态与显微观察

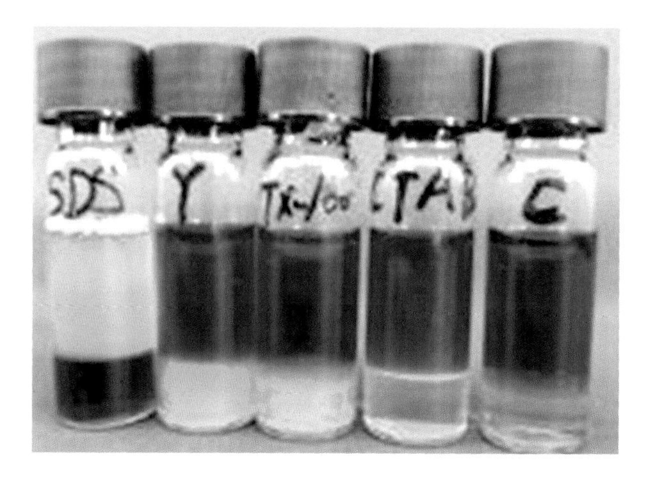

图 9.10　表面活性剂的离子型鉴定

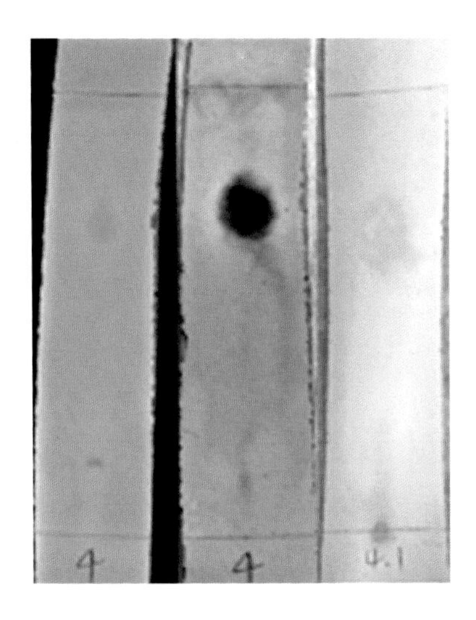

图 9.11　表面活性剂类别的鉴定

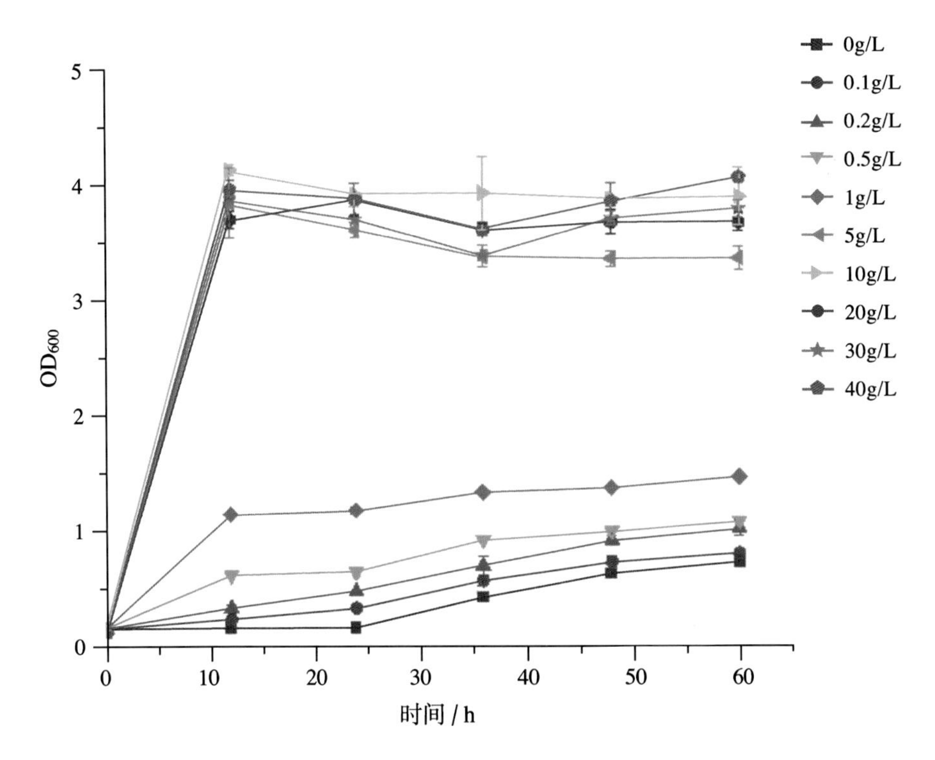

图 9.21　菌株的生长情况（同时含有菲与不同浓度葡萄糖）

江西理工大学清江学术文库

Microbial Degradation of Polycyclic Aromatic Hydrocarbons

多环芳烃的微生物降解

潘涛　潘高　王仁女　等著

化学工业出版社

·北京·

内容简介

本书基于作者研究成果及国内外相关文献的综述，以多环芳烃的来源、降解方法和强化方式为主线，讨论了其微生物降解原理。其中第 1 章介绍了多环芳烃污染现状并详细阐述了多环芳烃的细菌、真菌藻类和动物生物降解；第 2 章综述了多环芳烃的生物膜降解，重点讨论了生物膜形成原理及影响生物膜降解的主要因素；第 3 章主要分析了土壤中老化多环芳烃的特点及其强化修复手段；第 4 章和第 5 章详细分析了多环芳烃高效降解菌的筛选及多环芳烃降解菌的特性；第 6 章和第 7 章重点介绍了多环芳烃在浊点系统、胶束水溶液和环糊精体系中增溶生物降解的机理分析；第 8 章探讨了有机物和重金属复合污染的生物共修复研究进展；第 9 章介绍了双菌协同促进多环芳烃的微生物降解。

本书可供环境科学、环境微生物等学科的研究人员参考使用。

图书在版编目（CIP）数据

多环芳烃的微生物降解/潘涛等著. —北京：化学工业出版社，2022.5（2023.1重印）
ISBN 978-7-122-40833-4

Ⅰ.①多… Ⅱ.①潘… Ⅲ.①多环烃-芳香族烃-微生物降解-研究 Ⅳ.①X783

中国版本图书馆 CIP 数据核字（2022）第 028981 号

责任编辑：韩霄翠　仇志刚　　　文字编辑：胡艺艺　王文莉
责任校对：边　涛　　　　　　　装帧设计：关　飞

出版发行：化学工业出版社
（北京市东城区青年湖南街 13 号　邮政编码 100011）
印　　装：北京科印技术咨询服务有限公司数码印刷分部
710mm×1000mm　1/16　印张 13　彩插 2　字数 221 千字
2023 年 1 月北京第 1 版第 2 次印刷

购书咨询：010-64518888
售后服务：010-64518899
网　　址：http://www.cip.com.cn
凡购买本书，如有缺损质量问题，本社销售中心负责调换。

定　　价：98.00 元

前言

多环芳烃是一类疏水性难降解有机污染物，包括萘、蒽、菲、芘等 150 余种物质。目前，由煤炭燃烧、石油开采和油船泄漏等导致的多环芳烃污染已十分严峻，大气、河流、海洋、土壤和沉积物中的多环芳烃污染已十分普遍。多环芳烃的致癌性、致畸性、致突变性、生物累积性和遗传毒性等特性，使其对环境和人体健康产生了极大的有害影响，从而引起了人们广泛的关注和高度的重视。

笔者试图以多环芳烃的来源、降解方法和强化方式为主线讨论其微生物降解原理。本书第 1 章介绍了多环芳烃污染现状并详细阐述了多环芳烃的细菌、真菌藻类和动物生物降解；第 2 章综述了多环芳烃的生物膜降解，重点讨论了生物膜形成原理及影响生物膜降解的主要因素；第 3 章主要分析了土壤中老化多环芳烃的特点及其强化修复手段；第 4 章和第 5 章详细分析了多环芳烃高效降解菌的筛选及多环芳烃降解菌的特性；第 6 章和第 7 章重点介绍了多环芳烃在浊点系统、胶束水溶液和环糊精体系中增溶生物降解的机理分析；第 8 章探讨了有机物和重金属复合污染的生物共修复研究进展；最后，第 9 章介绍了双菌协同促进多环芳烃的微生物降解。本书是笔者最近几年的研究成果和国内外相关文献的全面综述，力争描绘出多环芳烃微生物降解的研究前景。限于笔者的知识和见解，疏漏之处恳请读者不吝指正。

参加本书撰写的有：潘涛（第 1 章）、王慧敏（第 2 章）、陈桂鲜（第 3 章）、王仁女（第 4 章和第 6 章）、潘高（第 5 章）、肖锟（第 7 章和第 9 章）、刘聪洋（第 8 章）。他（她）们都是从事有机污染物生物降解的一线科研人员。负责制定全书撰写计划和审稿的是潘涛、潘高和王仁女。其中，全书初稿和格式统一等工作主要由潘涛完成。

书中涉及“多环芳烃增溶生物降解”的相关研究内容得到了国家自然科学基金（NO. 21866015， 21407070）、江西省自然科学基金（NO. 20192BAB203016，20151BAB213019）、华南应用微生物国家重点实验室开放课题（NO. sklam002-2015）和“江西理工大学青年英才计划”的资助。江西理工大学对本书出版提供经费资助。特此声明并致以诚挚的感谢。

潘涛

于江西理工大学

2022 年 3 月

目录

第1章

多环芳烃污染现状及治理策略

1.1 多环芳烃污染及其危害

1.1.1 多环芳烃的基本性质及主要来源

多环芳烃（polycyclic aromatic hydrocarbons，PAHs）是一类具有两个或两个以上苯环的疏水性有机化合物。苯环排列形式多样，如角状、聚簇状和线状等。PAHs分子结构独特，性质非常稳定。随着分子结构中苯环数量的增加，PAHs脂溶性增加，水溶性减小，可在环境中长期存在[1]。另外，高熔点、高沸点和低蒸气压也是PAHs稳定存在于环境中的原因之一。

源头治理是处理环境有机污染物最有效的方式。因此，厘清污染源头是修复PAHs污染的首要工作。

PAHs污染源头分为自然源和人为源两种。自然源包含生物质燃烧、地质尘埃和成岩作用等，产生的PAHs较少。人为源有工业排放、石油泄漏和化工冶炼废水等。在不同的环境介质中，PAHs的来源有一定差异性。我国研究人员陈璋琪对泉州市大气中空气动力学当量直径≤2.5μm的细颗粒物（$PM_{2.5}$）中PAHs的来源进行分析，发现夏季大气$PM_{2.5}$中的PAHs主要来源于生物质、煤和化石燃料（如汽油）的燃烧排放[2]，而水和底泥中PAHs的来源主要与石油的开采和泄漏有关[3]。总之，PAHs来源广泛且难以避免，不易修复。因此，研究PAHs的高效修复手段显得极其重要。

1.1.2 多环芳烃的污染现状

PAHs污染遍布全球，国内和国外均有大量报道。

（1）PAHs在大气环境中的污染现状

我国一直是煤炭使用大国，特别是北方地区，长期使用煤炭供电和供暖。据中国能源大数据报告（2020）统计，2019年中国煤炭消费量为28.04亿吨。实际上，煤炭的燃烧并不充分。在煤炭不完全燃烧过程中，$PM_{2.5}$的主要污染成分之一即是PAHs。$PM_{2.5}$颗粒粒径较小，其中的PAHs易被吸入人体难以代谢而导致长期累积。因此，PAHs会对大气环境和公众健康造成很大危害[4,5]。有机废物处理不当会导致所有环境介质（水、空气、土壤和生物群）受到污染[6,7]。不受控制的废物燃烧、有机成分的蒸发以及风力输送等活动，会导致废物堆放区和填埋场附近的空气环境质量受到严重污染，而这些区域产生的气体的主要成分之一是PAHs[6,7]。尽管目前世界各国对一些污染排放企业管控严格，强调生态环境保护，更是注重大气污染的治理；但是，由于经济的发展和生活的需求，大气污染仍不能完全避免，尤其是PAHs对大气环境的污染更是如此。

（2） PAHs在水环境中的污染现状

由于具有强疏水、脂溶、难降解和可远程运输等性质，存在于水环境中的PAHs会引起更多问题。

研究显示，我国松花江和丹江口库区蒿坪河水体，受PAHs污染严重，有较大危害健康的风险[8,9]。王谢等报道，我国河南周口和驻马店地区水域中PAHs污染较为普遍[10]。京津冀地区海河流域的PAHs污染情况调查显示，其污染浓度低于国内外的PAHs水质标准[11]。我国韩向云等调查发现，PAHs在北江清远段的水和沉积物中含量较低，并未超标，水体和沉积物中PAHs主要组成各不相同[12]。然而，据国外报道称，水体中的PAHs对人类和野生动物的内分泌会产生一定的干扰[13]。排放到水生环境中的有机化合物（如PAHs）可能通过对生物体的直接和间接毒性作用对水生生态系统产生影响。如萘污染对水生植物具有某种毒害作用，萘的浓度越高，对其危害越大[14]。综上，尽管我国的一些水体中PAHs含量并未超标，但PAHs的长期潜在影响仍不容忽视。因此，水体中PAHs的污染应成为人类持续关注的问题之一。

（3） PAHs在土壤环境中的污染现状

PAHs是土壤环境中典型的持久性有机污染物。其极易黏附或吸附在土壤罅隙内，因此，PAHs对土壤生态环境具有长久性的危害[15]。

20世纪80年代，Jones就对土壤中PAHs的来源、分布和含量等进行了研究[16]。农用生产是土地利用方式的一种，农用地是人类食品的供应地。我国山东省农用土壤的污染主要以点源污染为主，呈轻度PAHs污染[17]。中原油田周围农田土壤污染主要以2～4环PAHs污染为主，污染程度在冬季尤为严重[18]。研究显示，土壤中的多相体系十分复杂，而PAHs具有较强的亲脂性，容易富集在非水相中，不易洗脱且难以分解[19]。国外研究表明，将街道沉积物添加到农业土壤中会增加PAHs在土壤中的积累与富集[20]，而PAHs在土壤中富集程度增加，无疑会增加其污染程度。

（4） PAHs 在沉积物环境中的污染现状

在沉积物环境中，PAHs 一般迅速吸附和富集在沉积物中的颗粒有机物上，而不是挥发或溶解在水中，因此，对水中许多生物具有长期负面影响。这种吸附作用是水生系统中污染物的主要储存库和二次污染源的主要成因。因此，监测与鉴定沉积物中 PAHs 的来源与种类显得尤为必要[21]。对我国泛杭州湾海域沉积物中的 PAHs 进行监测，发现所有站点都属于 PAHs 轻度和中度污染，以高分子量 PAHs 污染为主[22]。胡昕怡等的最新调查研究显示，我国云南滇池的表层沉积物环境受到了 5～6 环 PAHs 的轻度污染[23]。

1.1.3 多环芳烃污染的主要危害

PAHs 的致癌性、致畸性、致突变性、生物累积性、遗传毒性和光制毒效应等特性，使其对环境和人体健康产生了极大的有害影响，引起了人们的广泛关注和高度重视[14-16]。16 种 PAHs 已被美国环境保护署（US EPA）列入优先控制有机污染物黑名单中[24]，如表 1.1 所示。PAHs 能够吸附在大气颗粒上，可以进行长距离的迁移，造成了污染物的扩散[25]。大多数 PAHs 及其中间代谢产物在生物活体内能产生各种有害效应。

PAHs 污染的环境影响日益增多。近年来，随着经济的飞速发展，人们对生态环境的破坏日益严重。各种因素带来的 PAHs 污染充斥在生活的方方面面，给人类带来无尽的困扰[24]。PAHs 分布广泛并能不断地生成、迁移和转化，能通过呼吸器官进入人体内，产生致癌与光毒效应[26]。研究表明，成年人被 PAHs 危害的风险性高于其他年龄组的人，而女人的健康风险性又略高于男人[27]。其次是对动植物的危害。PAHs（萘、菲等）对动物如家兔、斑马鱼和其他鱼类等具有显著毒害性。并且，PAHs 对动物的毒害性与其浓度关联很大[28-30]。对于同一植物，不同部位的 PAHs 含量与受损害的程度也大不相同[31]。最后，PAHs 对微生物的危害主要表现为抑制微生物的生长。尽管 PAHs 对微生物有危害作用，但自然环境中仍存在一些特殊的微生物不仅能对 PAHs 产生抗性，还能降解 PAHs，进而修复被 PAHs 污染的生态环境[32]。综上所述，PAHs 对环境和生物的危害极大，对 PAHs 污染环境的治理已刻不容缓。

表 1.1 美国 EPA 规定的 16 种优先控制多环芳烃的结构和性质[33]

中文名	英文名	结构	环数量	分子量	水溶性/(mg/L)	蒸气压/Pa	$\lg K_{ow}$
萘	naphthalene	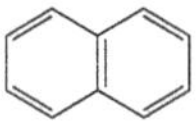	2	128	31	1.0×10^{2}	3.37
1,2-二氢苊	acenaphthene	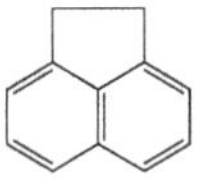	3	152	16	9.0×10^{-1}	4.00
苊	acenaphthylene	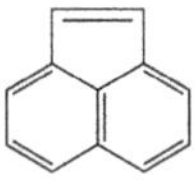	3	154	3.8	3.0×10^{-1}	3.92
芴	fluorene	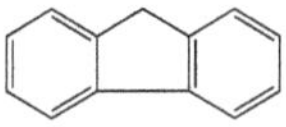	3	166	1.9	9.0×10^{-2}	4.18
菲	phenanthrene	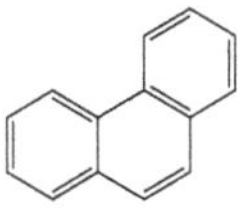	3	178	1.1	2.0×10^{-2}	4.57
蒽	anthracene	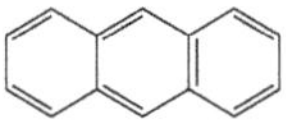	3	178	0.045	1.0×10^{-3}	4.54
芘	pyrene	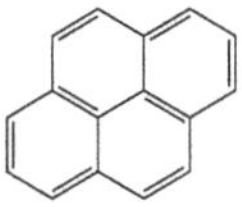	4	202	0.13	6.0×10^{-4}	5.18
荧蒽(苯芴)	fluoranthene	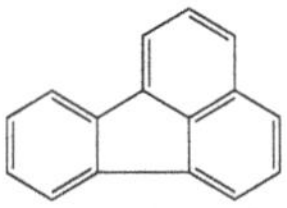	4	202	0.26	1.2×10^{-3}	5.22
苯并[*a*]蒽	benz[*a*]anthracene	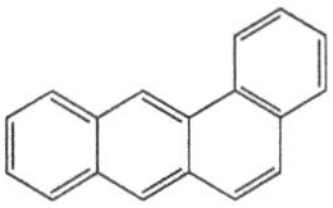	4	228	0.011	2.8×10^{-5}	5.91
䓛(苣)	chrysene	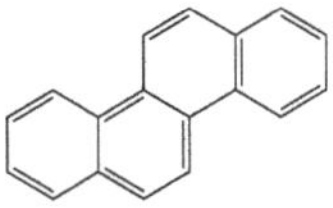	4	228	0.006	5.7×10^{-7}	5.91
苯并[*k*]荧蒽	benzo[*k*]fluoranthene	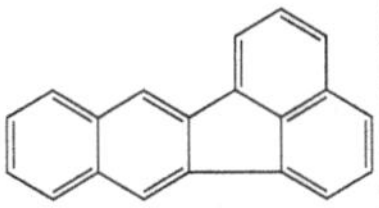	5	252	0.0015	—	5.80
苯并[*b*]荧蒽	benzo[*b*]fluoranthene	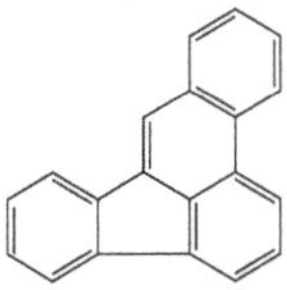	5	252	0.0008	5.2×10^{-8}	6.00

续表

中文名	英文名	结构	环数量	分子量	水溶性/(mg/L)	蒸气压/Pa	$\lg K_{ow}$
苯并[a]芘	benzo[a]pyrene		5	252	0.0038	7.0×10^{-7}	5.91
二苯并[a,h]蒽	dibenzo[a,h]anthracene		5	278	0.0006	3.7×10^{-10}	6.75
茚并[1,2,3-cd]芘	indeno[1,2,3-cd]pyrene		6	276	0.00019	—	6.50
苯并[ghi]苝	benzo[ghi]perylene		6	276	0.00026	1.4×10^{-8}	6.50

注：已在原表格基础上稍加改动。

1.2 多环芳烃的生物降解

1.2.1 细菌生物降解

生物分类从界到种。目前，根据大量的研究数据显示，具有 PAHs 降解功能的细菌、古生菌主要包含变形菌门、放线菌门、厚壁菌门和嗜盐古生菌[19]。

近年来，分离到的 PAHs 降解菌主要包括以下几种。一是以双环或三环的 PAHs 为唯一碳源和能源进行生长繁殖的菌株：属变形菌门的红球菌属（*Rhodococcus*）、鞘氨醇单胞菌属（*Sphingomonas*）、弧菌属（*Vibrio*）、伯克霍尔德菌属（*Burkholderia*）、假单胞菌属（*Pseudomonas*）和气单胞菌属（*Aeromonas*），属放线菌门的诺卡氏菌属（*Nocardia*）、链霉菌属（*Streptomyces*）和分枝杆菌属（*Mycobacterium*），属厚壁菌门的芽孢杆菌属（*Bacillus*）和属于嗜盐古菌门的嗜盐菌属（*Halophiles*）[24,34,35]。另外，也有其他菌属可降解双环或三环 PAHs，如拜叶林克氏菌属（*Beijerinckia*）、棒状杆菌属（*Corynebacterium*）、蓝细菌（*Cyanobacteria*）、黄杆菌属（*Flavobacterium*）、微球菌属（*Micrococcus*）、食酸菌属（*Acidovorax*）、丛毛单胞菌属（*Comamonas*）、产碱杆菌属（*Alcaligenes*）[24,34,35]。二是能降解四环及以上 PAHs 的降解菌，主要包括：脱氮产碱杆菌（*Alcaligenes*）、红球菌（*Rhodococcus* sp.）、担子菌（*Basidiomycete*）、假单胞菌（*Pseudomonas*）、鞘氨醇单胞菌属（*Sphingomonas*）和分枝杆菌（*Mycobacterium*）等[24,34,35]。其中，红球菌属和鞘氨醇单胞菌属对 PAHs 有较强的降解能力，也是研究最全面和最深入的两大菌属。

1.2.2 真菌生物降解

近几年，对真菌降解 PAHs 的研究也日益增加，许多报道显示真菌对 PAHs 污染物具有代谢作用。能够降解 PAHs 的真菌主要有两类：木质素降解菌（白腐真菌）和非木质素降解菌。例如，白腐真菌能够有效地降解芘[36]。白腐真菌降解 PAHs 的过程主要受氧气的影响，降解初期还受培养基的影响[37]。李慧等发现宛氏拟青霉——一种非木质素降解菌，对多种稠环 PAHs 都具有显著的降解能力[38]。来自 PAHs 污染地的真菌和细菌混合物，可有效降解高分子量 PAHs[39]。这为今后大分子 PAHs 降解菌的分离提供了一个可行的研究方向。

1.2.3 藻类及动物生物降解

在 PAHs 生物降解研究中，除了主力军微生物外，还存在其他生物（如植物和动物）对 PAHs 有一定的富集和降解作用。研究报道，PAHs 能够影响藻类的生长，蒽和荧蒽可抑制米氏凯伦藻（*Karenia mikimotoi*）、中肋骨条藻（*Skeletonema costatum*）和三角褐指藻（*Phaeodactylum tricornutum*）等藻类的生长[40-42]，然而，藻类也能富集和降解 PAHs，且不同种类的藻类对 PAHs 的降解能力各不相同[43]。尽管存在一些藻类能够降解 PAHs，但由于其光能自养特性，导致其降解效果并不明显，故很难见到有关利用 PAHs 或耐 PAHs 藻类的研究报告。另有研究显示，苜蓿也具有一定的 PAHs 富集和降解能力[44]。

另外，蚯蚓在土壤中的各种活动能极好地调节土壤生态系统的平衡。研究显示，以蚯蚓为主的生态群落对土壤中的 PAHs 污染有良好的生物修复效果[45]。胡淼的研究证明，蚯蚓的粪便对 PAHs 的生物降解也具有一定的积极影响[46]。Deng 和 Zeng 报道，苜蓿、蚯蚓和白腐真菌的组合修复方法是去除土壤中菲的有效方法，并发现其促进微生物发育和增强土壤酶活性作用是去除菲的主要原因[47]。

1.3 多环芳烃的增溶生物降解

1.3.1 表面活性剂对多环芳烃生物降解的影响

表面活性剂是一种既包含疏水基团又包含亲水基团的两性分子化合物。水溶液中，表面活性剂单体达到一定浓度后会形成球状或层状的胶束假相结构。胶束内部呈现疏水性，易吸附在界面上，并于物质表面定向排列，从而降低界面张力，增溶特性得以体现[48]。表面活性剂在工业上常被用作黏合剂、絮凝剂、润湿发泡剂、乳化剂和渗透剂等。最新研究显示，混合表面活性剂还可以作为驱油剂，提高采油产率[49]。表面活性剂主要具有降低界面张力和增溶这两大功能，因而其在有机污染修复中得到广泛应用。

从结构和功能上看，表面活性剂亲水基团与水相似相溶，疏水基团与水相异相斥。因而，两相界面上的表面活性剂可有效地降低两相间的界面张力。两相界面上吸附的表面活性剂越多，界面张力降低得就越快。表面活性剂在溶液表面的吸附量并不会无限增大，而是有一定界限。当表面活性剂的浓度到达或者超过这个界限时，表面吸附量就不再增加。此时，一些表面活性剂分子与水溶液中的其他表面活性剂分子缔合，形成由疏水内核和亲水外壳组成的胶束。临界胶束浓度（critical micelle concentration，CMC）为表面活性剂在溶剂中结合形成胶束的最低浓度。超过 CMC，使得原本几乎不溶的有机化合物的水溶性增加，此为胶束溶解。CMC 是表面活性剂的一个重要参数，常用表面张力法、电导率法和光散射法等方法测量[50]。

通常，表面活性剂在固体/液体界面和液体溶液中使用。表面活性剂的吸附作用主要发生在固/液界面上，而其增溶作用主要存在于液体溶液中。增效作用(synergism) 包含增溶作用和增流作用两种形式[51]。增溶，即增大疏水性有机污染物在水相中的表观溶解度。而增流，是指表面活性剂在非水相 (nonaqueous phase liquid，NAPL) /水界面中，可降低 NAPL/水界面张力，使 NAPL 以液态形式随水流迁移而增加有机污染物表观溶解度的一种机制。表面活性剂的这两种作用在实际工程修复过程中界限并不明显，甚至有时会同时运用到。

表面活性剂因其较强的增溶作用和界面张力的降低作用，而被广泛用作微生物降解增溶剂，改善疏水性污染物的生物可利用性。促进微生物降解 PAHs 的表面活性剂有吐温 80 (Tween 80)、曲拉通 100 (Triton X-100)、十二烷基苯磺酸钠 (LAS) 等[52-54]。混合表面活性剂可减少疏水性污染物在土壤上的吸附，尤其是阴-非混合表面活性剂 (能够生成混合胶束)，促进污染物在土壤中的解吸作用。而且，混合表面活性剂对疏水性有机污染物具有协同增溶作用，其已成为当下研究的热点[55]。梁旭军研究 Triton X-100、SDS (十二烷基硫酸钠) 以及混合表面活性剂溶液 Triton X-100-SDS 分别对菲、芴和萘等的混合增溶特性[56]。结果表明，疏水性相差较大的萘/菲和萘/芴间表现出协同增溶效应，如当萘和菲共存时，它们在 Triton X-100 中的溶解度分别增长了 20.8% 和 38.5%[56]。刘沙沙的研究结果探讨了另外一种机制：Tween 80 对菲的降解起到促进作用，可能是因为其可以作为额外碳源被鞘氨醇单胞菌 GY2B 利用，从而增加细胞的生长和活性[57]。Triton X-100 和 Brij 30 不仅能够抑制 GY2B 的生长，而且会对细胞膜产生破坏作用，表明这两种表面活性剂会对 GY2B 产生一定的毒性[57]。因此，选择合适的具有增溶作用的修复试剂是 PAHs 污染能够成功修复的关键。近些年来，阴离子表面活性剂、非离子表面活性剂、生物表面活性剂、天然表面活性剂、环糊精、可溶性腐殖酸等不同类型的增溶增效试剂不断地出现在各种增溶修复的研究中[58]。其中，生物表面活性剂得到了大家普遍的关注。

生物表面活性剂是微生物利用不同底物如蔗糖、油类、烃类等合成的表面活性物质。与传统的化学合成的表面活性剂相比，生物表面活性剂具有低生物毒性和易生物降解的特性[59]。它们能够降低液体和固体物质之间的表面张力和界面张力，并使其以乳液的形式在液体中扩散。生物表面活性剂广泛用于各种场合，如食品加工工业、采油工艺、原油钻井润滑剂、清洁行业和石油污染原位生物修复等。与化学表面活性剂相比，生物表面活性剂具有许多潜在的优点，即生态友好、易于降解、在任何极端条件（如高盐度或高温区域）下都具有活性并且可以使用廉价的有机源生产等。有关利用产生物表面活性剂的微生物在石油污染环境中去除烃类并修复生态环境的报道日渐增多[60]。Ferradji 等报道，生物表面活性剂可以增强微生物对烃类的降解，但高浓度的生物表面活性剂也会对微生物产生不同程度的抑制作用，从而降低污染物降解率[61]。

1.3.2 环糊精对多环芳烃生物降解的影响

环糊精（cyclodextrin，CD）是大米、土豆中的淀粉经酶解后形成的线状分支糊精。作为一种自然产物，它具有很好的生物相容性。19 世纪 90 年代，Villiers 最早发现这种物质，当时称其为木粉[62]。20 世纪时，经过不断深入研究，才确认其为环糊精，随后环糊精的研究渐入佳境。目前，环糊精产量高、价格低廉、种类繁多且无毒，是理想的靶标，也是应用最广泛和研究最多的大分子之一。

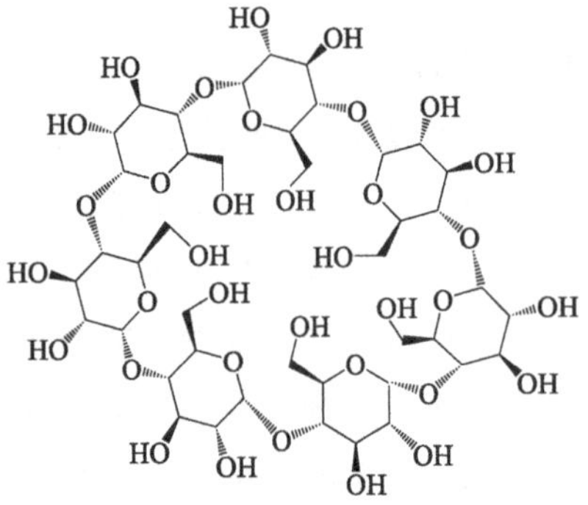

图 1.1 环糊精分子的结构示意图

环糊精分子的结构为中空圆筒、环状立体、形似锥形。在其空洞结构中，外侧具有亲水性，而空腔内因 C—H 键的屏蔽作用具有疏水性。如图 1.1 所示，环糊精获得广泛应用的结构基础是其疏水空腔能与许多有机物进行结合。常见的环糊精母体有由 6 个葡萄糖连接而成的 α-CD、7 个葡萄糖连接而成的 β-CD 和 8 个葡萄糖连接而成的 γ-CD。由于 β-CD 的空腔大小很合适于容纳疏水性分子，与其他污染物分子结合成主客体复合物，成为了目前研究和应用最广泛的环糊精母体（图 1.1）。但 β-CD 的水溶性并不高，其溶解度仅有 18.4g/L，因此，β-CD 常被修饰成含甲基的大分子，以增加其在某些溶剂中的溶解度[63]。

近几年，许多研究人员利用 PAHs 的生物利用度来评价其环境风险和污染程度，提高生物利用度，有助于微生物对污染物的降解与去除[64]。PAHs 的生物利用度受吸附-解吸、萃取程度、生物降解、土壤/沉积物性质、老化时间等因素的影响。除了上述表面活性剂可以提高生物利用度以外，其实许多萃取剂也可以预测 PAHs 的生物利用度，如甲基-β-环糊精（MCD）、羟丙基-β-环糊精

(HPCD)、温和有机溶剂、Tenax 聚合物树脂等。Wang 等研究 Tenax 的添加量和解吸时间对预测 PAHs 的生物利用度的影响，结果显示，Tenax 添加量增加，解吸效果相应提高，生物降解效果也随之上升[65]。

环糊精的特殊结构使其具有良好的 PAHs 增溶效果。将磺丁基-β-环糊精作为 PAHs 的增溶剂，在升高温度的条件下，菲的增溶明显增加[66]。采用 MCD 和紫花苜蓿联合作用能够显著强化 PAHs 的修复效果[64]。Viglianti 等研究了环糊精去除工业老化污染土壤中 PAHs 的有效性，结果显示，β-CD、HPCD 和 MCD 溶液在柱试验中用于土壤冲洗可有效提高 PAHs 去除效率[67]。β-CD 或 HPCD 介导的菲从 NAPL 分配到水相中的程度，随水相中 CD 浓度的增加和 NAPL 中菲的相对丰度增加而增加[68]。由于通过 CD 增加了菲在水相中的分配，菲的生物降解得到增强，并且发现分配效率受 CD 的类型和浓度以及所用 NAPL 的类型的影响[68]。

1.4 两相系统中多环芳烃的生物降解

1.4.1 两相分配生物反应器

20 世纪 70 年代，两相分配生物反应器（two-phase partitioning bioreactor，TPPB）主要用于有机物的萃取分离[69]。随着有机污染物难降解问题的出现，TPPB 进入了有机物生物转化和生物降解领域。有机污染物除了具有强疏水性、难溶解和分子结构复杂以外，还会对微生物造成一定的毒害作用而抑制微生物生长以及降解代谢。TPPB 的应用解决了这一难题[70]。TPPB 在生物降解过程中的工作原理主要是通过引入非水相来溶解系统内大量有机污染物，相当于污染物的临时储存库。随着微生物代谢活动的进行，水相中污染物浓度降低，非水相中的污染物逐步引导进入水相，既能保证微生物的代谢活性也隔离了污染物毒害[71]。TPPB 可分为“液-液”TPPB 和“固-液”TPPB。

“液-液”TPPB 以有机溶液为非水相，依照相似相溶原理，疏水性底物易溶于有机相中，而在水相中的溶解度较小，因此绝大多数污染物都集中在有机相之中，如此可一定程度避免污染物对水相中微生物的毒害作用，有机相充当了有机污染物的储存库。Villemur 等发现芘本身在水中的溶解度极低，只有 0.14mg/L，而在硅油中的溶解度却能达到 2000mg/L 以上[72]。故在两相反应器中，大部分的芘就会先储存到硅油之中，从而降低对水相中微生物的毒性[72]。

"固-液" TPPB 以聚合物材料为非水相，其原理是：这种材料具有能大量吸附小分子化合物且不被微生物降解的优点。因此，"固-液" TPPB 能够较多地吸附有机污染物，从而减少有机污染物对微生物的毒害作用，提高微生物的生物活性和降解能力。2003 年，聚合物材料首次被作为非水相应用于 TPPB 系统中，其以两种聚乙烯材料 EVA 和 SB 作为非水相，在分别经过 36h 和 38h 的生物降解反应后，1000mg/L 的苯均被降解完全[73]。Tomei 等的研究结果显示，非水相聚合物 Hytrel 比非水相聚合物 Tone™ 具有更好地降解 4-硝基苯酚的效果，并且 Hytrel 比 Tone™ 具有更高的吸附容量，可以用于处理更高浓度的污染物[74]。因此，"固-液" TPPB 中聚合物材料的应用不仅达到了富集高浓度污染物，降低水相中污染物浓度的目的，而且在反应结束后非水相物质更加易于分离和回收利用。

1.4.2 浊点系统

2005 年，我国王志龙研究员首次将两相分配生物反应器——浊点系统在生物转化中进行应用[75]。浊点系统（cloud point system，CPS）是一种新型的两相分配系统，可将疏水性有机物萃取到凝聚层相（表面活性剂相）当中，对底物（产物）进行两相分配，提高生物可利用度。浊点系统的工作原理与"液-液"两相分配生物反应器的工作原理相似。如图 1.2 所示，在浊点系统中，疏水性有机化合物先通过表面活性剂的增溶作用储存在凝聚层相中，而微生物处于水溶液（稀相）中。随着微生物对底物代谢过程的进行，两相界面分配的平衡被打破。为了维持界面平衡，底物不断进入到稀相中，从而为微生物提供了源源不断的碳源，也为有机污染物的持续去除提供了保障。

所谓浊点系统，即非离子表面活性剂水溶液在一定温度下相分离形成的两相系统[76]。表面活性剂富集相是凝聚层相，表面活性剂含量较少的是稀相，相分离温度称作浊点。与胶束系统相比，浊点系统的凝聚层相既可增溶又可减轻底物和产物（即代谢物）污染物的抑制作用，因此，可提高生物利用度，进而增强生物降解效率[77]。

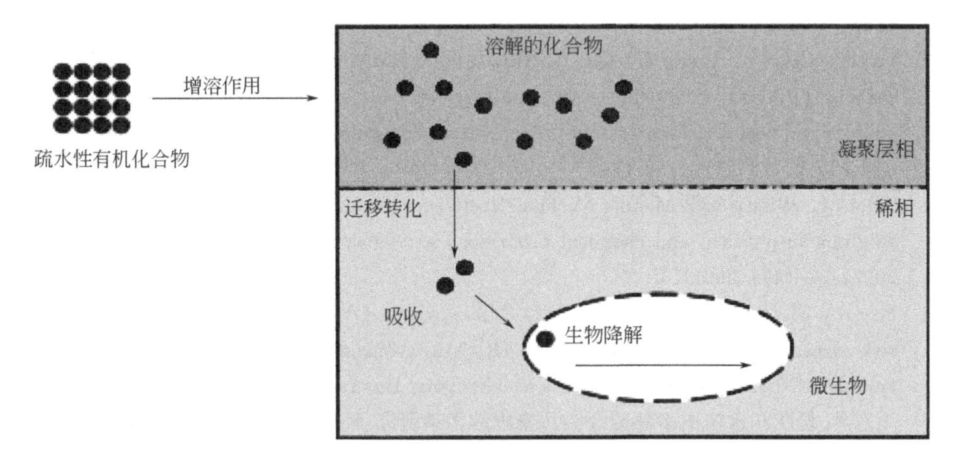

图 1.2　浊点系统疏水性有机污染物生物降解原理示意图

CPS 通过两相分配间的传质平衡能够提高细胞降解菲的能力，并且在 CPS 中细胞活力更加持久[78]。为了实现疏水性污染物的持续生物降解，降解菌细胞的重复利用是一个常用且可行的解决方案。研究表明，重复利用菌株 *Sphingomonas* sp. CDH-7 细胞能够实现咔唑的持续降解，在 $MgCl_2$ 缓冲液中重复利用细胞进而增强了它们的降解活性[79]。同理，在 CPS 的生物转化中也能进行细胞重复利用。Wang 等重复利用 CPS 中分枝杆菌静息细胞 3 次，能从植物甾醇生成雄甾二烯二酮[80]。然而，在 CPS 中重复利用细胞进行生物降解实验还未进行尝试。之前的实验表明，在 CPS 中细胞的代谢活性得到很好的维持。为了利用这些细胞的代谢潜力，笔者团队进行了 CPS 和细胞重复利用实验以实现菲的持续降解。

参考文献

[1] Riding M J，Doick K J，Martin F L，Jones K C，Semple K T. Chemical measures of bioavailability/bioaccessibility of PAHs in soil：fundamentals to application. Journal of Hazardous Materials，2013，261：687-700.

[2] 陈璋琪. 泉州市大气 $PM_{2.5}$ 中 PAHs 的污染特征、来源及其健康风险评价. 地球与环境，2019，47（03）：275-282.

[3] 宋玉梅，王畅，刘爽，潘佳钏，郭鹏然. 广州饮用水水源地多环芳烃分布、来源及人体健康风险评价. 环境科学，2019，40（08）：3489-3500.

[4] 罗苹，史廷明，闻胜，唐琳，刘跃伟，刘小红，聂晓明，李永刚. 武汉市大气细颗粒物（$PM_{2.5}$）中多环芳烃（PAHs）的含量与污染来源分析. 公共卫生与预防医学，2018，29

(06)：25-28.
[5] Fan X，Chen Z，Liang L，Qiu G. Atmospheric $PM_{2.5}$-bound polycyclic aromatic hydrocarbons (PAHs) in Guiyang city，southwest China：concentration，seasonal bariation，sources and health risk assessment. Archives of Environmental Contamination and Toxicology，2019，76 (1)：102-113.
[6] Smol M，Wlodarczyk-Makula M. The effectiveness in the removal of PAHs from aqueous solutions in physical and chemical processes：a review. Polycyclic Aromatic Compounds，2017，37 (4)：292-313.
[7] Petrovic M，Sremacki M，Radonic J，Mihajlovic I，Obrovski B，Miloradov M V. Health risk assessment of PAHs，PCBs and OCPs in atmospheric air of municipal solid waste landfill in Novi Sad，Serbia. Science of The Total Environment，2018，644：1201-1206.
[8] 王东辉. 松花江水体中多环芳烃类污染物的污染研究. 环境科学与管理，2006，(09)：69-70，73.
[9] 周天健，郃超，赵同谦，武俐，王晴晴. 丹江口库区蒿坪河水体中多环芳烃污染健康风险评价研究. 河南理工大学学报（自然科学版），2009，28 (06)：801-806.
[10] 王谢，崔师伟，张伟，夏芳，张榕杰. 豫南地区地表水多环芳烃污染分析. 环境卫生学杂志，2012，2 (06)：262-263，267.
[11] 张俊，王乙震，袁媛，罗阳，张世禄，王钊，刘存. 京津冀地区典型地表水水源地多环芳烃污染特征分析. 持久性有机污染物论坛 2017 暨第十二届持久性有机污染物学术研讨会论文集，2017：3.
[12] 韩向云，昌盛，付青，赵兴茹，耿梦娇. 北江清远段水和沉积物中多环芳烃的分布特征. 持久性有机污染物论坛 2017 暨第十二届持久性有机污染物学术研讨会论文集，2017：3.
[13] Khaled-Khodja S，Rouibah K. Selected organic pollutants (PAHs，PCBs) in water and sediments of Annaba Bay，Algeria. Euro-Mediterranean Journal for Environmental Integration，2018，3 (1)：23.
[14] 刘建武，林逢凯，王郁，胥峥，张啸. 多环芳烃（萘）污染对水生植物生理指标的影响. 华东理工大学学报，2002，(05)：520-524，536.
[15] 李嘉康. 沈北新区土壤中 PAHs 和 OCPs 污染源解析及潜在风险评价. 沈阳：沈阳大学，2018.
[16] Wild S R，Jones K C. Polynuclear aromatic hydrocarbons in the United Kingdom environment：a preliminary source inventory and budget. Environmental Pollution，1995，88 (1)：91-108.
[17] 葛蔚，程琪琪，柴超，曾路生，吴娟，陈清华，朱祥伟，马东. 山东省农田土壤多环芳烃的污染特征及源解析. 环境科学，2017，38 (04)：1587-1596.
[18] Kuang S P，Wu Z C，Zhao L S. Accumulation and risk assessment of polycyclic aromatic hydrocarbons (PAHs) in soils around oil sludge in Zhongyuan oil field，China. Environmental Earth Sciences，2011，64 (5)：1353-1362.
[19] 刘锦卉，卢静，张松. 微生物降解土壤多环芳烃技术研究进展. 科技通报，2018，34 (04)：1-6.
[20] McDonough A，Baker S，Grimm E，Todd A，Luciani M，Terry D. Accumulation of

metals and polycyclic aromatic hydrocarbons in agricultural soil after additions of street sediment in southern Ontario. Journal of Environmental Management，2019，232：545-553.

［21］ Rocha AC，Palma C. Source identification of polycyclic aromatic hydrocarbons in soil sediments：application of different methods. Science of The Total Environment，2019，652：1077-1089.

［22］ 胡小萌，潘玉良，张庆红，王晓华，雷惠，黄备，于之锋，周斌. 泛杭州湾海域沉积物中多环芳烃分布及源解析. 海洋环境科学，2017，36（01）：107-113.

［23］ 胡昕怡，高冰丽，陈坦，王洪涛，金军，饶竹，朱雪芹，王雪郡，魏抱楷，战楠，刘彦廷，戚敏. 截污调水后滇池表层沉积物中16种PAHs的分布特征. 环境科学，2019，40（08）：3501-3508.

［24］ 荣秋雨，徐露，徐传红. 土壤环境中多环芳烃生物降解及修复研究综述. 甘肃科技，2017，33（20）：37-39，22.

［25］ Bortey-Sam N，Ikenaka Y，Nakayama S M M，Akoto O，Yohannes Y B，Baidoo E，Mizukawa H，Ishizuka M. Occurrence，distribution，sources and toxic potential of polycyclic aromatic hydrocarbons（PAHs）in surface soils from the Kumasi Metropolis，Ghana. Science of The Total Environment，2014，496：471-478.

［26］ 谷成刚，朱梦荣，刘畅，提清清，何欢，孙成，蒋新. 多环芳烃典型电子性质与其大型蚤光致毒性的构效关系研究. 生态毒理学报，2017，12（03）：516-525.

［27］ Yan D，Wu S，Zhou S，Tong G，Li F，Wang Y，Li B. Characteristics，sources and health risk assessment of airborne particulate PAHs in Chinese cities：a review. Environmental Pollution，2019，248：804-814.

［28］ 赵文昌，程金平，谢海，马英歌，王文华. 环境中多环芳烃（PAHs）的来源与监测分析方法. 环境科学与技术，2006，（03）：105-107，121.

［29］ 王涛. 微量元素镉和多环芳烃萘对水生生物斑马鱼单一及联合毒性研究. 中国营养学会第十届微量元素营养学术会议论文摘要汇编，2009：1.

［30］ 许友卿，刘富娟，丁兆坤. 菲对水生动物的致毒及解毒机理. 饲料工业，2016，37（12）：1-5.

［31］ 杨海燕，郭金鹏，卢少勇，曲洁婷，贾九敏. 水葫芦多环芳烃含量及其与脂肪含量的关系. 环境工程学报，2016，10（01）：467-472.

［32］ 王涛，蓝慧，田云，卢向阳. 多环芳烃的微生物降解机制研究进展. 化学与生物工程，2016，33（02）：8-14.

［33］ Lundstedt S. Analysis of PAHs and their transformation products in contaminated soil and remedial processes. Sweden：Umeå University，2003.

［34］ Heitkamp M A，Cerniglia C E. Polycyclic aromatic hydrocarbon degradation by a *Mycobacterium* sp. in microcosms containing sediment and water from a pristine ecosystem. Applied and Environmental Microbiology，1989，55（8）：1968-1973.

［35］ 孟范平，吴方正. 土壤的PAHs污染及其生物治理技术进展. 土壤学进展，1995，23（01）：32-44.

［36］ 黄赛花. 真菌对芘的降解作用及水溶性有机物的影响. 广州：华南农业大学，2016.

［37］ 陈静，胡俊栋，王学军，陶澍. 白腐真菌对土壤中多环芳烃（PAHs）降解的研究. 环境

化学，2005，(03)：270-274.

[38] 李慧，蔡信德，罗琳，陈来国，周井刚. 一株可同时降解多种高环 PAHs 的丝状真菌——宛氏拟青霉（*Paecilomyces variotii*）. 生态学杂志，2009，28（09）：1842-1846.

[39] 巩春娟，苏丹，普聿，王鑫. 耐低温混合菌对土壤中 PAHs 的降解及其动力学.《环境工程》2018 年全国学术年会论文集（下册），2018：5.

[40] 王亚，王仁君，孙晓伟，张亚群，胡茂辉，李莹. 蒽和 UV-B 辐射对米氏凯伦藻生长的影响. 生物学通报，2009，44（12）：44-46.

[41] 王丽平，郑丙辉，孟伟. 荧蒽对两种海洋硅藻生长、SOD 活力和 MDA 含量的影响. 海洋通报，2008（04）：53-58.

[42] 洪有为，袁东星. 典型多环芳烃对红树林区硅藻的毒性效应. 海洋环境科学，2008，(04)：338-342.

[43] 徐梦，于敏. 多环芳烃对藻类的影响. 天津农业科学，2013，19（05）：70-72.

[44] 赵欧亚. 淀粉和苜蓿促进煤矿区土壤高环 PAHs 污染的真菌修复研究. 保定市：河北农业大学，2015.

[45] 吴云霄. 生物因素对土壤中多环芳烃的降解机制. 环境污染与防治，2018，40（07）：765-769.

[46] 胡淼. 蚯蚓及蚓粪对假单胞菌降解土壤中菲的影响. 南京：南京农业大学，2007.

[47] Deng S，Zeng D. Removal of phenanthrene in contaminated soil by combination of alfalfa，*white-rot fungus*，and earthworms. Environmental Science and Pollution Research，2017，24（8）：7565-7571.

[48] 邓军. 表面活性剂和环糊精对土壤有机污染物的增溶作用及机理. 长沙：湖南大学，2007.

[49] Jia H，Lian P，Leng X，Han Y，Wang Q，Jia K，Niu X，Guo M，Yan H，Lv K. Mechanism studies on the application of the mixed cationic/anionic surfactant systems to enhance oil recovery. Fuel，2019，258：116156.

[50] Mulligan C N，Yong R N，Gibbs B F. Surfactant-enhanced remediation of contaminated soil：a review. Engineering Geology，2001，60（1）：371-380.

[51] Midmore B R. Synergy between silica and polyoxyethylene surfactants in the formation of O/W emulsions. Colloids and Surfaces A：Physicochemical and Engineering Aspects，1998，145（1）：133-143.

[52] 陈启宁，谢晴. 溢油分散剂中吐温 80 对石油中多环芳烃在海水中光降解的影响. 生态毒理学报，2016，11（06）：61-66.

[53] 毛华军，巩宗强，方振东，金京华，杨辉，杨琴，孙翼飞. 多环芳烃污染土壤表面活性剂清洗及生物柴油强化. 农业环境科学学报，2011，30（09）：1847-1852.

[54] 陈静，王学军，胡俊栋，陶澍. 表面活性剂对白腐真菌降解多环芳烃的影响. 环境科学，2006，(01)：154-159.

[55] 魏燕富. 表面活性剂增效修复 PAHs 污染土壤的影响因素及机制. 广州：华南理工大学，2015.

[56] 梁旭军. 多环芳烃混合物在表面活性剂胶束体系中的增溶机制研究. 广州：华南理工大学，2017.

[57] 刘沙沙. 多组学研究非离子表面活性剂对鞘氨醇单胞菌 GY2B 降解菲的影响机理. 广州：

华南理工大学，2017.
[58] 李看看，吴娟，马东，柴超，曾路生.表面活性剂对土壤中多环芳烃（PAHs）纵向迁移的影响.环境化学，2018，37（07）：1545-1553.
[59] Wang X，Sun L，Wang H，Wu H，Chen S，Zheng X. Surfactant-enhanced bioremediation of DDTs and PAHs in contaminated farmland soil. Environmental Technology，2018，39（13）：1733-1744.
[60] Parthipan P，Preetham E，Machuca L L，Rahman P K S M，Murugan K，Rajasekar A. Biosurfactant and degradative enzymes mediated crude oil degradation by bacterium bacillus subtilis A1. Frontiers in Microbiology，2017，8：193.
[61] Ferradji F Z，Mnif S，Badis A，Rebbani S，Fodil D，Eddouaouda K，Sayadi S. Naphthalene and crude oil degradation by biosurfactant producing *Streptomyces spp*. isolated from Mitidja plain soil（North of Algeria）. International Biodeterioration & Biodegradation，2014，86：300-308.
[62] 童林荟.环糊精化学：基础与应用.北京：科学出版社，2001.
[63] Greene L，Elzey B，Franklin M，Fakayode S O. Analyses of polycyclic aromatic hydrocarbon（PAH）and chiral-PAH analogues-methyl-β-cyclodextrin guest-host inclusion complexes by fluorescence spectrophotometry and multivariate regression analysis. Spectrochimica Acta Part A：Molecular and Biomolecular Spectroscopy，2017，174：316-325.
[64] 周妍.PAHs污染土壤的环糊精及植物强化微生物修复效应.贵阳：贵州大学，2015.
[65] Wang B，Jin Z X，Xu X Y，Zhou H，Yao X W，Ji F Y. Effect of Tenax addition amount and desorption time on desorption behaviour for bioavailability prediction of polycyclic aromatic hydrocarbons. Science of The Total Environment，2019，651：427-434.
[66] 杨帆.磺丁基-β-环糊精对菲的增溶及生物降解研究.大连：大连理工大学，2017.
[67] Viglianti C，Hanna K，de Brauer C，Germain P. Removal of polycyclic aromatic hydrocarbons from aged-contaminated soil using cyclodextrins：Experimental study. Environmental Pollution，2006，140（3）：427-435.
[68] Gao H，Xu L，Cao Y，Ma J，Jia L. Effects of hydroxypropyl-beta-cyclodextrin and beta-cyclodextrin on the distribution and biodegradation of phenanthrene in NAPL-water system. International Biodeterioration & Biodegradation，2013，83：105-111.
[69] Déziel E，Comeau Y，Villemur R. Two-liquid-phase bioreactors for enhanced degradation of hydrophobic/toxic compounds. Biodegradation，1999，10（3）：219-233.
[70] 魏连爽，谢文娟，林爱军.两相分配生物反应器治理高浓度有机污染研究进展.应用与环境生物学报，2012，18（03）：511-517.
[71] 刘晓侠，赵光辉，李彦锋，徐艳艳，毛囡囡.两相分配生物反应器处理高浓度有机废水研究进展.环境工程，2010，28（03）：8-11，15.
[72] Villemur R，Déziel E，Benachenhou A，Marcoux J，Gauthier E，Lépine F，Beaudet R，Comeau Y. Two-liquid-phase slurry bioreactors to enhance the degradation of high-molecular-weight polycyclic aromatic hydrocarbons in soil. Biotechnology Progress，2000，16（6）：966-972.
[73] Amsden B G，Bochanysz J，Daugulis A J. Degradation of xenobiotics in a partitioning

bioreactor in which the partitioning phase is a polymer. Biotechnology and Bioengineering, 2003, 84 (4): 399-405.
[74] Tomei M C, Annesini M C, Piemonte V, Prpich G P, Daugulis A J. Two-phase reactors applied to the removal of substituted phenols: comparison between liquid-liquid and liquid-solid systems. Water Science and Technology, 2010, 62 (4): 776-782.
[75] 王志龙. 两相分配生物反应器——浊点系统在生物转化中的应用. 中国工程科学, 2005, (05): 73-78.
[76] Wang Z, Xu JH, Chen D. Whole cell microbial transformation in cloud point system. Journal of Industrial Microbiology & Biotechnology, 2008, 35 (7): 645-656.
[77] Pan T, Liu C, Zeng X, Xin Q, Xu M, Deng Y, Dong W. Biotoxicity and bioavailability of hydrophobic organic compounds solubilized in nonionic surfactant micelle phase and cloud point system. Environmental Science and Pollution Research, 2017, 24 (17): 14795-14801.
[78] Pan T, Deng T, Zeng X, Dong W, Yu S. Extractive biodegradation and bioavailability assessment of phenanthrene in the cloud point system by *Sphingomonas polyaromaticivorans*. Applied Microbiology and Biotechnology, 2016, 100 (1): 431-437.
[79] Nakagawa H, Kirimura K, Nitta T, Kino K, Kurane R, Usami S. Recycle use of *Sphingomonas* sp. CDH-7 cells for continuous degradation of carbazole in the presence of $MgCl_2$. Current microbiology, 2002, 44 (4): 251-256.
[80] Wang Z, Zhao F, Chen D, Li D. Biotransformation of phytosterol to produce androstadiene-dione by resting cells of *Mycobacterium* in cloud point system. Process Biochemistry, 2006, 41 (3): 557-561.

第2章

生物膜在多环芳烃生物降解中的应用

多环芳烃是一大类含有两个或两个以上稠合芳环的碳氢化合物，一般呈线型、角状或簇状排列[1-3]。多环芳烃主要是有机质不完全燃烧过程的副产品，部分在森林燃烧和火山喷发时产生，但大部分来源于人类排放[2,4,5]。多环芳烃广泛存在于环境中，而且具有在各种食物链中自然积累的可能性。通常来说，多环芳烃的电化学稳定性、疏水性、持久性、难降解性和毒性随着多环芳烃分子的大小和角度的增加而增加，而挥发性随着分子量的增加而降低[6,7]。四环以上的高分子量（HMW）多环芳烃可能具有遗传毒性[8]。美国环境保护署已将16种多环芳烃列为优先污染物，其中8种多环芳烃已被证明具有致畸、致突变和致癌特性[2,4]。此外，一些多环芳烃的不完全降解或氧化后的产物具有比母体多环芳烃更强的反应性和更大的毒性[9]。

吸附和降解是影响环境中多环芳烃去向和迁移的关键过程[10]。物理化学处理法在许多情况下并不能完全去除环境中的多环芳烃，而是将其转化为其他形式的污染物或转移到其他环境中，具有产生二次污染、成本高和监管难等缺点[11]。生物修复手段成本较低，一般能解决上述限制，已经成为去除多环芳烃的一种常用方法[12,13]。由细菌和真菌进行的生物降解是自然环境中多环芳烃降解的直接途径之一[14]。多环芳烃被生物降解/转化为中间代谢物，并通过矿化作用转化为无机矿物、H_2O、CO_2（好氧）或CH_4（厌氧）[15]。但是细菌和真菌对多环芳烃的降解效率还受到一些因素的限制，如多环芳烃的疏水性、低生物利用度和传质限制等[16]。

微生物降解目标化合物的必要前提是与之接触，一般通过以下三种方式：直接摄取水相中的溶质、黏附油水界面或在化合物表面形成生物膜[16]。生物膜是微生物相互附着或沉没在液相界面上形成的层状聚集体，主要由微生物及其胞外聚合物组成[17,18]。由于其复杂的结构，生物膜可以适应许多不同的环境。生物膜中微生物之间的物理和生理相互作用增强了养分的有效性以及潜在有毒代谢物的去除[19]。1972年，Atkinson报道了生物膜在水处理中的应用[20]。此后，生物膜成为生物修复领域的研究热点。

一般情况下，吸附的、结晶的和非水相液体溶解的多环芳烃无法被生物利用[21]。然而，某些微生物可以在没有解吸过程的情况下，直接降解固相污染物[22]。这说明生物膜可以提高细胞表面和化合物之间的有效接触[23]，具有促进多环芳烃生物降解的极大潜力[24]。本章综述了生物膜的形成及其在多环芳烃生物降解中的应用，探讨了影响生物膜发挥作用的因素和机理，揭示了生物膜在多环芳烃生物降解中发挥的作用，并展望了生物膜技术在环境生态修复中的应用前景。

2.1 多环芳烃的生物膜降解

2.1.1 多环芳烃的微生物降解

环境中的多环芳烃可能会经历挥发、光解、吸附和化学转化等过程，但主要的去除手段是微生物降解[25,26]。微生物一般会通过加氧酶来降解多环芳烃（见图 2.1）。单加氧酶一般由丝状真菌产生，羟基化多环芳烃再开环[12]。而细菌会产生双加氧酶，将环裂解，把两个氧原子加到底物中形成双氧乙烷；随后，通过不断氧化产生琥珀酸、延胡索酸、乙酸、丙酮酸和乙醛[27]。这些代谢中间产物一部分用来合成微生物自身生物量，一部分矿化为 CO_2 产生能量而彻底降解[28]。

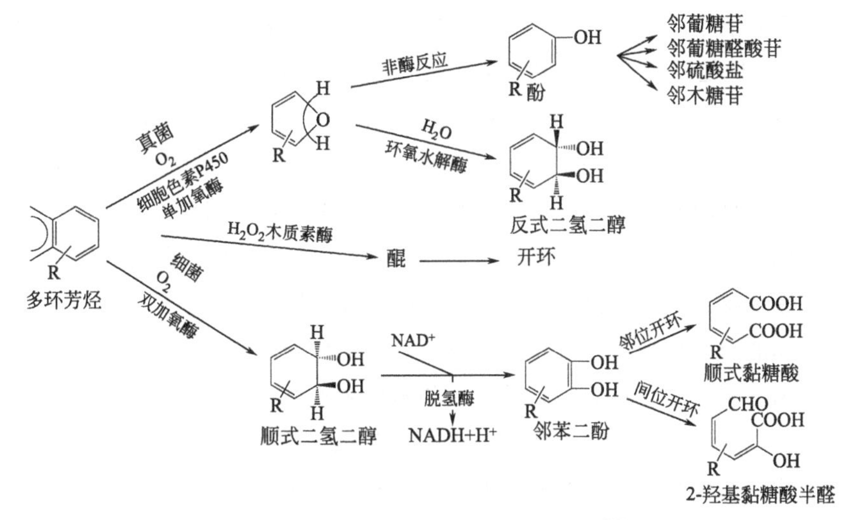

图 2.1 微生物降解多环芳烃的途径[8]

多环芳烃生物降解的程度和速率取决于许多因素，包括 pH 值、温度、氧气、微生物种群及活性、适应程度、营养物质的可获得性、多环芳烃的生物可利用性、化合物的化学结构、细胞运输特性和生长介质中的化学分配[29,30]。多环芳烃具有疏水性，尤其是高分子量多环芳烃，如苯并［*a*］芘，表现出广泛的抗降解性[31]。如何提高多环芳烃的生物利用度是亟须解决的问题。利用表面活性剂胶束、环糊精、浊点系统等提高其表观溶解度是常用的手段[32-34]。但是，一些微生物通过有效的底物-细胞接触机制能够适应疏水性多环芳烃，有研究指出了黏附与底物生物利用度的相关性[35]。Wick 等发现生物膜可以直接附着在多环芳烃表面，并增强多环芳烃的生物利用度，而不用将其溶解，这引起了人们的极大兴趣[36]。

2.1.2 生物膜

2.1.2.1 生物膜的形成

生物膜是指相互黏附在基质表面或界面上的微生物种群，具有复杂的超微结构[37]。传统的观点认为生物膜形成的过程是细胞由可逆地到不可逆地附着在表面；然后不断增殖形成直径为几十至几百微米的微菌落；随着细胞的增殖和胞外多糖的积累，生物膜逐渐发育成熟，形成三维结构；最后部分细胞脱离生物膜区域，扩散到溶液中，在新的环境生态位中继续吸附在表面形成生物膜［见图 2.2 (a)］[37-39]。但是浮游多细胞聚集体已被证明在生物膜形成的早期增加了细菌对表面的附着[40]。如 Kragh 等提出底物表面可以由浮游的单个细胞附着，也可以由预先形成的多细胞聚集体附着；之后单个细胞不可逆地黏附，聚集的种群增长；紧接着生物膜发育成熟，形成完整的基质；然后形成成熟结构的生物膜；最后单个细胞分散，生物膜聚集体脱落［见图 2.2 (b)］[41]。在其后的更多研究也表明，多细胞聚集体可以立即在底物表面附着并加速生物膜的形成与扩大，并且在生物膜的形成过程中，聚集体竞争到更多生长所需资源[41,42]。

由多糖、蛋白质、核酸和脂质形成的胞外聚合物介导了细胞与表面的黏附，维持了生物膜的结构，也是生物膜中微生物赖以生存的基质[43]。但胞外聚合物总量与生物膜形成之间不存在直接联系，菌株决定着生物膜的形成[44]。影响生物膜形成的环境因素有 pH 值、温度、盐度等[45]，溶解有机碳（DOC)、总氮(TN)、总磷（TP)、溶解氧（DO）等也是主要影响因素[46]。Baum 等发现二价金属离子在生物膜形成中起到重要作用[47]。通过与细胞表面配体相互作用，二价阳离子可以降低细胞表面的电荷和电位，桥接分子或重新排列细胞表面结构，从而改变细菌的表面附着能力促进或抑制生物膜形成[48]。就细菌本身而言，生物膜形成与鞭毛、胞外多糖和胞外蛋白密切相关。Li 等认为 5 种生物学特性对

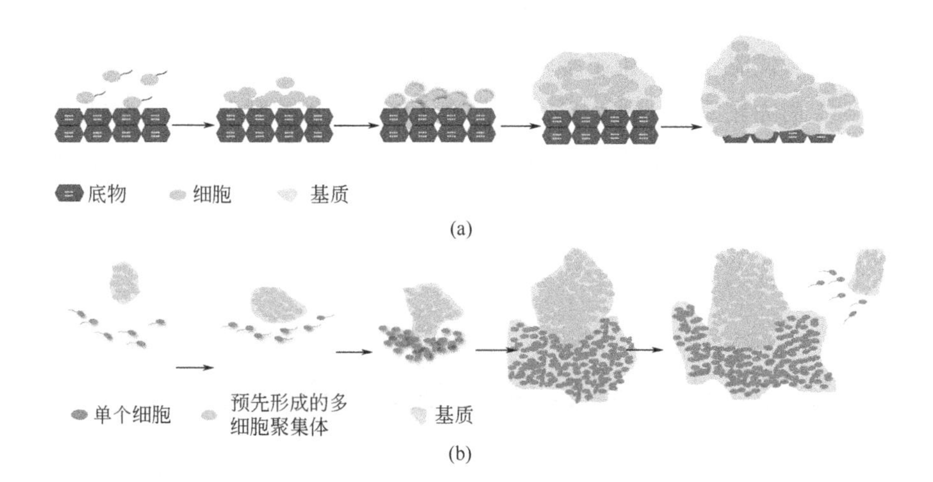

图 2.2 生物膜形成过程

(a) 浮游细胞附着在底物上，在其表面增殖形成单分子层，细胞数量不断增加导致自身诱导物和胞外聚合物合成水平升高，最终形成成熟的生物膜[39]；(b) 底物表面由浮游的单个细胞播种或预先形成的聚集体播种，之后单个细胞不可逆地附着，聚集的群体增长，生物膜趋于成熟，基质完整，最后单细胞分散，生物膜聚集体脱落[41]

生物膜形成的相对重要性从大到小依次为：胞外多糖、鞭毛、*N*-酰基高丝氨酸内酯信号分子、胞外蛋白、集群运动性[49]。例如，植物多糖可能是诱导枯草芽孢杆菌生物膜形成的主要成分[50]。

2.1.2.2 生物膜在多环芳烃生物降解中的作用

生物膜的主要优点是增强了微生物对环境条件如营养物质、捕食、暴露于有毒化学品或其他环境胁迫因素等变化的耐受性[51,52]。生物膜在重金属[53]、微塑料[54]、铀[55]、石油化合物[56] 等污染物的处理过程中有良好效果。许多研究表明，生物膜在多环芳烃的生物降解中也发挥着重要作用。

酵母菌[57]、伯克霍尔德菌[58]、不动杆菌[59]、苏云金芽孢杆菌[60] 生物膜等被证明是胁迫条件下形成的高效多环芳烃降解剂。Eriksson 等早在 2002 年就研究了芘和菲晶体上细菌生物膜的形成及其对多环芳烃的降解，低营养条件下多环芳烃晶体上形成了致密生物膜，并在 60 天内去除了 50%的芘和 98%的菲[61]。Cong 等的研究结果表明，混合酵母菌生物膜可以显著提高芳烃类化合物的降解效率，生物膜培养 3 天后对多环芳烃的降解率达到 90%，在培养 14 天后几乎将多环芳烃全部降解[62]。Zhou 等对一株假单胞菌的生物膜结构和功能进行了研究，发现根部定植的生物膜有效地阻止了植物对菲的吸收[63]。Guieysse 等的研究发现生物膜反应器中发生了多环芳烃的微生物降解，对烯和菲的去除率超过99%，对芘的去除率也达到 90%[64]。另外，Xue 等的综述表明，生物膜和膜技术的联合使用可以增加微生物的生物量，比单一的技术对多环芳烃的处理效率高[65]。

2.2 影响多环芳烃生物膜降解的因素

2.2.1 环境条件

土壤类型和结构、温度、pH、氧气和光照等各种物理化学因素会决定降解菌株在污染环境中的生存和活性，从而影响到多环芳烃的生物降解效率[66]。富含黏土的土壤具有高比表面积，可以为微生物提供一定的养分和氧气。微生物细胞表现出对黏土表面的高亲和力，更易形成生物膜，促进对多环芳烃的缓慢解吸[67]。低温环境下由于酶活性的降低，多环芳烃生物降解会受到抑制。而 Perron 等发现在 4～23℃范围内生物膜对碳氢化合物的去除能力随温度降低而减弱，但微生物会发生对低温的适应，因此生物膜工艺在 4℃时也能有效去除碳氢化合物[68]。降低 pH 值可能对真菌有利，低 pH 条件有利于富含真菌的生物膜去除碳氢化合物[68]。细菌对多环芳烃的降解也会随着 pH 的降低而加强[69]。Abercron 指出氧气的供给会影响生物膜群落结构，从而影响到生物膜对多环芳烃的降解能力，一般来说，好氧环境下的细菌多样性更高[70]。不过有研究证明多环芳烃降解可能与硫酸盐还原有关，在厌氧环境下，多环芳烃会发生部分降解[21]。光能可以作为微生物生长的能源之一，光合作用有利于生物膜的生长[71]。但是多环芳烃在强紫外光下毒性更强，能破坏生物膜[72,73]。

2.2.2 生物膜的形成条件

多物种生物膜似乎是自然界中微生物群落存在的主要形式[74]。生物膜群落的物种多样性和基因多样性明显高于富集群落，且富集培养和生物膜培养之间的一个显著区别是生物膜群落中存在真菌[46,75]。真菌能部分降解或矿化多环芳烃[76]，与细菌协同作用降解多环芳烃效果优于单一菌种[77]。若生物膜中含有利用芳香族碳氢化合物的细菌，则更易在污染环境下迅速生长并降解多环芳烃[71]。此外，当生物膜老化后，其养分吸收能力下降，对多环芳烃的降解效果也随之降低[78,79]。

N-酰基高丝氨酸内酯介导的群体感应基因在生物膜形成及降解多环芳烃过程中起关键作用。在群体感应基因抑制剂单宁酸的存在下，生物膜的长势和多环芳烃的降解速率明显下降[80]。随后 Mangwani 等验证了这一结论，发现生物膜生长、群体感应基因 *lasi* 和 *rhli* 的表达与芘或菲的降解呈显著正相关（$P<0.05$）[81]。Ding 等推测菌株释放的酰基高丝氨酸内酯信号分子可以上调胞外聚合物中蛋白质的分泌，从而促进生物膜的形成[82]。生物膜生物量和胞外聚合物含量的增加也可以对疏水性有机化合物产生强烈亲和力[83]。吸附到生物膜基质上的有机碳质量的增加，也会导致碳氢化合物降解菌数量的增加，使得生物膜对多环芳烃化合物去除更稳定[84]。此外，细胞的附着和聚集也受钙、镁、表面疏水性、细胞表面聚合物以及调节聚合物的存在等因素的影响[48]。

2.2.3 共存金属离子

环境中多环芳烃经常与重金属污染共存[85,86]。金属离子一般不直接与疏水性有机物相互作用，而会通过改变生物膜的结构和表面电荷来影响其疏水性和亲水性[87]。例如，在阴离子 Cr(Ⅵ) 和 As(Ⅴ) 的存在下，由于阴离子静电斥力，生物膜中有机物的结构变得更加疏松，这抑制了对疏水化合物的降解[87]。重金属离子对生物膜本身也有影响。Mangwani 等的研究结果表明，Ca^{2+} 的存在促进了细胞的聚集、胞外聚合物的产生和细胞在基质上的表面附着，添加 20mmol/L 的 Ca^{2+} 后生物膜质量增加 2 倍，菲的降解率也增加了 15%以上[88]。Dong 等发现在微酸性条件下，金属离子可以增强化合物在生物膜上的聚集，或是提高生物膜的亲水性[87]。但 Ibarrolaza 等认为金属离子抑制了细胞的活性，延缓了生物膜的形成，降低了菲的降解效率[89]。金属离子对生物膜降解多环芳烃的效果可能受到金属离子半径、性质、浓度等因素的影响。

2.2.4 外源添加物

多环芳烃的生物降解受到从固相到水相传质的限制，添加表面活性剂已被考虑用于强化污染土壤中多环芳烃生物修复[33]。早在1994年，Tiehm等认为表面活性剂对多环芳烃降解菌的毒性与其亲脂性有关，添加无毒表面活性剂作为生长基质时，混合物中所有多环芳烃的降解都会增强[90]。Grimberg等发现含有表面活性剂的体系中细菌的生长速度明显加快[91]，这与Tiehm等的研究结果一致。耐辐射不动杆菌KA53产生的一种生物表面活性剂可以使多环芳烃的溶解度增加6～27倍[92]。然而，有些研究认为表面活性剂的应用效果可以忽略不计，甚至是有害的[93]。多环芳烃污染区的微生物种群组成决定表面活性剂在多环芳烃生物修复应用中的有效性[94]。因此，表面活性剂的化学性质、添加量、形成生物膜的菌株种类均会对多环芳烃生物降解效率造成不同影响[95]。在高于临界胶束浓度时，表面活性剂形成内部非极性的胶束相，能增溶几乎不溶于水的疏水性有机物[96]。多环芳烃可被大量溶解在其中，从而增加了表观溶解度[97,98]。然而，表面活性剂的过量添加会抑制生物膜的形成，使多环芳烃的生物利用度和生物降解性降低[98,99]。

除表面活性剂外，环糊精也常用来强化多环芳烃的生物降解。环糊精是一系列环状低聚糖的总称，主要特点是具有独特的疏水性空腔结构。因此环糊精可作为宿主分子，与很多疏水性有机物形成复合物[32]。与表面活性剂形成的胶束相比，环糊精对多环芳烃的增溶更少，但也有利于污染物的解吸附[100]。然而，芘与羟丙基-β-环糊精（HPCD）形成复合物后，导致了较慢但更完全的生物降解，生物利用度明显提高[101]。环糊精对多环芳烃生物降解的影响取决于其种类和浓度[102]。与表面活性剂类似，添加过高浓度的环糊精后，多环芳烃的平均降解速率开始下降[102,103]。土壤有机物，如腐殖质，对环糊精的强化效果也会产生影响。Liu等研究认为HPCD会抑制而腐殖质会促进一些土壤微生物的生长，添加适量的腐殖质会削弱高浓度HPCD对微生物的抑制作用，加速多环芳烃的降解[104]。添加腐殖酸能提高多环芳烃的溶解度和多环芳烃对降解菌的质量通量，腐殖酸中吸附的多环芳烃可能直接被土壤细菌降解[105-107]。Wang等认为这可能与腐殖质对生物膜中电子传递的增强过程有关，这一过程可以加速对底物的降解[108]。同时，添加腐殖酸可以使生物膜更牢固并减缓其扩散，提高了生物膜对有机污染物的吸附容量，提高了多环芳烃降解效率[109]。

2.3 生物膜对多环芳烃生物降解的影响机制

2.3.1 提高生物利用度

多环芳烃仅在结晶态向溶解态的传质快于细菌降解时才呈现指数降解[90]。而大多数多环芳烃由于疏水性较强，其代谢往往受到传质限制，因此生物利用度较低[110-112]。随着分子量的增加，多环芳烃的生物利用度几乎呈对数下降[21]。低生物利用度已成为多环芳烃生物降解的主要限制[60,83]。有研究表明，形成生物膜是细菌克服多环芳烃传质限制的主要机制[113]。生物膜通常是三维立体结构，细胞之间存在大量的通道，这些通道有助于外源物质的流入与流出[114,115]。这种情况下，细菌能跳过溶解传质步骤，直接摄取结晶态多环芳烃，提高扩散速率，促进生物降解[36,112,116]。胞外聚合物一般疏水性较强，有利于细菌的黏附，是介导细菌附着到化合物表面并形成生物膜的关键因素[35,117]。生物膜覆盖在基质上，扩大了细菌与多环芳烃晶体的界面面积，增加从顽固的多环芳烃晶体到细胞的传质作为能源利用，强化了生物降解[24,118]。随着降解的进行，不同相间的传质速率会因为晶体表面积的减小而下降，但降解率会因为生物量的增加而上升[61,90]。

2.3.2 强化微生物活性

相比游离或悬浮微生物，生物膜可保护细胞免受恶劣环境影响，提高对有毒化合物的耐受性[119]。细菌必须从土壤颗粒中摄取多环芳烃，才能发生降解[21]。生物膜具有大量的表面活性基团，有助于固定和降解疏水化合物[88]。与浮游培养相比，生物膜中对萘的降解基因的表达量更高，对萘的降解更有效[120,121]。此外，生物膜分泌的生物表面活性剂可以调节细胞表面疏水性，从而适应不断变化的环境条件，增强细胞对多环芳烃的降解能力[122]。但也有研究表明过多的表面活性剂可能会转变为底物，也可能通过扰乱膜通透性、干扰趋化性驱动的运动以及扰乱或限制生物膜的形成而对某些生物体产生毒性，从而抑制多环芳烃的降解[123,124]。

2.3.3 加强趋化反应

趋化能力有利于菌株在有机污染物表面形成生物膜[125]。趋化性是一种由感知环境化学信号而启动的运动反应[126]。Law 和 Aitken 认为趋化性可以在化合物解吸或消散的界面上或界面附近提供更高的细胞密度，从而增加细胞摄取化合物的频率[127]。细菌的趋化行为可包括朝向（正趋化性）和远离（负趋化性）化学梯度。在生物膜形成初期，趋化性使细胞感知疏水性有机物并克服传质限制，向底物浓度高的地方游去[128]，然后利用细菌鞭毛进行表面附着[129,130]。随后，生物膜的发育也需要利用趋化性才能沿化合物表面移动、生长和传播[131]。随着细胞在化合物表面不断附着、生长，生物膜逐渐形成，有机物的生物降解随之加快。趋化性也起到了平衡机制的作用，它既可以增加污染物的生物利用率，同时又在化合物具有毒性的情况下保护细胞[123]。趋化性基因的增加还可以使生物膜中的细胞加快代谢，从而更快地降解多环芳烃[123]。

2.3.4 促进代谢作用

有机物在降解过程中会产生一些有毒的中间产物，具有细胞抑制作用。而生物膜中细胞的紧密结合可以通过共代谢和/或协同作用来促进有毒产物的代谢[39]。与浮游生物相比，生物膜中聚集的细胞具有许多优势，例如免受周围环境的影响、沟通和交换遗传物质的能力、营养物质的可用性以及在不同状态下的持久代谢活性[132,133]。生物膜可以容纳多种需氧和厌氧生物，一种微生物的产物和副产品可以通过共代谢为另一种微生物提供碳源和能源[134]。它们在代谢上相互补充，并在各种营养物质存在下共同生存，这便是共代谢[135,136]。大多难降解有机污染物通过共代谢进行生物转化[94,137]。例如，细菌在双环芳烃矿化过程中，产生了三环以上芳烃所需的酶，这是驱动高环芳烃生物降解的主要机制[96]。微生物经历了快速的遗传转化，从而形成了降解各种化合物的机制[138]。生物膜促进了细胞的紧密结合并允许代谢相互作用，提高了多环芳烃的代谢能力和降解效率[139]。

生物降解是去除环境中多环芳烃的主要途径。近年来，生物膜在多环芳烃生物降解方面的应用得到了广泛关注。生物膜可以有效地用于生物修复过程，因为它们在不断变化的环境条件下为微生物提供保护。生物膜由不同的细菌及胞外聚合物组成，有利于大量疏水化合物的固定化和增溶[39]。生物膜对多环芳烃的生物降解受到环境因素、外源添加物及多环芳烃性质的影响。研究表明，生物膜可提高多环芳烃的生物利用率和传质速率。同时，生物膜的增强细胞趋化性及共代谢作用，可强化多环芳烃的生物降解。

尽管生物膜对多环芳烃生物降解强化作用已得到广泛研究，但对生物膜中多种酶的相互作用及共代谢机制还未研究透彻，关于遗传物质的交换和影响还不清楚，有待于今后深入研究和探讨。另外，研究结果大多来自实验室，真实的生态环境中生物膜对多环芳烃降解影响的研究还十分有限。将来，研究者应该更加注重实验室和现场研究的结合，以确定在自然环境中生物膜对多环芳烃生物降解的真实影响。

参考文献

[1] Mastrangelo G, Fadda E, Marzia V. Polycyclic aromatic hydrocarbons and cancer in man. Environmental Health Perspectives, 1996, 104 (11): 1166-1170.

[2] Srogi K. Monitoring of environmental exposure to polycyclic aromatic hydrocarbons: a review. Environmental Chemistry Letters, 2007, 5 (4): 169-195.

[3] Ghosal D, Ghosh S, Dutta T K, Ahn Y. Current state of knowledge in microbial degradation of polycyclic aromatic hydrocarbons (PAHs): a review. Frontiers in Microbiology, 2016, 7: 1369.

[4] Ravindra K, Sokhi R, van Grieken R. Atmospheric polycyclic aromatic hydrocarbons: source attribution, emission factors and regulation. Atmospheric Environment, 2008, 42 (13): 2895-2921.

[5] Keyte I J, Harrison R M, Lammel G. Chemical reactivity and long-range transport potential of polycyclic aromatic hydrocarbons-a review. Chemical Society Reviews, 2013, 42 (24): 9333-9391.

[6] Cerniglia C E. Microbial degradation of polycyclic aromatic hydrocarbons (PAH) in the aquatic environment. Metabolism of Polycyclic Aromatic Hydrocarbons in the Aquatic Environment, 1989: 41-86.

[7] Mackay D, Callcott D. Partitioning and physical chemical properties of PAHs. The Handbook of Environmental Chemistry, 1998, 3: 325-346.

[8] Cerniglia C E. Biodegradation of polycyclic aromatic hydrocarbons. Journal of Industrial Microbiology, 1992, 3 (2/3): 351-368.

[9] Schnitz A R, Squibb K S, Oconnor J M. Time-varying conjugation of 7, 12-dimethylbenz [*a*] anthracene metabolites in rainbow trout (*Oncorhynchus mykiss*). Toxicology and Applied Pharmacology, 1993, 121 (1): 58-70.

[10] Magee B R, Lion L W, Lemley A T. Transport of dissolved organic macromolecules and their effect on the transport of phenanthrene in porous media. Environmental Science & Technology, 1991, 25 (2): 323-331.

[11] Gan S, Lau E V, Ng H K. Remediation of soils contaminated with polycyclic aromatic hydrocarbons (PAHs). Journal of Hazardous Materials, 2009, 172 (2/3): 532-549.

[12] Juhasz A L, Naidu R. Bioremediation of high molecular weight polycyclic aromatic hydrocarbons: a review of the microbial degradation of benzo [*a*] pyrene. International Biodeterioration & Biodegradation, 2000, 45 (1/2): 57-88.

[13] Kirsten S J. In situ bioremediation. Advances in Applied Microbiology, 2007, 61: 285-305.

[14] Niqui-Arroyo J L, Bueno - Montes M, Ortega-Calvo J J. Biodegradation of anthropogenic organic compounds in natural environments. Biophysico-Chemical Processes of Anthropogenic Organic Compounds in Environmental Systems, 2011: 483-501.

[15] Singh A, Ward O P. Biodegradation and bioremediation. Journal of Soils and Sediments, 2004, 4 (3): 209.

[16] Chauhan A, Fazlurrahman, Oakeshott J G, Jain R K. Bacterial metabolism of polycyclic aromatic hydrocarbons: strategies for bioremediation. Indian Journal of Microbiology, 2008, 48 (1): 95-113.

[17] Jo S J, Kwon H, Jeong S Y, Lee C H, Kim T G. Comparison of microbial communities of activated sludge and membrane biofilm in 10 full-scale membrane bioreactors. Water Research, 2016, 101 (15): 214-225.

[18] Gaebler H J, Eberl H J. A simple model of biofilm growth in a porous medium that accounts for detachment and attachment of suspended biomass and their contribution to substrate degradation. European Journal of Applied Mathematics, 2018, 29 (6): 1110-1140.

[19] Davey M E, O'Toole G A. Microbial biofilms: from ecology to molecular genetics. Microbiology and Molecular Biology Reviews, 2000, 64 (4): 846-867.

[20] Atkinson B, Davies I J. The completely mixed microbial film fermenter a method of overcoming wash-out in continuous fermentation. Chemical Engineering Research and Design, 1972, 50: 208-216.

[21] Johnsen A R, Wick L Y, Harms H. Principles of microbial pah-degradation in soil. Environmental Pollution, 2005, 133 (1): 71-84.

[22] Cheng G, Sun M, Ge X, Xu X, Lin Q, Lou L. Exploration of biodegradation mechanisms of black carbon-bound nonylphenol in black carbon-amended sediment. Environmental Pollution, 2017, 231: 752-760.

[23] Calvillo Y M, Alexander M. Mechanism of microbial utilization of biphenyl sorbed to polyacrylic beads. Applied Microbiology and Biotechnology, 1996, 45 (3): 383-390.

[24] Molin G, Nilsson I. Degradation of phenol by *Pseudomonas putida* ATCC 11172 in continuous culture at different ratios of biofilm surface to culture volume. Applied and Environmental Microbiology, 1985, 50 (4): 946-950.

[25] Bumpus J A. Biodegradation of polycyclic hydrocarbons by *Phanerochaete chrysosporium*. Applied and Environmental Microbiology, 1989, 55 (1): 154-158.

[26] Yuan S Y, Chang J S, Yen J H, Chang B V. Biodegradation of phenanthrene in river sediment. Chemosphere, 2001, 43 (3): 273-278.

[27] 章俭，夏春谷. 芳香烃双加氧酶的结构与功能研究. 化学进展，2004，16 (1): 116-122.

[28] 张金丽，郑天凌. 多环芳烃污染环境的控制与生物修复研究进展. 福建环境，2002，19 (2): 26-29.

[29] 姜岩，杨颖，张贤明. 典型多环芳烃生物降解及转化机制的研究进展. 石油学报（石油加工），2014，30 (6): 1137-1150.

[30] Haritash A K, Kaushik C P. Biodegradation aspects of polycyclic aromatic hydrocarbons (PAHs): a review. Journal of Hazardous Materials, 2009, 169 (1/3): 1-15.

[31] Kanaly R A, Harayama S. Biodegradation of high-molecular-weight polycyclic aromatic hydrocarbons by bacteria. Journal of Bacteriology, 2000, 182 (8): 2059-2067.

[32] Del-Valle E M M. Cyclodextrins and their uses: a review. Process Biochemistry, 2004, 39 (9): 1033-1046.

[33] Joseph D R, David A S, Joseph M S, Jeffrey H H. Influence of surfactants on microbial degradation of organic compounds. Critical Reviews in Environmental Science & Technology, 1994, 24 (4): 325-370.

[34] Wang Z, Zhao F, Hao X, Chen D, Li D. Model of bioconversion of cholesterol in cloud point system. Biochemical Engineering Journal, 2004, 19 (1): 9-13.

[35] Rodrigues A C, Wuertz S, Brito A G, Melo L F. Fluorene and phenanthrene uptake by *Pseudomonas putida* ATCC 17514: kinetics and physiological aspects. Biotechnology and Bioengineering, 2005, 90 (3): 281-289.

[36] Wick L Y, Ruiz de M, Springael D, Harms H. Responses of *Mycobacterium* sp. LB501T to the low bioavailability of solid anthracene. Applied Microbiology and Biotechnology, 2002, 58 (3): 378-385.

[37] Costerton J W, Lewandowski Z, Caldwell D E, Korber D R, Lappin-Scott H M. Microbial biofilms. Annual Review of Microbiology, 1995, 49: 711-745.

[38] Chrzanowski L, Lawniczak L, Czaczyk K. Why do microorganisms produce rhamnolipids? World Journal of Microbiology & Biotechnology, 2012, 28 (2): 401-419.

[39] Mangwani N, Kumari S, Das S. Bacterial biofilms and quorum sensing: fidelity in bioremediation technology. Biotechnology and Genetic Engineering Reviews, 2016, 32: 43-73.

[40] Bar-Zeev E, Berman-Frank I, Girshevitz O, Berman T. Revised paradigm of aquatic biofilm formation facilitated by microgel transparent exopolymer particles. Proceedings of the National Academy of Sciences, 2012, 109 (23): 9119-9124.

[41] Kragh K, Hutchison J B, Melaugh G. Role of multicellular aggregates in biofilm formation. mBio, 2016, 7 (2): e00237-16.

[42] Winters H, Chong T H, Fane A G, Krantz W, Rzechowicz M, Saeidi N. The involvement of lectins and lectin-like humic substances in biofilm formation on Ro membranes-is TEP important? Desalination, 2016, 399: 61-68.

[43] Flemming H C, Wingender J. The biofilm matrix. Nature Reviews Microbiology, 2010, 8 (9): 623-633.

[44] Dimopoulou M, Renault M, Dols-Lafargue M, Albertin W, Herry J M, Bellon-Fontaine M N, Masneuf-Pomarede I. Microbiological, biochemical, physicochemical surface properties and biofilm forming ability of *Brettanomyces bruxellensis*. Annals of Microbiology, 2019, 69 (12): 1217-1225.

[45] Garrett T R, Bhakoo M, Zhang Z. Bacterial adhesion and biofilms on surfaces. Progress in Natural Science-Materials International, 2008, 18 (9): 1049-1056.

[46] Guo X, Niu Z, Lu D, Feng J, Chen Y, Tou F, Liu M, Yang Y. Bacterial community structure in the intertidal biofilm along the yangtze estuary, China. Marine Pollution Bulletin, 2017, 124 (1): 314-320.

[47] Baum M M, Kainovic A, O'Keeffe T, Pandita R, McDonald K, Wu S, Webster P. Characterization of structures in biofilms formed by a *Pseudomonas fluorescens* isolated from soil. Bmc Microbiology, 2009, 9: 103.

[48] Wang T, Flint S, Palmer J. Magnesium and calcium ions: roles in bacterial cell attachment and biofilm structure maturation. Biofouling, 2019, 35 (9): 1-16.

[49] Li M Y, Zhang J, Lu P, Xu J L, Li S P. Evaluation of biological characteristics of bacteria contributing to biofilm formation. Pedosphere, 2009, 19 (5): 554-561.

[50] Beauregard P B, Chai Y, Vlamakis H, Losick R, Kolter R. *Bacillus subtilis* biofilm induction by plant polysaccharides. Proceedings of the National Academy of Sciences of the United States of America, 2013, 110 (17): 1621-1630.

[51] Heipieper H J, Keweloh H, Rehm H J. Influence of phenols on growth and membrane permeability of free and immobilized *Escherichia coli*. Applied and Environmental Microbiology, 1991, 57 (4): 1213-1217.

[52] Hall-Stoodley L, Costerton J W, Stoodley P. Bacterial biofilms: from the natural environment to infectious diseases. Nature Reviews Microbiology, 2004, 2 (2): 95-108.

[53] Ancion P Y, Lear G, Dopheide A, Lewis G D. Metal concentrations in stream biofilm and sediments and their potential to explain biofilm microbial community structure. Environmental Pollution, 2013, 173: 117-124.

[54] Rummel C D, Jahnke A, Gorokhova E, Kuehnel D, Schmitt-Jansen M. Impacts of biofilm formation on the fate and potential effects of microplastic in the aquatic environment. Environmental Science & Technology Letters, 2017, 4 (7): 258-267.

[55] Manobala T, Shukla S K, Rao T S, Kumar M D. Uranium sequestration by biofilm-forming bacteria isolated from marine sediment collected from southern coastal region of India. International Biodeterioration & Biodegradation, 2019, 145: 104809.

[56] Zheng M, Wang W, Papadopoulos K. Direct visualization of oil degradation and biofilm formation for the screening of crude oil-degrading bacteria. Bioremediation Journal, 2019, 24 (1): 60-70.

[57] Chandran P, Das N. Degradation of diesel oil by immobilized *Candida tropicalis* and biofilm formed on gravels. Biodegradation, 2011, 22 (6): 1181-1189.

[58] Khoei N S, Andreolli M, Lampis S, Vallini G, Turner R J. A comparison of the response of two *Burkholderia fungorum* strains grown as planktonic cells versus biofilm to dibenzothiophene and select polycyclic aromatic hydrocarbons. Canadian Journal of Micro-

biology, 2016, 62 (10): 851-860.

[59] Kotoky R, Das S, Singha L P, Pandey P, Singha K M. Biodegradation of benzo (a) pyrene by biofilm forming and plant growth promoting *Acinetobacter* sp. strain PDB4. Environmental Technology & Innovation, 2017, 8: 256-268.

[60] Tarafdar A, Sarkar T K, Chakraborty S, Sinha A, Masto R E. Biofilm development of *Bacillus thuringiensis* on MWCNT buckypaper: adsorption-synergic biodegradation of phenanthrene. Ecotoxicology and Environmental Safety, 2018, 157: 327-334.

[61] Eriksson M, Dalhammar G, Mohn W W. Bacterial growth and biofilm production on pyrene. Fems Microbiology Ecology, 2002, 40 (1): 21-27.

[62] Cong L T N, Mai C T N, Thanh V T, Nga L P, Minh N N. Application of a biofilm formed by a mixture of yeasts isolated in Vietnam to degrade aromatic hydrocarbon polluted wastewater collected from petroleum storage. Water Science and Technology, 2014, 70 (2): 329-336.

[63] Zhou Y, Gao X. Characterization of biofilm formed by phenanthrene-degrading bacteria on rice root surfaces for reduction of PAH contamination in rice. International Journal of Environmental Research and Public Health, 2019, 16 (11): 2002.

[64] Guieysse B, Henrysson T. Degradation of acenaphthene, phenanthrene and pyrene in a packed-bed biofilm reactor. Applied Microbiology and Biotechnology, 2000, 54: 826-831.

[65] Xue J, Huang C, Zhang Y, Liu Y, El-Din M C. Bioreactors for oil sands process-affected water (OSPW) treatment: a critical review. Science of the Total Environment, 2018, 627: 916-933.

[66] Bamforth S M, Singleton I. Bioremediation of polycyclic aromatic hydrocarbons: current knowledge and future directions. Journal of Chemical Technology & Biotechnology Biotechnology, 2005, 80 (7): 723-736.

[67] Ortega-Calvo J J, Tejeda-Agredano M C, Jimenez-Sanchez C, Congiu E, Sungthong R, Niqui-Arroyo J L, Cantos M. Is it possible to increase bioavailability but not environmental risk of pahs in bioremediation? Journal of Hazardous Materials, 2013, 261: 733-745.

[68] Perron N, Welander U. Degradation of phenol and cresols at low temperatures using a suspended-carrier biofilm process. Chemosphere, 2004, 55 (1): 45-50.

[69] He M, Zhang J, Wang Y, Jin L. Effect of combined *Bacillus subtilis* on the sorption of phenanthrene and 1,2,3-trichlorobenzene onto mineral surfaces. Journal of Environmental Quality, 2010, 39 (1): 236-244.

[70] Abercron S M M V, Marin P, Solsona-Ferraz M, Castaneda-Catana M A, Marques S. Naphthalene biodegradation under oxygen-limiting conditions: community dynamics and the relevance of biofilm-forming capacity. Microbial Biotechnology, 2017, 10 (6): 1781-1796.

[71] Al-Bader D, Kansour M K, Rayan R, Radwan S S. Biofilm comprising phototrophic, diazotrophic, and hydrocarbon-utilizing bacteria: a promising consortium in the bioremediation of aquatic hydrocarbon pollutants. Environmental Science and Pollution Research,

2013，20 (5)：3252-3262.

[72] Huang X D，Zeiler L F，Dixon D G，Greenberg B M. Photoinduced toxicity of PAHs to the foliar regions of brassica napus (canola) and cucumbis sativus (cucumber) in simulated solar radiation. Ecotoxicology and Environmental Safety，1996，35 (2)：190-197.

[73] Cheruiyot N K，Lee W J，Mwangi J K，Wang L C，Lin N H，Lin Y C，Cao J，Zhang R，Chang-Chien G P. An overview：polycyclic aromatic hydrocarbon emissions from the stationary and mobile sources and in the ambient air. Aerosol and Air Quality Research，2015，15 (7)：2730-2762.

[74] Nozhevnikova A N，Botchkova E A，Plakunov V K. Multi-species biofilms in ecology，medicine，and biotechnology. Microbiology，2015，84 (6)：731-750.

[75] Stach J E M，Burns R G. Enrichment versus biofilm culture：A functional and phylogenetic comparison of polycyclic aromatic hydrocarbon-degrading microbial communities. Environmental Microbiology，2002，4 (3)：169-182.

[76] John B S. Detoxification of polycyclic aromatic hydrocarbons by fungi. Journal of Industrial Microbiology & Biotechnology，1992，9：53-62.

[77] 吴宇澄，林先贵. 多环芳烃污染土壤真菌修复进展. 土壤学报，2013，50 (6)：1191-1199.

[78] Ubertini M，Lefebvre S，Rakotomalala C，Orvain F. Impact of sediment grain-size and biofilm age on epipelic microphytobenthos resuspension. Journal of Experimental Marine Biology and Ecology，2015，467：52-64.

[79] Huang H，Fan X，Peng C，Geng J，Ding L，Xu K，Zhang Y，Ren H. Biofilm aging in full-scale aerobic bioreactors from perspectives of metabolic activity and microbial community. Biochemical Engineering Journal，2019，146：69-78.

[80] Mangwani N，Kumari S，Das S. Involvement of quorum sensing genes in biofilm development and degradation of polycyclic aromatic hydrocarbons by a marine bacterium *Pseudomonas aeruginosa* N6P6. Applied Microbiology and Biotechnology，2015，99 (23)：10283-10297.

[81] Kumari S，Mangwani N，Das S. Synergistic effect of quorum sensing genes in biofilm development and PAHs degradation by a marine bacterium. Bioengineered，2016，7 (3)：205-211.

[82] Ding X S，Zhao B，An Q，Tian M，Guo J S. Role of extracellular polymeric substances in biofilm formation by*Pseudomonas stutzeri* strain XL-2. Applied Microbiology and Biotechnology，2019，103 (21/22)：9169-9180.

[83] Mangwani N，Kumari S，Das S. Taxonomy and characterization of biofilm forming polycyclic aromatic hydrocarbon degrading bacteria from marine environments. Polycyclic Aromatic Compounds，2019，39.

[84] Seo Y，Bishop P L. The monitoring of biofilm formation in a mulch biowall barrier and its effect on performance. Chemosphere，2008，70 (3)：480-488.

[85] Dua M，Singh A，Sethunathan N，Johri A K. Biotechnology and bioremediation：successes and limitations. Applied Microbiology and Biotechnology，2002，59 (2/3)：143-152.

[86] Guo Z, Dong D, Hua X, Zhang L, Zhu S, Lan X, Liang D. Cr and as decrease lindane sorption on river solids. Environmental Chemistry Letters, 2015, 13 (1): 111-116.

[87] Dong D, Li L, Zhang L, Hua X, Guo Z. Effects of lead, cadmium, chromium, and arsenic on the sorption of lindane and norfloxacin by river biofilms, particles, and sediments. Environmental Science and Pollution Research, 2018, 25 (5): 4632-4642.

[88] Mangwani N, Shukla S K, Rao T S, Das S. Calcium-mediated modulation of *Pseudomonas mendocina* NR802 biofilm influences the phenanthrene degradation. Colloids and Surfaces B: Biointerfaces, 2014, 114: 301-309.

[89] Ibarrolaza A, Coppotelli B M, Del Panno M T, Donati E R, Morelli I S. Dynamics of microbial community during bioremediation of phenanthrene and chromium (Ⅵ)-contaminated soil microcosms. Biodegradation, 2009, 20 (1): 95-107.

[90] Tiehm A. Degradation of polycyclic aromatic hydrocarbons in the presence of synthetic surfactants. Applied and Environmental Microbiology, 1994, 60 (1): 258-263.

[91] Grimberg S J, Stringfellow W T, Aitken M D. Quantifying the biodegradation of phenanthrene by *Pseudomonas stutzeri* P16 in the presence of a nonionic surfactant. Applied and Environmental Microbiology, 1996, 62 (7): 2387-2392.

[92] Rosenberg E, Legmann R, Kushmaro A, Taube R, Adler E, Ron E Z. Petroleum bioremediation-a multiphase problem. Biodegradation, 1992, 3: 337-350.

[93] Crampon M, Cébron A, Portet-Koltalo F, Uroz S, Le Derf F, Bodilis J. Low effect of phenanthrene bioaccessibility on its biodegradation in diffusely contaminated soil. Environmental Pollution, 2017, 225: 663-673.

[94] Allen C C R, Boyd D R, Hempenstall F, Larkin M J, Sharma N D. Contrasting effects of a nonionic surfactant on the biotransformation of polycyclic aromatic hydrocarbons to *cis*-dihydrodiols by soil bacteria. Applied and Environmental Microbiology, 1999, 65: 1335-1339.

[95] van Hamme J D, Singh A, Ward O P. Recent advances in petroleum microbiology. Microbiology and Molecular Biology Reviews, 2003, 67 (4): 503-549.

[96] Rodriguez S, Bishop P L. Enhancing the biodegradation of polycyclic aromatic hydrocarbons: effects of nonionic surfactant addition on biofilm function and structure. Journal of Environmental Engineering-Asce, 2008, 134 (7): 505-512.

[97] Guha S, Jaffé P R. Bioavailability of hydrophobic compounds partitioned into the micellar phase of nonionic surfactants. Environmental Science & Technology, 1996, 30 (4): 1382-1391.

[98] Seo Y, Bishop P L. Influence of nonionic surfactant on attached biofilm formation and phenanthrene bioavailability during simulated surfactant enhanced bioremediation. Environmental Science & Technology, 2007, 41 (20): 7107-7113.

[99] Hamme J D V, Singh A, Ward O P. Physiological aspects-part 1 in a series of papers devoted to surfactants in microbiology and biotechnology. Biotechnology Advances, 2006, 24 (6): 604-620.

[100] Sales P S, de Rossi R H, Fernandez M A. Different behaviours in the solubilization of polycyclic aromatic hydrocarbons in water induced by mixed surfactant solutions.

Chemosphere, 2011, 84 (11): 1700-1707.

[101] Zhang Z X, Zhu Y X, Li C M, Zhang Y. Investigation into the causes for the changed biodegradation process of dissolved pyrene after addition of hydroxypropyl-β-cyclodextrin (HPCD). Journal of Hazardous Materials, 2012, 243: 139-145.

[102] Gao H, Xu L, Cao Y, Ma J, Jia L. Effects of hydroxypropyl-β-cyclodextrin and β-cyclodextrin on the distribution and biodegradation of phenanthrene in NAPL-water system. International Biodeterioration & Biodegradation, 2013, 83: 105-111.

[103] Xiao M, Yin X, Gai H, Ma H, Qi Y, Li K, Hua X, Sun M, Song H. Effect of hydroxypropyl-β-cyclodextrin on the cometabolism of phenol and phenanthrene by a novel. Bioresource Technology, 2019, 273: 56-62.

[104] Liu T, Ding K, Guo G, Yang F, Wang L. Effects of hydroxypropyl-β-cyclodextrin on pyrene and benzo [*a*] pyrene: bioavailability and degradation in sotil. Chemistry and Ecology, 2018, 34 (6): 519-531.

[105] Gao H, Ma J, Xu L, Jia L. Hydroxypropyl-beta-cyclodextrin extractability and bioavailability of phenanthrene in humin and humic acid fractions from different soils and sediments. Environmental Science & Pollution Research International, 2014, 21 (14): 8620-8630.

[106] Ke L, Bao W, Chen L, Wong Y S, Tam N F Y. Effects of humic acid on solubility and biodegradation of polycyclic aromatic hydrocarbons in liquid media and mangrove sediment slurries. Chemosphere, 2009, 76 (8): 1102-1108.

[107] Smith K E C, Thullner M, Wick L Y, Harms H. Sorption to humic acids enhances polycyclic aromatic hydrocarbon biodegradation. Environmental Science & Technology, 2009, 43 (19): 7205-7211.

[108] Wang L, You L, Zhang J, Yang T, Zhang W, Zhang Z, Liu P, Wu S, Zhao F, Ma J. Biodegradation of sulfadiazine in microbial fuel cells: reaction mechanism, biotoxicity removal and the correlation with reactor microbes. Journal of Hazardous Materials, 2018, 360: 402-411.

[109] Wicke D, Boeckelmann U, Reemtsma T. Environmental influences on the partitioning and diffusion of hydrophobic organic contaminants in microbial biofilms. Environmental Science & Technology, 2008, 42 (6): 1990-1996.

[110] Cunliffe M, Kertesz M A. Autecological properties of soil sphingomonads involved in the degradation of polycyclic aromatic hydrocarbons. Applied Microbiology and Biotechnology, 2006, 72 (5): 1083-1089.

[111] Mangwani N, Kumari S, Das S. Marine bacterial biofilms in bioremediation of polycyclic aromatic hydrocarbons (PAHs) under terrestrial condition in a soil microcosm. Pedosphere, 2017, 27 (3): 548-558.

[112] Sungthong R, Tauler M, Grifoll M, Julio Ortega-Calvo J. Mycelium-enhanced bacterial degradation of organic pollutants under bioavailability restrictions. Environmental Science & Technology, 2017, 51 (20): 11935-11942.

[113] Edwards S J, Kjellerup B V. Applications of biofilms in bioremediation and biotransformation of persistent organic pollutants, pharmaceuticals/personal care products, and

heavy metals. Applied Microbiology and Biotechnology, 2013, 97 (23): 9909-9921.

[114] Pratt L A, Kolter R. Genetic analysis of *Escherichia coli* biofilm formation: roles of flagella, motility, chemotaxis and type I pili. Molecular Microbiology, 1998, 30 (2): 285-293.

[115] Sweeney E G, Nishida A, Weston A, Banuelos M S, Potter K, Conery J, Guillemin K. Agent-based modeling demonstrates how local chemotactic behavior can shape biofilm architecture. Msphere, 2019, 4 (3): e00285-19.

[116] Johnsen A R, Karlson U. Evaluation of bacterial strategies to promote the bioavailability of polycyclic aromatic hydrocarbons. Applied Microbiology and Biotechnology, 2004, 63 (4): 452-459.

[117] Zhang Y, Wang F, Zhu X, Zeng J, Zhao Q, Jiang X. Extracellular polymeric substances govern the development of biofilm and mass transfer of polycyclic aromatic hydrocarbons for improved biodegradation. Bioresource Technology, 2015, 193: 274-280.

[118] Johnsen A R, Bendixen K, Karlson U. Detection of microbial growth on polycyclic aromatic hydrocarbons in microtiter plates by using the respiration indicator WST-1. Applied and Environmental Microbiology, 2002, 68 (6): 2683-2689.

[119] Zhang L S, Wu W Z, Wang J L. Immobilization of activated sludge using improved polyvinyl alcohol (PVA) gel. Journal of Environmental Sciences, 2007, 19 (11): 1293-1297.

[120] Shimada K, Itoh Y, Washio K, Morikawa M. Efficacy of forming biofilms by naphthalene degrading *Pseudomonas stutzeri* T102 toward bioremediation technology and its molecular mechanisms. Chemosphere, 2012, 87 (3): 226-233.

[121] Moller S, Sternberg C, Andersen J B, Christensen B B, Ramos J L, Givskov M, Molin S. In situ gene expression in mixed-culture biofilms: evidence of metabolic interactions between community members. Applied and Environmental Microbiology, 1998, 64 (2): 721-732.

[122] Neu T R. Significance of bacterial surface-active compounds in interaction of bacteria with interfaces. Microbiological Reviews, 1996, 60 (1): 151-166.

[123] Gkorezis P, Daghio M, Franzetti A, van Hamme J D, Sillen W, Vangronsveld J. The interaction between plants and bacteria in the remediation of petroleum hydrocarbons: an environmental perspective. Frontiers in Microbiology, 2016, 7: 1836.

[124] Franzetti A, Di Gennaro P, Bestetti G, Lasagni A, Pitea D, Collina E. Selection of surfactants for enhancing diesel hydrocarbons-contaminated media bioremediation. Journal of Hazardous Materials, 2008, 152 (3): 1309-1316.

[125] 王慧，胡金星，秦智慧，徐新华，沈超峰. 细菌对有机污染物的趋化性及其对降解的影响. 浙江大学学报（农业与生命科学版），2017，43（6）：676-684.

[126] Liu W, Sun Y, Shen R, Dang X, Liu X, Sui F, Li Y, Zhang Z, Alexandre G, Elmerich C, Xie Z. A chemotaxis-like pathway of *Azorhizobium caulinodans* controls flagella-driven motility, which regulates biofilm formation, exopolysaccharide biosynthesis, and competitive nodulation. Molecular Plant-Microbe Interactions, 2018, 31 (7): 737-749.

[127] Law A M J, Aitken M D. Bacterial chemotaxis to naphthalene desorbing from a nonaqueous liquid. Applied and Environmental Microbiology, 2003, 69 (10): 5968-5973.
[128] Singh R, Paul D, Jain R K. Biofilms: implications in bioremediation. Trends in Microbiology, 2006, 14 (9): 389-397.
[129] Pratt L A, Kolter R. Genetic analyses of bacterial biofilm formation. current Opinion in Microbiology, 1999, 2 (6): 598-603.
[130] Hoelscher T, Bartels B, Lin Y C, Gallegos-Monterrosa R, Price-Whelan A, Kolter R, Dietrich L E P, Kovacs A T. Motility, chemotaxis and aerotaxis contribute to competitiveness during bacterial pellicle biofilm development. Journal of Molecular Biology, 2015, 427 (23): 3695-3708.
[131] Stelmack P L, Gray M R, Pickard M A. Bacterial adhesion to soil contaminants in the presence of surfactants. Applied and Environmental Microbiology, 1999, 65 (1): 163-168.
[132] Davies D G, Parsek M R, Pearson J P. The involvement of cell-to-cell signals in the development of a bacterial biofilm. Science, 1998, 280 (5361): 295-298.
[133] Costerton J W. Introduction to biofilm. International Journal of Antimicrobial Agents, 1999, 11: 217-221.
[134] Coffey A M B Michael D. Characterization of microorganisms involved in accelerated biodegradation of metalaxyl and metolachlor in soils. Canadian Journal of Microbiology, 1986, 32 (7): 562-569.
[135] Canstein H V, Kelly S, Li Y, Wagner-Döbler I. Species diversity improves the efficiency of mercury-reducing biofilms under changing environmental conditions. Applied and Environmental Microbiology, 2002, 68 (6): 2829-2837.
[136] Boles B R, Thoendel M, Singh P K. Self-generated diversity produces "insurance effects" in biofilm communities. Proceedings of the National Academy of Sciences of the United States of America, 2004, 101 (47): 16630-16635.
[137] Plosz B G, Vogelsang C, Macrae K, Heiaas H H, Lopez A, Liltved H, Langford K H. The BIOZO process-a biofilm system combined with ozonation: occurrence of xenobiotic organic micro-pollutants in and removal of polycyclic aromatic hydrocarbons and nitrogen from landfill leachate. Water Science and Technology, 2010, 61 (12): 3188-3197.
[138] Perumbakkam S, Hess T F, Crawford R L. A bioremediation approach using natural transformation in pure-culture and mixed-population biofilms. Biodegradation, 2006, 17 (6): 545-557.
[139] Shapiro J A. Thinking about bacterial populations as multicellular organisms. Annual Review of Microbiology, 1998, 52 (1): 81-104.

第3章

土壤中老化多环芳烃生物修复的研究进展

多环芳烃对土壤的污染已经严重威胁到了人类健康和生态安全。生物修复是降解土壤中多环芳烃的主要途径。但是，由于多环芳烃与土壤的深度螯合，使得老化多环芳烃的生物降解受到了许多限制。因此如何提高土壤中老化多环芳烃的生物降解率成为了研究热点。目前，关于土壤中老化多环芳烃的生物修复的研究已有许多，但是还没有系统的总结。本章综述了土壤中多环芳烃的老化机理、老化特点以及提高其生物降解的方案，为土壤中老化多环芳烃的生物修复提供参考。

3.1 老化多环芳烃的现状

3.1.1 老化多环芳烃的形成

多环芳烃是煤、石油、木材和烟草等不完全燃烧时产生的难降解有机物，包括萘、蒽、菲、芘等150余种物质[1-3]。多环芳烃可以通过大气沉积以及工业活动进入土壤[4]，并最终通过生物蓄积以及食物链的生物富集影响人类健康。目前，土壤和地下水的多环芳烃污染已成为人们特别关注的话题[5]，而老化让多环芳烃污染的治理变得更加棘手。所谓老化，通常指多环芳烃与土壤接触进而螯合的过程[6,7]。一般认为，与天然有机物结合[8]和渗透到土壤的孔隙中[9]是多环芳烃的老化机制。在老化过程中，多环芳烃将逐渐变得难以解吸、降解和矿化[10-12]，其生物有效性即可提取性和生物利用度会随时间而降低[13]。其中，老化多环芳烃生物利用度的降低主要表现在微生物降解慢和生物（植物、蚯蚓以及其他土壤栖息生物）吸收率低等方面[6,14]。除此之外，污染土壤中的老化多环芳烃多为混合物，可能存在相互影响[15,16]，致使其毒理性十分复杂。

3.1.2 多环芳烃的老化机理

目前，关于多环芳烃老化机理的讨论主要集中在两方面。其一为土壤孔隙吸附[9]。Wu和Gschwend在较早时就利用分子扩散和相分配建立模型得到结论，认为有机污染物会渗透到土壤中的孔隙中并且在较大的团聚体中具有更低的扩散速率[9]。随之有研究表明土壤团聚体可能通过提供曲折的吸附/解吸途径，将有机污染物封存隔离[17]。同时 Nam 等研究也发现土壤团聚体中菲的矿化程度将会大大降低，并且提出团聚体可能是老化菲生物降解受限的一个重要决定因素[18]。这种团聚体内部扩散可防止多环芳烃被溶剂萃取并保护它们不被微生物分解[19]。后有研究报道，生物降解通过将多环芳烃转化为更多的极性分子来控制残留物的流动性和固存性。然而随着多环芳烃的老化，这些极性分子可能扩散到团聚体内部的孔隙水中，与土壤基质结合或滞留在微孔中，从而降低多环芳烃生物可及性[20,21]。

多环芳烃老化的另一机制就是土壤中的天然有机质与多环芳烃结合[8]。土壤有机质（比如腐殖质）拥有较大的比表面积和吸附力，容易滞留多环芳烃，从而促进多环芳烃的老化[22]。另一方面，多环芳烃可能与土壤有机质形成氢键，使得其难以解吸[23]。Nam 提出土壤有机碳含量是导致有机物老化的主要因素。有机碳含量高于 2%的土壤在 200 天后菲的生物利用度降低，而有机碳含量低于 2%的土壤则没有明显的老化现象[24]。有机质和多环芳烃的螯合最终会导致多环芳烃的生物利用率和可提取性降低。但是也有学者认为拥有与表面活性剂相似结构的有机质腐殖酸，能够通过胶束增溶，促进老化多环芳烃的生物降解[25]。有机质与土壤中多环芳烃的作用机制还需深入探索。

3.1.3 老化多环芳烃的修复

污染土壤修复方法包括客土、固化、玻璃化、土壤冲洗和氧化还原等。但这些方法一般需要专用设备，劳动强度大且能源成本高[26]。因此，环境友好、经济且高效率的生物修复法在过去的几十年中受到广泛关注[27,28]。多环芳烃的生物降解也受到诸多限制，比如多环芳烃在水相中的低溶解度和低浓度，以及土壤颗粒对多环芳烃的吸附等[29-31]。随着多环芳烃老化时间的增加，土壤颗粒中的多环芳烃更难与微生物接触，导致其生物降解更加困难[32,33]。低生物利用度是限制多环芳烃生物降解的主要原因之一。因此，生物强化就成了提高老化多环芳烃生物降解率的强有力措施，主要包括植物修复、细菌或真菌修复以及植物-真菌联合修复等[34-36]。另一方面，由于老化多环芳烃的可提取性降低，如何提高其表观溶解度成为研究热点。常用的增溶剂包括化学表面活性剂[37-39]、生物表面活性剂[40] 以及环糊精[41,42] 等。除此之外，堆肥也是一项促进老化多环芳烃生物修复的有效方法。堆肥能够维持微生物的多样性[43]。将堆肥原料添加到土壤中不仅会影响土壤特性，还会影响污染物的分布和行为。

3.2 老化多环芳烃的特点

3.2.1 老化多环芳烃的吸附-解吸行为

多环芳烃进入土壤后会发生吸附和解吸反应[44,45]，研究这些反应机理对理解老化多环芳烃的生物利用度、可提取性和毒理性变化至关重要[32,46]。多环芳烃在土壤和沉积物中的吸附通常是最初快速且可逆的过程，然后在数周、数月甚至数年的时间内变得缓慢[47]。有研究者提出大约有 50%多环芳烃的吸附在最初的几分钟或几小时内会达到平衡，而其余多环芳烃将需要数月或数年才能达到吸附平衡[48]。影响吸附过程的主要因素可能是多环芳烃在土壤孔隙或有机大分子微孔之间的扩散。有研究认为多环芳烃会扩散到土壤有机质的两个不同吸附域中：a. 多环芳烃可以自由移动扩散的柔软区域，即“橡胶状”区域；b. 限制多环芳烃移动的刚性压缩区域，即“玻璃状”区域[49]。“玻璃状”吸附域具有强吸附性，因此多环芳烃扩散到“玻璃状”吸附域可能是老化多环芳烃难以解吸和提取的主要原因[50]。有学者认为“玻璃状”吸附域可能主要存在于土壤有机质的腐殖质中，因为腐殖质具有松散的结构以及较大的孔隙，这为多环芳烃的吸附提供了结合位点[50]。另外由于现代人类活动的影响，炭质材料（如干酪根、煤颗粒、黑炭和烟灰等）在土壤有机质中的含量有所增加[51]。炭质材料具有疏松的微孔和纳米孔隙[44,52]，与土壤天然有机质相比它们具有更强的吸附性[52,53]，因此在多环芳烃的吸附过程中它们可能起着主导作用，但是目前的相关研究还相对匮乏。

根据平衡分配理论，土壤生物比如微生物和蚯蚓等只能吸收降解土壤水溶液中的有机物[54]。因此吸附在土壤固相中的多环芳烃只有再次解吸到水相中才能被生物利用。但是随着老化时间的延长，多环芳烃与土壤的结合状态会逐渐发生变化，它的一些分子从“容易解吸和生物可利用状态”转变为“缓慢解吸和生物可利用状态较低”，甚至转变为“不可逆和非生物可利用状态”。即多环芳烃的解吸存在三种状态：a. 快速解吸；b. 缓慢解吸；c. 极缓慢解吸[55]。前面两种状态分别对应解吸曲线的快相和慢相[56-58]，而第三种状态是不可逆吸附部分，其完全无法解吸和生物吸收[59-61]。

3.2.2 生物利用度降低

污染物在土壤中可生物利用的程度取决于多种因素，包括污染物和土壤环境的特性以及暴露途径等。土壤中多环芳烃的生物利用度会伴随着老化而逐渐降低[6,14,62]。许多学者认为生物利用度降低是老化多环芳烃矿化率降低的主要原因，但是也有学者并不认同此观点。老化过程中，疏水性污染物通过分配到土壤有机质或扩散到团聚体孔隙中而被隔离在土壤基质内，令其可提取态和生物利用度降低[6,63,64]。疏水性有机污染物的传质过程，如从土壤有机质中解吸或从非水相液体分配到水相以及孔隙内扩散，与生物降解耦合的数学模型已成功用于预测其生物降解行为，其结论是传质速率或生物利用度限制是造成生物降解动力学缓慢的原因[29,65]。除此之外，污染物的解吸动力学常常外在表现为两阶段生物降解行为，即初始阶段的快速下降以及第二阶段缓慢而长期的生物降解，说明解吸控制了矿化过程。然而，上述大多数研究仅提供了间接证据或理论模型。Huesemann 通过在生物修复过程中比较非生物解吸速率和生物降解速率，最后得出生物利用度降低并不是老化多环芳烃矿化率低的主要原因。Huesemann 推测多环芳烃的生物降解在初始阶段受到微生物因素的限制，而在生物修复处理的老化阶段通常受到传质的限制[66]。

3.2.3 可提取性降低

土壤中的多环芳烃可分为两类：可提取态和结合态。其中可提取态包括解吸和非解吸两部分，可生物利用。结合态一般与土壤基质形成不可逆吸附，生物毒性极低，并且很难被土壤生物吸收[67,68]。因此最开始时用多环芳烃总浓度来衡量土壤生物的潜在暴露风险是不合适的，它常常会高估多环芳烃对人类和动植物的危害[6]。以土壤中多环芳烃的实际解吸速率和淋溶浓度为基础，用其生物利用度来进行多环芳烃风险评估是更准确的方法[69]。但是直接测量生物利用度费用昂贵、耗时长且不精确。因此利用非穷举法和温和提取技术预测多环芳烃的生物利用度成为热门研究方向[70,71]。这些技术主要作用于土壤中不稳定且能生物利用的可提取态多环芳烃[72]。但是随着多环芳烃的老化，不可利用的结合态比例将会增加，可提取性下降[13,73]。目前已经报道的技术包括丁醇萃取[74,75]和使用吸附剂（如 Tenax）的固相萃取[56,76]。Hatzinger 和 Alexander 发现在菲老化的过程中利用丁醇萃取的量将逐渐减少，加入细菌降解后，菲的矿化率也随老化时间的增加而下降，因此丁醇萃取多环芳烃的量可以衡量其生物利用度[14]。然而生物利用度取决于生物体与污染物的相互作用，它可能受生物降解机制、土壤类型以及土壤有机质含量的影响，因此准确的生物利用度难以评估[24,77]。Reid 等发现利用羟丙基-β-环糊精（HPCD）水溶液提取土壤中菲的量与菲的矿化量存在 1∶1 的关系[78,79]，能够较为准确地预测土壤中多环芳烃的生物利用度。

土壤中老化多环芳烃的可提取量不仅受提取方法的影响，而且还受到土壤冻融情况的影响。冻融循环是很重要的气候过程，尤其是在高纬度地区[80]，因此在风险评估中考虑冻融循环对多环芳烃可提取性的影响是十分必要的（图 3.1）。在土壤表面或其附近进行冻融循环，可降低土壤结构的稳定性[81]，即改变土壤团聚体的稳定性和土壤湿度[82]，并对多环芳烃的可提取性产生影响。另外，多环芳烃与土壤有机质中“玻璃状”区域的吸附位点相结合需要高活化能，是放热反应，因此冻融过程中温度降低将促进该反应进行[83,84]，从而增加结合态多环

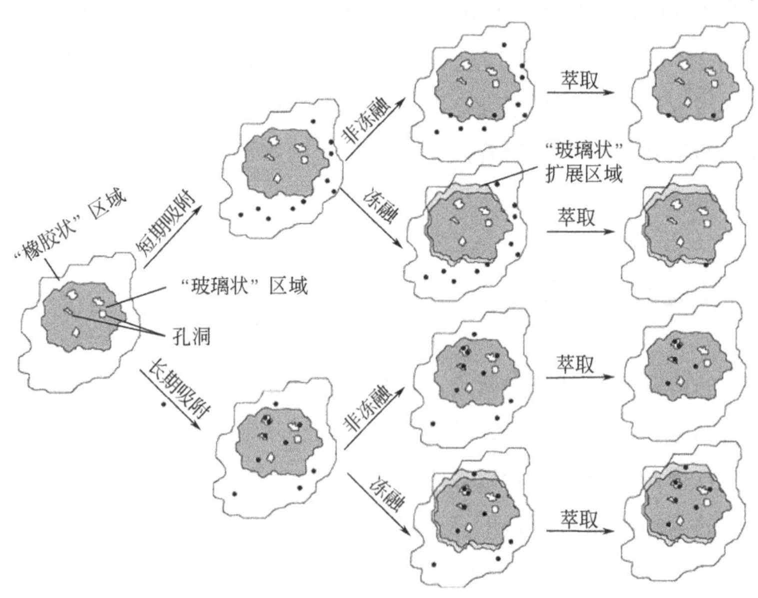

图 3.1 无冻融与冻融过程中土壤有机质与多环芳烃的螯合[86]

芳烃，降低可提取性。除此之外，在冻融过程中相对刚性的“玻璃状”区域比柔软的“橡胶状”区域更容易膨胀，因此与未冻融的土壤相比冻融土壤中的多环芳烃更有机会接触到有机质的“玻璃状”区域，并发生吸附反应，降低可提取性[85,86]。但是，从分子扩散的角度思考，冻融过程中多环芳烃的可提取性可能会增加。因为在冻融过程中温度降低，分子扩散速率也会降低，与“玻璃状”区域的吸附将减少，可提取性增加[86]。因此，冻融循环是个非常复杂的过程，可能增加也有可能降低老化多环芳烃的可提取性，这取决于哪种机制起主要作用，同时也受到很多因素的影响，如老化时间、土壤类型和污染物浓度等。

3.2.4 毒理性

多环芳烃老化在毒理学上十分重要，随着老化时间的推移，多环芳烃逐渐向土壤孔隙扩散或与土壤有机质结合，于是被土壤包裹隔离，因此它们的活性以及急性和慢性毒性也会随之下降[6]。Scelza 发现随着老化时间的增加，多环芳烃非的生物可利用性大大降低，并且其植物毒性也急剧下降。但是仍然存在少量的植物毒性[22]。即使土壤中长期老化的多环芳烃对蚯蚓也有毒害作用[11]。因此，尽管老化可能会降低毒性，却不能消除风险。

土壤中多环芳烃因生物修复而浓度降低，但在某些条件下，不一定与土壤毒性下降相对应[87,88]。多环芳烃的不完全降解或氧化可能会导致形成更强极性和流动性的转化产物，这些化合物可能具有更强的反应性和更大的毒性[89-91]。Chibwe 等发现土壤中的多环芳烃在经生物修复后，其遗传毒性和生物毒性有所增加。这些毒性可能来自最容易降解的 3 环和 4 环多环芳烃的羟基化和羧基化转化产物[92]。随后，有研究鉴定出老化多环芳烃芘生物修复过程中产生细胞代谢产物 2H-naphtho [2,1,8-*def*] chromen-2-one（NCO），经 DT40 鸡淋巴瘤细胞 DNA 损伤反应测定得出 NCO 具有明显的遗传毒性[93]。

此外，Anyanwu 和 Semple 发现土壤中的多环芳烃在老化过程中将与氮结合形成 *N*-多环芳烃。*N*-多环芳烃的有效性、持久性和流动性均高于多环芳烃[94]。随着时间的推移，*N*-多环芳烃的毒性将逐渐增加并且在食物链中富集。*N*-多环芳烃可以通过蚯蚓身体表面细胞进入蚯蚓体内，抑制酶的形成或阻断神经受体的传递，从而导致蚯蚓细胞自溶，器官瘫痪，随后死亡[94]。因而，在进行土地风险评估时，检测老化多环芳烃生物修复后的细胞代谢产物、衍生物，或将具有更为重要的环境修复价值。

3.3 老化多环芳烃生物修复的强化方法

3.3.1 生物强化

土壤的低生物活性是限制老化多环芳烃生物降解的主要原因之一。利用植物和微生物等生物强化法可改善土壤生物活性和多环芳烃的生物降解。植物根系给土壤增加了通气量，或通过其分泌物为微生物种群提供栖息地，从而为参与多环芳烃转化的微生物种群提供了理想的生长条件[95]。但是土壤中老化多环芳烃的植物毒性和疏水性可能降低土壤田间持水量和养分含量，限制植物生长，因此选择合适的植物修复受污染土壤尤为重要[96,97]。禾本科植物拥有良好的抗逆基因和环境适应性且对多种污染物（比如石油和微量元素）都具有耐受性，因此它们是土壤植物修复中最重要的植物科之一[98,99]。Khan 发现黑麦草能通过增加微生物数量、促进微生物活性和改变根际微生物群落多样性来促进芘的生物降解，并且提出降解芘细菌数量的增加与双加氧酶基因的表达有关[100]。此外玉米-油菜联合或者种植薯蓣都能显著提高老化多环芳烃的生物降解率[101,102]。

除植物外，真菌也常用于老化多环芳烃降解的生物强化，其中白腐真菌表现得较为突出。首先白腐真菌能够分泌非特异性胞外氧化酶降解木质素和老化多环芳烃[103,104]。其次白腐真菌菌丝在生长过程中能够延伸到土壤团聚体中，充当其他降解菌的分散载体，促进多环芳烃的生物降解[105]。值得注意的是，白腐真菌可能与土壤中的土著微生物竞争，因此可以添加如小麦秸秆、玉米芯等木质纤维素作为接种载体，提高白腐真菌的定植率[106,107]。

除此之外，真菌与植物联合强化老化多环芳烃的生物降解也有显著效果。丛枝菌根真菌广泛存在于土壤的微生物区，能与多种草本植物共生，促进植物生长，增加植物的抗逆性[34]。Ingrid 利用丛枝菌根定植小麦降解老化多环芳烃，研究发现虽然老化多环芳烃对丛枝菌根真菌在小麦上定植产生负面影响，但即使是较小的定植率，丛枝菌根真菌依然显著增加了小麦的生物量。在小麦生长的过程中，丛枝菌根会获取土壤中的磷酸盐、亚硝酸盐和水并提供给小麦，增加小麦的养分，促进其生长。此外丛枝菌根真菌定植小麦还增加了革兰氏阳性菌和阴性菌的数量以及过氧化物酶活性，改善土壤环境，促进老化多环芳烃的生物降解[108]。虽然在土壤老化多环芳烃的生物修复过程中植物与降解菌的筛选十分重要，但是Li等提出创造最佳的环境条件可能更为重要[109,110]。

3.3.2 添加表面活性剂

水溶性低、疏水性和吸附性强令土壤中多环芳烃的生物修复受到了极大的限制，而老化让问题加剧[111]。表面活性剂是一类两亲性化合物，可在不混溶流体的界面处积聚来降低表面和界面张力，并增加疏水性或不溶性有机化合物的溶解度和迁移率[112]。表面活性剂对老化多环芳烃生物修复的影响取决于表面活性剂和污染物的化学特性以及微生物的生理性质[113,114]。

表面活性剂可以通过胶束增溶，降低表面和界面张力[115]，提高土壤中多环芳烃的表观水溶性，促进生物降解[116]。比如生物表面活性剂鼠李糖脂可通过胶束增溶作用显著提高土壤中老化菲和芘的生物降解率[117]。但值得注意的是，在使用表面活性剂时可能存在一种情况：当表面活性剂浓度等于或高于临界胶束浓度（critical micelle concentration，CMC）值时可能会抑制多环芳烃的生物降解，只有当表面活性剂浓度低于CMC值时才能促进或不影响多环芳烃的生物矿化[118-120]。如果存在这种现象则说明胶束中所含物质不可生物利用。比如Bramwell选用四种表面活性剂（吐温20、十四烷基三甲基溴化铵、十二烷基硫酸钠、柠檬烯）进行试验，当表面活性剂浓度大于或等于CMC值时均抑制铜绿假单胞菌对菲的降解，而低于CMC值时则没有影响[121]。Shi、Golyshin以及Ferrer等发现表面活性剂对多氯联苯生物降解的影响也存在类似的情况[122-124]。

除胶束增溶外，表面活性剂还有可能对微生物的迁移率产生影响。在吐温20存在的情况下，从毛单胞菌ENV735与沙粒的黏附性大大降低，细菌在沙柱中的移动速率也明显增加[125]。Brown和Bai还发现表面活性剂Brij 30、Brij 35以及鼠李糖脂均能增加沙粒中细菌的迁移速率[126,127]。

此外生物表面活性剂还能改变细胞膜表面特性，溶解或乳化老化多环芳烃，改善污染物的生物利用度[128]。在Bezza的研究中，同时添加生物表面活性剂和氮磷营养物质能明显看到老化45天的多环芳烃被乳化。而且通过限制微生物生长能促进原位生物表面活性剂的产生，形成稳定乳液[129]。表面活性剂对微生物的毒性可能会抑制老化多环芳烃的生物降解，但是许多表面活性剂在浓度低于

CMC 值时对微生物没有毒害作用[130]。添加表面活性剂毒性增加可能是因为表面活性剂增加了多环芳烃的溶解度，从而增加了毒性[112]。增溶的菲可以使表面活性剂的毒性增加 100 倍[131]。另外，一旦降解菌具有代谢表面活性剂的能力，那么表面活性剂就可能成为优先底物而抑制老化多环芳烃的降解。Deschenes 等认为 SDS（十二烷基硫酸钠）和铜绿假单胞菌 UG2 的生物表面活性剂优先被利用，从而抑制了土壤中老化多环芳烃的生物降解[37]。除此之外，Cecotti 等也发现 Triton X-100 可能在 CMC 处被高选择性的细菌群落降解，导致多环芳烃的生物降解被抑制[39]。令人感兴趣的是，土壤中天然的腐殖质以及其主要成分腐殖酸也具有与表面活性剂相似的胶束结构，能通过胶束增溶提高老化多环芳烃的表观溶解度，促进生物降解[132,133]。Fava 采集多环芳烃长期污染的土壤，制备泥浆反应器并加入腐殖质作为改良剂。实验结果显示腐殖质能够显著提高老化多环芳烃的生物降解率并降低其生物毒性。添加的腐殖质除了能增加老化多环芳烃的表观溶解度之外还易于被好氧微生物代谢分解，并不产生任何毒害作用[134]。

综上，利用表面活性剂对老化多环芳烃生物降解进行强化，存在一个矛盾点——选用的表面活性剂必须能被微生物代谢降解，以减少二次污染；但是，如果微生物优先选择利用表面活性剂，则可能抑制老化多环芳烃的生物降解。因此，利用表面活性剂进行污染土壤生物修复时应因地制宜，根据具体情况做出选择。

3.3.3 添加环糊精

与表面活性剂的胶束增溶不同，环糊精是通过疏水内腔与老化多环芳烃结合形成包合物，以提高其表观溶解度。HPCD 是有机污染物生物修复中最常用的环糊精。HPCD 是环状的桶形大分子（如图 3.2），具有亲水性外观和疏水性内腔，这种特殊结构令它既可溶于水，也能与疏水性有机分子形成包合物，从而增加有机物的水溶性。重要的是，HPCD 包合物的形成较为快速[135]，有利于提高有机物的生物降解速率。比如 Wang 等向培养基中加入浓度为 10^4 mg/L 的 HPCD，能使菲的生物降解速率提高 5.5 倍，并且能促进水溶液中的微生物生长[136]。Allan 的研究也证明添加 HPCD 和营养改良剂能够显著促进土壤中老化多环芳烃和酚类物的生物降解[137]。然而，在 Stroud 的实验中 HPCD 只能预测但不能促进土壤中老化菲的生物降解[138]。相似地，Reid 等添加 HPCD 改良土壤后，^{14}C-菲的矿化率没有明显改变[78]。

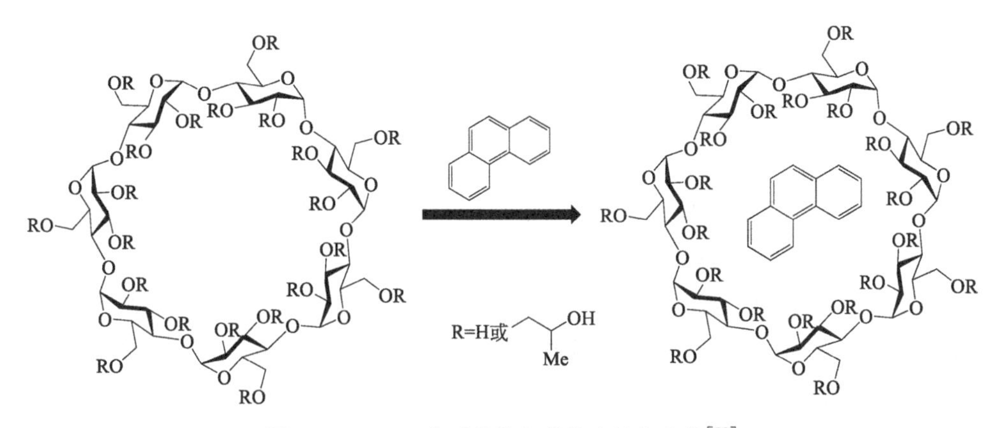

图 3.2　HPCD 分子结构与其代表性包合物[78]

此外，因为 HPCD 与土壤吸附性低，而与非极性多环芳烃亲和力强，所以 HPCD 还可能促进老化多环芳烃分子在土壤中迁移。Brusseau 利用土壤填充柱实验证实添加 HPCD 能明显降低柱中蒽、芘和三氯联苯分子与填充介质间的阻滞作用，促进有机物分子运输[139]。除了 HPCD 之外，在 Sun 等的研究中，甲基-β-环糊精（MCD）对促进老化多环芳烃的生物降解也有显著的效果。MCD 与副球菌 HPD-2 联合修复能显著提高土壤脱氢酶和多酚氧化酶的活性以及土壤中的生物多样性，促进经过 20 年风化土壤中老化多环芳烃的生物降解[41]。

与表面活性剂相比，环糊精可能更适用于有机物污染土壤生物修复，其原因主要有三点。其一，利用表面活性剂修复污染土壤主要取决于所达到的 CMC 值[140]，经地下水或地表水稀释之后可能会影响表面活性剂的修复[139]。而环糊精通过与有机物形成包合物起作用，不依赖 CMC 值。其二，表面活性剂与土壤颗粒之间具有较高的吸附性[135]。相比之下，环糊精对土壤的亲和性要小得多，不与土壤吸附，更有利于促进有机物从土壤中解吸[141]。其三，已有研究报道表面活性剂如烷基苯磺酸盐和十二烷基硫酸钠具有急性毒性[142]，而目前还没有发现环糊精对生物有毒性。

3.3.4　堆肥

堆肥是将受污染土壤和各种填充基质（比如稻草、麦秆、树皮等）移至受控制和封闭反应堆的异地生物修复方法。堆肥能够维持各种微生物种群的稳定[43]，可有效提高土壤中老化多环芳烃的生物降解率[143,144]。作为土壤改良剂，堆肥能够作为养分来源并改善被污染的土壤环境，促进土壤中多环芳烃的生物降解[145]。在堆肥过程中，影响土壤微生物活动和污染物降解效率的因素有很多，包括温度、水分含量、木料和土壤混合比等[146,147]。其中，温度是最主要的影响因素。

堆肥是一个需氧过程，大多数堆肥系统都依赖好氧微生物的活动而不是厌氧作用，因为厌氧过程可能产生 H_2S 和 SO_2 等有害物质[148]。在堆肥过程中，好氧细菌分解有机物代谢产生的热量被保存在堆肥基质中，从而导致温度升高[149]。Fogarty 和 Tuovinen 依据温度变化将堆肥分为了四个阶段：中温、高温、冷却和成熟。随着细菌呼吸活动的增加，温度升高导致中温微生物减少，嗜热菌增多，而微生物生物量的增加和对有机物的分解正是在这样的较高温度（45～65℃）下进行。在第三阶段，由于大部分有机物被分解，导致中温微生物数量增加，微生物活性降低，因此产生冷却效应[150]。在更高温度（70℃）条件下，大多数微生物将失活。因此，在堆肥过程中，多环芳烃特别是易挥发的多环芳烃在低温时一般依靠生物降解，而在高温时主要是挥发性损失[146]。在 60 天的堆肥过程中，Joyce 等研究了 3 环和 4 环混合多环芳烃（芴、蒽、菲、芘）的降解情况。结果表明，经堆肥处理后蒽、菲和芘都能被有效降解，然而芴太易挥发，容易受温度影响，约 75%的芴都因挥发而损失掉[151]。

Antizar-Ladislao 等采用容器内堆肥，发现过程中的温度变化显著改变了革兰氏阳性菌与阴性菌的比例，以及真菌与细菌磷脂脂肪酸的比值，但只有前者对多环芳烃的降解率有影响[152,153]。Ros 等将新鲜污泥和堆肥场的堆肥污泥分别掺入老化 10 年的土壤中，观察二者对老化多环芳烃降解的影响。然而作为有机改性剂，Ros 并未发现堆肥污泥比新鲜污泥效果更好，其原因可能包括：a. 堆肥基质与有机物络合，阻碍了微生物与有机物接触，降低了有机物的生物降解率；b. 堆肥改良剂可能存在过多的营养物质，相较于难降解的老化 PAHs，微生物更喜欢容易获得的添加剂作为营养来源[154]。

目前，有关多环芳烃在土壤中老化机制的研究相对有限。一般认为，多环芳烃与土壤有机质结合以及渗透到土壤孔隙是主要的老化形成机制。多环芳烃在老化过程中，生物利用度和可提取性逐渐降低，毒理性也明显改变。土著微生物、污染物种类、提取方法和土壤类型等都影响着老化多环芳烃的生物修复。因此，在实践中应根据具体情况采取适当强化措施，以达到提高生物降解率的目的。

本章提到的表面活性剂、环糊精以及生物强化等老化多环芳烃的强化修复方法，在其他有机物污染土壤、水体以及复合污染等方面也有广泛研究与应用。

综上，本章主要讨论了土壤中多环芳烃的老化机制、生物降解及强化方法。然而，诸多研究中所涉及的多环芳烃多为低环，有关高环老化多环芳烃的生物降解还鲜有研究或者无显著效果。因此，高环多环芳烃的老化机制及强化修复方法还不清楚。在将来，如何有效修复高环老化多环芳烃污染，将成为相关污染治理是否彻底的关键问题。

参考文献

[1] Mastrangelo G，Fadda E，Marzia V. Polycyclic aromatic hydrocarbons and cancer in man. Environmental Health Perspectives，1996，104 (11)：1166-1170.

[2] Fetzer J C. The chemistry and analysis of large pahs. Polycyclic Aromatic Compounds，2007，27 (2)：143-162.

[3] Srogi K. Monitoring of environmental exposure to polycyclic aromatic hydrocarbons：a review. Environmental Chemistry Letters，2007，5 (4)：169-195.

[4] Wilson S C，Jones K C. Bioremediation of soil contaminated with polynuclear aromatic hydrocarbons (PAHs)：a review. Environmental Pollution，1993，81 (3)：229-249.

[5] Parkinson G. Germans review maximum workplace chemical concentrations. Chemical Engineering，1996，103 (9)：29.

[6] Alexander M. Aging，bioavailability，and overestimation of risk from environmental pollutants. Environmental Science & Technology，2000，34 (20)：4259-4265.

[7] Chung N，Alexander M. Effect of soil properties on bioavailability and extractability of phenanthrene and atrazine sequestered in soil. Chemosphere，2002，48 (1)：109-115.

[8] Carroll K M，Harkness M R，Bracco A A，Balcarcel R R. Application of a permeant/polymer diffusional model to the desorption of polychlorinated biphenyls from Hudson River sediments. Environmental Science & Technology，1994，28 (2)：253-258.

[9] Wu S C，Gschwend P M. Sorption kinetics of hydrophobic organic compounds to natural sediments and soils. Environmental Science & Technology，1986，20 (7)：717-725.

[10] Scow K M，Fan S，Johnson C，Ma G M. Biodegradation of sorbed chemicals in soil. Environmental Health Perspectives，1995，103：93-95.

[11] Tang J，Carroquino M J，Robertson B K，Alexander M. Combined effect of sequestration and bioremediation in reducing the bioavailability of polycyclic aromatic hydrocarbons in soil. Environmental Science & Technology，1998，32 (22)：3586-3590.

[12] Puglisi E，Cappa F，Fragoulis G，Trevisan M，Del Re A A M. Bioavailability and degradation of phenanthrene in compost amended soils. Chemosphere，2007，67 (3)：548-556.

[13] Northcott G L，Jones K C. Experimental approaches and analytical techniques for determining organic compound bound residues in soil and sediment. Environmental Pollution，

2000, 108 (1): 19-43.

[14] Hatzinger P B, Alexander M. Effect of aging of chemicals in soil on their bdegradability and extractaisilii. Environmental Science & Technology, 1995, 29 (2): 537-545.

[15] Luthy R G, Aiken G R, Brusseau M L, Cunningham S D, Gschwend P M, Pignatello J J, Reinhard M, Traina S J, Weber W J, Westall J C. Sequestration of hydrophobic organic contaminants by geosorbents. Environmental Science & Technology, 1997, 31 (12): 3341-3347.

[16] Guha S, Peters C A, Jaffe P R. Multisubstrate biodegradation kinetics of naphthalene, phenanthrene, and pyrene mixtures. Biotechnology and Bioengineering, 1999, 65 (5): 491-499.

[17] Steinberg S M, Pignatello J J, Sawhney B L. Persistence of 1,2-dibromoethane in soils: entrapment in intraparticle micropores. Environmental Science & Technology, 1987, 21 (12): 1201-1208.

[18] Nam K, Kim J Y, Oh D I. Effect of soil aggregation on the biodegradation of phenanthrene aged in soil. Environmental Pollution, 2003, 121 (1): 147-151.

[19] Semple K T, Morriss A W J, Paton G I. Bioavailability of hydrophobic organic contaminants in soils: fundamental concepts and techniques for analysis. European Journal of Soil Science, 2003, 54 (4): 809-818.

[20] Abu A, Smith S. Mechanistic characterization of adsorption and slow desorption of phenanthrene aged in soils. Environmental Science & Technology, 2006, 40 (17): 5409-5414.

[21] Vessigaud S, Perrin-Ganier C, Belkessam L, Denys S, Schiavon M. Direct link between fluoranthene biodegradation and the mobility and sequestration of its residues during aging. Journal of Environmental Quality, 2007, 36 (5): 1412-1419.

[22] Scelza R, Rao M A, Gianfreda L. Properties of an aged phenanthrene-contaminated soil and its response to bioremediation processes. Journal of Soils and Sediments, 2010, 10 (3): 545-555.

[23] Isaacson P J, Frink C R. Nonreversible sorption of phenolic compounds by sediment fractions: the role of sediment organic matter. Environmental Science & Technology, 1984, 18 (1): 43-48.

[24] Nam K, Chung N, Alexander M. Relationship between organic matter content of soil and the sequestration of phenanthrene. Environmental Science & Technology, 1998, 32 (23): 3785-3788.

[25] Tejeda-Agredano M C, Mayer P, Ortega-Calvo J J. The effect of humic acids on biodegradation of polycyclic aromatic hydrocarbons depends on the exposure regime. Environmental Pollution, 2014, 184: 435-442.

[26] Soleimani M, Akbar S, Ali M. Enhancing phytoremediation efficiency in response to environmental pollution stress. Plants and Environment, 2011, 23: 10-14.

[27] Bossert I, Kachel W M, Bartha R. Fate of hydrocarbons during oily sludge disposal in soilt. Appl. Environ. Microbiol. , 1984, 47: 763-767.

[28] Thiele-Bruhn S, Brümmer G W. Kinetics of polycyclic aromatic hydrocarbon (PAH)

degradation in long-term polluted soils during bioremediation. Plant and Soil, 2005, 275 (1/2): 31-42.

[29] Bosma T N P, Middeldorp P J M, Schraa G, Zehnder A J B. Mass transfer limitation of biotransformation: quantifying bioavailability. Environmental Science & Technology, 1997, 31 (1): 248-252.

[30] Ramaswami A, Ghoshal S, Luthy R G. Mass transfer and bioavailability of PAH compounds in coal tar NAPL — slurry systems. 2. experimental evaluations. Environmental Science & Technology, 1997, 31 (8): 2268-2276.

[31] Talley J W, Ghosh U, Tucker S G, Furey J S, Luthy R G. Particle-scale understanding of the bioavailability of PAHs in sediment. Environmental Science & Technology, 2002, 36 (3): 477-483.

[32] Pignatello J J, Xing B. Mechanisms of slow sorption of organic chemicals to natural particles. Environmental Science & Technology, 1996, 30 (1): 1-11.

[33] Allan I J, Semple K T, Hare R, Reid B J. Prediction of mono-and polycyclic aromatic hydrocarbon degradation in spiked soils using cyclodextrin extraction. Environmental Pollution, 2006, 144 (2): 562-571.

[34] Li Q, Ling W, Gao Y, Li F, Xiong W. *Arbuscular mycorrhizal* bioremediation and its mechanisms of organic pollutants-contaminated soils. The Journal of Applied Ecology, 2006, 17 (11): 2217-2221.

[35] Mancera-Lopez M E, Esparza-Garcia F, Chavez-Gomez B, Rodriguez-Vazquez R, Saucedo-Castaneda G, Barrera-Cortes J. Bioremediation of an aged hydrocarbon-contaminated soil by a combined system of biostimulation-bioaugmentation with filamentous fungi. International Biodeterioration & Biodegradation, 2008, 61 (2): 151-160.

[36] Liste H H. Rhizosphere bacteria community and petrol hydrocarbon (PCH) biodegradation in soil planted to field crops. Geograficheskii Vestnik, 2011, (1): 73.

[37] Deschenes L, Lafrance P, Villeneuve J P, Samson R. Adding sodium dodecyl sulfate and *Pseudomonas aeruginosa* UG2 biosurfactants inhibits polycyclic aromatic hydrocarbon biodegradation in a weathered creosote-contaminated soil. Applied Microbiology and Biotechnology, 1996, 46 (5/6): 638.

[38] Leonardi V, Sasek V, Petruccioli M, D'Annibale A, Erbanova P, Cajthaml T. Bioavailability modification and fungal biodegradation of PAHs in aged industrial soils. International Biodeterioration & Biodegradation, 2007, 60 (3): 165-170.

[39] Cecotti M, Coppotelli B M, Mora V C, Viera M, Morelli I S. Efficiency of surfactant-enhanced bioremediation of aged polycyclic aromatic hydrocarbon-contaminated soil: link with bioavailability and the dynamics of the bacterial community. Science of the Total Environment, 2018, 634 (1): 224-234.

[40] Congiu E, Ortega-Calvo J J. Role of desorption kinetics in the rhamnolipid-enhanced biodegradation of polycyclic aromatic hydrocarbons. Environmental Science & Technology, 2014, 48 (18): 10869-10877.

[41] Sun M, Luo Y, Christie P, Jia Z, Li Z, Teng Y. Methyl-beta-cyclodextrin enhanced biodegradation of polycyclic aromatic hydrocarbons and associated microbial activity in

contaminated soil. Journal of Environmental Sciences, 2012, 24 (5): 926-933.

[42] Ye M, Sun M, Ni N, Chen Y, Liu Z, Gu C, Bian Y, Hu F, Li H, Kengara F O, Jiang X. Role of cosubstrate and bioaccessibility played in the enhanced anaerobic biodegradation of organochlorine pesticides (OCPs) in a paddy soil by nitrate and methyl-beta-cyclodextrin amendments. Environmental Science and Pollution Research, 2014, 21 (13): 7785-7796.

[43] Kästner M, Lotter S, Heerenklage J, Breuer-Jammali M, Stegmann R, Mahro B. Fate of ^{14}C-labeled anthracene and hexadecane in compost-manured soil. Applied Microbiology and Biotechnology, 1995, 43 (6): 1128-1135.

[44] Allen-King R M, Grathwohl P, Ball W P. New modeling paradigms for the sorption of hydrophobic organic chemicals to heterogeneous carbonaceous matter in soils, sediments, and rocks. Advances in Water Resources, 2002, 25 (8/12): 985-1016.

[45] Accardi-Dey A, Gschwend P M. Reinterpreting literature sorption data considering both absorption into organic carbon and adsorption onto black carbon. Environmental Science & Technology, 2003, 37 (1): 99-106.

[46] Yang K, Zhu L, Xing B. Enhanced soil washing of phenanthrene by mixed solutions of TX100 and SDBS. Environmental Science & Technology, 2006, 40 (13): 4274-4280.

[47] Ball W P, Roberts P V. Long-term sorption of halogenated organic chemicals by aquifer material. 1. equilibrium. Environmental Science & Technology, 1991, 25 (7): 1223-1237.

[48] Brusseau M L, Rao P S C, Gillham R W. Sorption nonideality during organic contaminant transport in porous media. Critical Reviews in Environmental Control, 1989, 19 (1): 33-99.

[49] Pignatello J J. Soil organic matter as a nanoporous sorbent of organic pollutants. Advances in Colloid and Interface Science, 1998, 76/77: 445-467.

[50] Nam K, Kim J Y. Role of loosely bound humic substances and humin in the bioavailability of phenanthrene aged in soil. Environmental Pollution, 2002, 118 (3): 427-433.

[51] He Y, Zhang G L. Historical record of black carbon in urban soils and its environmental implications. Environmental Pollution, 2009, 157 (10): 2684-2688.

[52] Cornelissen G, Gustafsson Ö, Bucheli T D, Jonker M T O, Koelmans A A, van Noort P C M. Extensive sorption of organic compounds to black carbon, coal, and kerogen in sediments and soils: mechanisms and consequences for distribution, bioaccumulation, and biodegradation. Environmental Science & Technology, 2005, 39 (18): 6881-6895.

[53] Koelmans A A, Jonker M T O, Cornelissen G, Bucheli T D, van Noort P C M, Gustafsson ö. Black carbon: the reverse of its dark side. Chemosphere, 2006, 63 (3): 365-377.

[54] Lanno R, Wells J, Conder J, Bradham K, Basta N. The bioavailability of chemicals in soil for earthworms. Ecotoxicology and Environmental Safety, 2004, 57 (1): 39-47.

[55] Li J, Sun H, Zhang Y. Desorption of pyrene from freshly-amended and aged soils and its relationship to bioaccumulation in earthworms. Soil & Sediment Contamination, 2007, 16 (1): 79-87.

[56] Cornelissen G, Rigterink H, Ferdinandy M M A, van Noort P C M. Rapidly desorbing

fractions of PAHs in contaminated sediments as a predictor of the extent of bioremediation. Environmental Science & Technology, 1998, 32 (7): 966-970.

[57] Braida W J, White J C, Zhao D, Ferrandino F J, Pignatello J J. Concentration-dependent kinetics of pollutant desorption from soils. Environmental Toxicology and Chemistry, 2002, 21 (12): 2573-2580.

[58] Zhao D, Hunter M, Pignatello J J, White J C. Application of the dual-mode model for predicting competitive sorption equilibria and rates of polycyclic aromatic hydrocarbons in estuarine sediment suspensions. Environmental Toxicology and Chemistry, 2002, 21 (11): 2276-2282.

[59] Achtnich C, Sieglen U, Knackmuss H J, Lenke H. Irreversible binding of biologically reduced 2, 4,6-trinitrotoluene to soil. Environmental Toxicology and Chemistry, 1999, 18 (11): 2416-2423.

[60] Huang W, Peng P, Yu Z, Fu J. Effects of organic matter heterogeneity on sorption and desorption of organic contaminants by soils and sediments. Applied Geochemistry, 2003, 18 (7): 955-972.

[61] Burgos W D, Novak J T, Berry D F. Reversible sorption and irreversible binding of naphthalene and r-naphthol to soil: elucidation of processes. Environmental Science & Technology, 1996, 30 (4): 1205-1211.

[62] Nash R G, Woolson E A. Persistence of chlorinated hydrocarbon insecticides in soils. Science, 1967, 157 (3791): 924-927.

[63] Chung N, Alexander M. Differences in sequestration and bioavailability of organic compounds aged in dissimilar soils. Environmental Science & Technology, 1998, 32 (7): 855-860.

[64] Kwok C K, Loh K C. Effects of Singapore soil type on bioavailability of nutrients in soil bioremediation. Advances in Environmental Research, 2003, 7 (4): 889-900.

[65] Shor L M, Rockne K J, Taghon G L, Young L Y, Kosson D S. Desorption kinetics for field-aged polycyclic aromatic hydrocarbons from sediments. Environmental Science & Technology, 2003, 37 (8): 1535-1544.

[66] Huesemann M H, Hausmann T S, Fortman T J. Does bioavailability limit biodegradation? a comparison of hydrocarbon biodegradation and desorption rates in aged soils. Biodegradation, 2004, 15 (4): 261.

[67] Fuhr F, Mittelstaedt W. Plant experiments on the bioavailability of unextracted [carbonyl-^{14}C] methabenzthiazuro rnesidues from soil. Journal of Agricultural and Food Chemistry, 1980, 28 (1): 122-125.

[68] Dec J, Haider K, Rangaswamy V, Schäffer A, Fernandes E, Bollag J M. Formation of soil-bound residues of cyprodinil and their plant uptake. Journal of Agricultural and Food Chemistry, 1997, 45 (2): 514-520.

[69] Enell A, Reichenberg F, Warfvinge P, Ewald G. A column method for determination of leaching of polycyclic aromatic hydrocarbons from aged contaminated soil. Chemosphere, 2004, 54 (6): 707.

[70] Hartnik T, Jensen J, Hermens J L M. Nonexhaustive β-cyclodextrin extraction as a

chemical tool to estimate bioavailability of hydrophobic pesticides for earthworms. Environmental Science & Technology，2008，42 (22)：8419-8425.

[71] Reid B J，Jones K C，Semple KT. Bioavailability of persistent organic pollutants in soils and sediments perspective on mechanisms，consequences and assessment. Environmental Pollution，2000，108 (1)：103-112.

[72] Stokes J D，Wilkinson A，Reid B J，Jones K C，Semple K T. Prediction of polycyclic aromatic hydrocarbon biodegradation in contaminated soils using an aqueous hydroxypropyl-beta-cyclodextrin extraction technique. Environmental Toxicology and Chemistry，2005，24 (6)：1325-1330.

[73] Senesi N. Binding mechanisms of pesticides to soil humic substances. Science of The Total Environment，1992，123/124：63-76.

[74] Liste H H，Alexander M. Butanol extraction to predict bioavailability of PAHs in soil. Chemosphere，2002，46 (7)：1011-1017.

[75] Kelsey J W，Kottler B D，Alexander M. Selective chemical extractants to predict bioavailability of soil-aged organic chemicals. Environmental Science & Technology，1997，31 (1)：214-217.

[76] Cuypers C. Bioavailability of polycyclic aromatic hydrocarbons in soils and sediments：prediction of bioavailability and characterization of organic matter domains. Wageningen，The Netherlands：Wageningen University. 2001.

[77] Gevao B，Mordaunt C，Semple K T，Piearce T G，Jones K C. Bioavailability of nonextractable (bound) pesticide residues to earthworms. Environmental Science & Technology，2001，35 (3)：501-507.

[78] Reid B J，Stokes J D，Jones K C，Semple K T. Influence of hydroxypropyl-beta-cyclodextrin on the extraction and biodegradation of phenanthrene in soil. Environmental Toxicology and Chemistry，2004，23 (3)：550-556.

[79] Reid B J，Stokes J D，Jones K C，Semple K T. Nonexhaustive cyclodextrin-based extraction technique for the evaluation of PAH bioavailability. Environmental Science & Technology，2000，34 (15)：3174-3179.

[80] Zhao Q，Li P，Stagnitti F，Ye J，Dong D，Zhang Y，Li P. Effects of aging and freeze-thawing on extractability of pyrene in soil. Chemosphere，2009，76 (4)：447-452.

[81] Edwards L M. The effect of alternate freezing and thawing on aggregate stability and aggregate size distribution of some Prince Edward Island soils. Journal of Soil Science，1991，42 (2)：193-204.

[82] Lehrsch G A，Sojka R E，Carter D L，Jolley P M. Freezing effects on aggregate stability affected by texture，mineralogy，and organic matter. Soil Science Society of America Journal，1991，55 (5)：1401-1406.

[83] Xing B，Pignatello J J. Dual-mode sorption of low-polarity compounds in glassy poly (vinyl chloride) and soil organic matter. Environmental Science & Technology，1997，31 (3)：792-799.

[84] Piatt J J，Backhus D A，Capel P D，Eisenreich S J. Temperature-dependent sorption of naphthalene，phenanthrene，and pyrene to low organic carbon aquifer sediments. Envi-

ronmental Science & Technology, 1996, 30 (3): 751-760.
[85] LeBoeuf E J, Weber W J. A distributed reactivity model for sorption by soils and sediments. 8. sorbent organic domains: discovery of a humic acid glass transition and an argument for a polymer-based model. Environmental Science & Technology, 1997, 31 (6): 1697-1702.
[86] Zhao Q, Xing B, Tai P, Li H, Song L, Zhang L, Li P. Effect of freeze-thawing cycles on soil aging behavior of individually spiked phenanthrene and pyrene at different concentrations. Science of the Total Environment, 2013, 444: 311-319.
[87] Hu J, Nakamura J, Richardson S D, Aitken M D. Evaluating the effects of bioremediation on genotoxicity of polycyclic aromatic hydrocarbon-contaminated soil using genetically engineered, higher eukaryotic cell lines. Environmental Science & Technology, 2012, 46 (8): 4607-4613.
[88] Andersson E, Rotander A, von Kronhelm T, Berggren A, Ivarsson P, Hollert H, Engwall M. AhR agonist and genotoxicant bioavailability in a PAH-contaminated soil undergoing biological treatment. Environmental Science and Pollution Research, 2009, 16 (5): 521-530.
[89] Chesis P L, Levin D E, Smith M T, Ernster L, Ames B N. Mutagenicity of quinones: pathways of metabolic activation and detoxification. Proceedings of the National Academy of Sciences of the United States of America, 1984, 81 (6,): 1696-1700.
[90] Wischmann H, Steinhart H, Hupe K, Montresori G, Stegmann R. Degradation of selected PAHs in soil/compost and identification of intermediates. International Journal of Environmental Analytical Chemistry, 1996, 64 (4): 247-255.
[91] Lundstedt S, White P A, Lemieux C L, Lynes K D, Lambert I B, Öberg L, Haglund P, Tysklind M. Sources, fate, and toxic hazards of oxygenated polycyclic aromatic hydrocarbons (PAHs) at PAH-contaminated sites. A Journal of the Human Environment, 2007, 36 (6): 475-485.
[92] Chibwe L, Geier M C, Nakamura J, Tanguay R L, Aitken MD, Simonich S L M. Aerobic bioremediation of PAH contaminated soil results in increased genotoxicity and developmental toxicity. Environmental Science & Technology, 2015, 49 (23): 13889-13898.
[93] Tian Z, Gold A, Nakamura J, Zhang Z, Vila J, Singleton D R, Collins L B, Aitken M D. Nontarget analysis reveals a bacterial metabolite of pyrene implicated in the genotoxicity of contaminated soil after bioremediation. Environmental Science & Technology, 2017, 51 (12): 7091-7100.
[94] Anyanwu I N, Semple K T. Effects of phenanthrene and its nitrogen-heterocyclic analogues aged in soil on the earthworm Eisenia fetida. Applied Soil Ecology, 2016, 105: 151-159.
[95] Larsson M, Hagberg J, Rotander A, van Bavel B, Engwall M. Chemical and bioanalytical characterisation of PAHs in risk assessment of remediated PAH-contaminated soils. Environmental Science and Pollution Research, 2013, 20 (12): 8511-8520.
[96] Yousaf S, Andria V, Reichenauer T G, Smalla K, Sessitsch A. Phylogenetic and func-

tional diversity of alkane degrading bacteria associated with Italian ryegrass (*Lolium multiflorum*) and Birdsfoot trefoil (*Lotus corniculatus*) in a petroleum oil-contaminated environment. Journal of Hazardous Materials, 2010, 184 (1/3): 523-532.

[97] Kirk J L, Moutoglis P, Klironomos J, Lee H, Trevors J T. Toxicity of diesel fuel to germination, growth and colonization of Glomus intraradices in soil and in vitro transformed carrot root cultures. Plant and Soil, 2005, 270 (1): 23-30.

[98] Cattivelli L, Baldi P, Crosatti C, Di Fonzo N, Faccioli P, Grossi M, Mastrangelo A M, Pecchioni N, Stanca A M. Chromosome regions and stress-related sequences involved in resistance to abiotic stress in Triticeae. Plant Molecular Biology, 2002, 48 (5/6): 649-665.

[99] Bouranis D L, Chorianopoulou S N, Nocito F F, Sacchi G A, Serelis K G. The crucial role of sulfur in a phytoremediation process: lessons from the Poaceae species as phytoremediants: a review. International Conference Protection and Restoration of the Environment. Protection and Restoration of the Environment, 2012.

[100] Khan S, Hesham A E L, Qing G, Shuang L, He J. Biodegradation of pyrene and catabolic genes in contaminated soils cultivated with *Lolium multiflorum* L. Journal of Soils and Sediments, 2009, 9 (5): 482-491.

[101] Garcia-Sanchez M, Kosnar Z, Mercl F, Aranda E, Tlustos P. A comparative study to evaluate natural attenuation, mycoaugmentation, phytoremediation, and microbial-assisted phytoremediation strategies for the bioremediation of an aged PAH-polluted soil. Ecotoxicology and Environmental Safety, 2018, 147: 165-174.

[102] Meng F, Chi J. Effect of *Potamogeton crispus* L. on bioavailability and biodegradation activity of pyrene in aged and unaged sediments. Journal of Hazardous Materials, 2017, 324: 391-397.

[103] Šašek V, Glaser J A, Baveye P. The utilization of bioremediation to reduce soil contamination: problems and solutions. The Netherlands: Kluwer Academic Publishers, 2003.

[104] Bhatt M, Cajthaml T, Šašek V. Mycoremediation of PAH-contaminated soil. Folia Microbiologica, 2002, 47 (3): 255-258.

[105] Kohlmeier S, Smits T H, Ford R M, Keel C, Harms H, Wick L Y. Taking the fungal highway: mobilization of pollutant-degrading bacteria by fungi. Environmental Science & Technology, 2005, 39 (12): 4640-4646.

[106] Covino S, Čvančarová M, Muzikář M, Svobodová K, D'annibale A, Petruccioli M, Federici F, Křesinová Z, Cajthaml T. An efficient PAH-degrading *Lentinus* (*Panus*) *tigrinus* strain: effect of inoculum formulation and pollutant bioavailability in solid matrices. Journal of Hazardous Materials, 183 (1/3): 669-676.

[107] Covino S, Svobodová K, Čvančarová M, D'Annibale A, Petruccioli M, Federici F, Křesinová Z, Galli E, Cajthaml T. Inoculum carrier and contaminant bioavailability affect fungal degradation performances of PAH-contaminated solid matrices from a wood preservation plant. Chemosphere, 79 (8): 855-864.

[108] Ingrid L, Sahraoui A L H, Frederic L, Yolande D, Joel F. *Arbuscular mycorrhizal* wheat inoculation promotes alkane and polycyclic aromatic hydrocarbon biodegradation: microcosm experiment on aged-contaminated soil. Environmental Pollution, 2016, 213:

549-560.
[109] Li X, Li P, Lin X, Zhang C, Li Q, Gong Z. Biodegradation of aged polycyclic aromatic hydrocarbons (PAHs) by microbial consortia in soil and slurry phases. Journal of Hazardous Materials, 2008, 150 (1): 21-26.
[110] Li X, Lin X, Li P, Liu W, Wang L, Ma F, Chukwuka K S. Biodegradation of the low concentration of polycyclic aromatic hydrocarbons in soil by microbial consortium during incubation. Journal of Hazardous Materials, 2009, 172 (2/3): 601-605.
[111] Zhu H, Aitken M D. Surfactant-enhanced desorption and biodegradation of polycyclic aromatic hydrocarbons in contaminated soil. Environmental Science & Technology, 2010, 44 (19): 7260-7265.
[112] Singh A, van Hamme J D, Ward O P. Surfactants in microbiology and biotechnology: Part 2. application aspects. Biotechnology Advances, 2007, 25 (1): 99-121.
[113] Banat I M, Makkar R S, Cameotra S S. Potential commercial applications of microbial surfactants. Applied Microbiology and Biotechnology, 2000, 53 (5): 495-508.
[114] van Hamme J D, Singh A, Ward O P. Recent advances in petroleum microbiology. Microbiology and Molecular Biology Reviews, 2003, 67 (4): 503-549.
[115] Chu W. Remediation of contaminated soils by surfactant-aided soil washing. Practice Periodical of Hazardous, Toxic, and Radioactive Waste Management, 2003, 7 (1): 19-24.
[116] Adrion A C, Nakamura J, Shea D, Aitken M D. Screening nonionic surfactants for enhanced biodegradation of polycyclic aromatic hydrocarbons remaining in soil after conventional biological treatment. Environmental Science & Technology, 2016, 50 (7): 3838-3845.
[117] Congiu E, Ortega-Calvo J J. Role of desorption kinetics in the rhamnolipid-enhanced biodegradation of polycyclic aromatic hydrocarbons. Environmental Science & Technology, 2014, 48 (18): 10869-10877.
[118] Billingsley K A, Backus S M, Wilson S, Singh A, Ward O P. Remediation of PCBs in soil by surfactant washing and biodegradation in the wash by *Pseudomonas* sp. LB400. Biotechnology Letters, 2002, 24 (21): 1827-1832.
[119] Billingsley K A, Backus S M, Ward O P. Effect of surfactant solubilization on biodegradation of polychlorinated biphenyl congeners by *Pseudomonas* LB400. Applied Microbiology and Biotechnology, 1999, 52 (2): 255-260.
[120] Colores G M, Macur R E, Ward D M, Inskeep W P. Molecular analysis of surfactant-driven microbial population shifts in hydrocarbon-contaminated soil. Applied & Environmental Microbiology, 2000, 66 (7): 2959-2964.
[121] Bramwell D A P, Laha S. Effects of surfactant addition on the biomineralization and microbial toxicity of phenanthrene. Biodegrad, 2000, 11: 263.
[122] Ferrer M, Golyshin P, Timmis K N. Novel maltotriose esters enhance biodegradation of Aroclor 1242 by *Burkholderia cepacia* LB400. World Journal of Microbiology & Biotechnology, 2003, 19 (6): 637-643.
[123] Shi Z, Latorre K A, Ghosh M M, Layton A C, Luna S H, Bowles L, Sayler G

S. Biodegradation of UV-irradiated polychlorinated biphenyls in surfactant micelles. Water Science & Technology, 1998, 38 (7): 25-32.

[124] Golyshin P M, Fredrickson H L, Giuliano L, Rothmel R, Timmis K N, Yakimov M M. Effect of novel biosurfactants on biodegradation of polychlorinated biphenyls by pure and mixed bacterial cultures. New Microbiologica, 1999, 22 (3): 257-267.

[125] Streger S H, Vainberg S, Dong H, Hatzinger P B. Enhancing transport of hydrogenophaga flava ENV735 for bioaugmentation of aquifers contaminated with methyl *tert*-butyl ether. Appl. Environ. Microbiol. , 2002, 68: 5571-5579.

[126] Brown D G, Peter R J. Effects of nonionic surfactants on bacterial transport through porous media. Environmental Science & Technology, 2001, 35 (19): 3877-3883.

[127] Bai G, Brusseau M L, Miller R M. Influence of a rhamnolipid biosurfactant on the transport of bacteria through a sandy soil. Applied & Environmental Microbiology, 1997, 63: 1866-1873.

[128] Xia W, Du Z, Cui Q, Dong H, Wang F, He P, Tang Y. Biosurfactant produced by novel *Pseudomonas* sp. WJ6 with biodegradation of n-alkanes and polycyclic aromatic hydrocarbons. Journal of Hazardous Materials, 2014, 276 (15): 489-498.

[129] Bezza F A, Chirwa E M N. Biosurfactant-enhanced bioremediation of aged polycyclic aromatic hydrocarbons (PAHs) in creosote contaminated soil. Chemosphere, 2016, 144: 635-644.

[130] van Hamme J D, Ward O P. Influence of chemical surfactants on the biodegradation of crude oil by a mixed bacterial culture. Canadian Journal of Microbiology, 1999, 45 (2): 130-137.

[131] Shin K H, Ahn Y, Kim K W. Toxic effect of biosurfactant addition on the biodegradation of phenanthrene. Environmental Toxicology & Chemistry, 2005, 24 (11): 2768-2774.

[132] Engebretson R R, von Wandruszka R. Micro-organization in dissolved humic acids. Environmental Science & Technology, 1994, 28 (11): 1934-1941.

[133] Smith K, Thullner M, Wick L, Harms H. Sorption to humic acids enhances polycyclic aromatic hydrocarbon biodegradation. Environmental Science & Technology, 2009, 43 (19): 7205-7211.

[134] Fava F, Berselli S, Conte P, Piccolo A, Marchetti L. Effects of humic substances and soya lecithin on the aerobic bioremediation of a soil historically contaminated by polycyclic aromatic hydrocarbons (PAHs). Biotechnology and Bioengineering, 2004, 88 (2): 214-223.

[135] Ko S O, Schlautman M A, Carraway E R. Partitioning of hydrophobic organic compounds to hydroxypropyl-β-cyclodextrin: experimental studies and model predictions for surfactant-enhanced remediation applications. Environmental Science & Technology, 1999, 33 (16): 2765-2770.

[136] Wang J M, Marlowe E M, Miller-Maier R M, Brusseau M L. Cyclodextrin-enhanced biodegradation of phenanthrene. Environmental Science & Technology, 1998, 32 (13): 1907-1912.

[137] Allan I J, Semple K T, Hare R, Reid B J. Cyclodextrin enhanced biodegradation of polycyclic aromatic hydrocarbons and phenols in contaminated soil slurries. Environmental Science & Technology, 2007, 41 (15): 5498-5504.

[138] Stroud J L, Tzima M, Paton G I, Semple K T. Influence of hydroxypropyl-beta-cyclodextrin on the biodegradation of C-14-phenanthrene and C-14-hexadecane in soil. Environmental Pollution, 2009, 157 (10): 2678-2683.

[139] Brusseau M L, Wang X J, Hu Q H. Enhanced transport of low-polarity organic compounds through soil by cyclodextrin. Environmental Science & Technology, 1994, 28 (5): 952-956.

[140] Cuypers C, Pancras T, Grotenhuis T, Rulkens W. The estimation of PAH bioavailability in contaminated sediments using hydroxypropyl-beta-cyclodextrin and Triton X-100 extraction techniques. Chemosphere, 2002, 46 (8): 1235-1245.

[141] Wang X, Brusseau M L. Solubilization of some low-polarity organic compounds by hydroxypropyl-. beta. -cyclodextrin. Environmental Science & Technology, 1993, 27 (13): 2821-2825.

[142] Rosety M, Ordonez F J, Rosety-Rodriguez M, Rosety J M, Rosety I, Carrasco C, Ribelles A. Comparative study of the acute toxicity of anionic surfactans alkyl benzene sulphonate (ABS) and sodium dodecyl sulphate (SDS) on gilthead, *Sparus aurata* L., eggs. Histology and Histopathology, 2001, (16): 1091-1095.

[143] Potter C L, Glaser J A, Chang L W, Meier J R, Dosani M A, Herrmann R F. Degradation of polynuclear aromatic hydrocarbons under bench-scale compost conditions. Environmental Science & Technology, 1999, 33 (10): 1717-1725.

[144] Canet R, Birnstingl J G, Malcolm D G, Lopez-Real J M, Beck A J. Biodegradation of polycyclic aromatic hydrocarbons (PAHs) by native microflora and combinations of *white-rot fungi* in a coal-tar contaminated soil. Bioresource Technology, 2001, 76 (2): 113-117.

[145] Semple K T, Reid B J, Fermor T R. Impact of composting strategies on the treatment of soils contaminated with organic pollutants. Environmental Pollution, 2001, 112 (2): 269-283.

[146] Antizar-Ladislao B, Lopez-Real J, Beck A. Bioremediation of polycyclic aromatic hydrocarbon (PAH)-contaminated waste using composting approaches. Critical Reviews in Environmental Science and Technology, 2004, 34 (3): 249-289.

[147] Oleszczuk P. Influence of different bulking agents on the disappearance of polycyclic aromatic hydrocarbons (PAHs) during sewage sludge composting. Water, Air, and Soil Pollution, 2006, 175 (1/4): 15-32.

[148] Miller F, Macauley B, Harper E. Investigation of various gases, pH and redox potential in mushroom composting Phase I stacks. Australian Journal of Experimental Agriculture, 1991, 31 (3): 415-425.

[149] Williams R T, Ziegenfuss P S, Sisk W E. Composting of explosives and propellant contaminated soils under thermophilic and mesophilic conditions. Journal of Industrial Microbiology, 1992, 9 (2): 137-144.

[150] Fogarty A M, Tuovinen O H. Microbiological degradation of pesticides in yard waste

composting. Microbiological Reviews, 1991, 55: 225-233.
[151] Joyce J F, Sato C C, Raul S, Surampalli R Y. Composting of polycyclic aromatic hydrocarbons in simulated municipal solid waste. Water Environment Research, 1998, 70: 356-361.
[152] Antizar-Ladislao B, Beck A J, Spanova K, Lopez-Real J, Russell N J. The influence of different temperature programmes on the bioremediation of polycyclic aromatic hydrocarbons (PAHs) in a coal-tar contaminated soil by in-vessel composting. Journal of Hazardous Materials, 2007, 144 (1/2): 340-347.
[153] Antizar-Ladislao B, Spanova K, Beck A J, Russell N J. Microbial community structure changes during bioremediation of PAHs in an aged coal-tar contaminated soil by in-vessel composting. International Biodeterioration & Biodegradation, 2008, 61 (4): 357-364.
[154] Ros M, Rodriguez I, Garcia C, Hernandez T. Microbial communities involved in the bioremediation of an aged recalcitrant hydrocarbon polluted soil by using organic amendments. Bioresource Technology, 2010, 101 (18): 6916-6923.

第4章

多环芳烃降解菌的筛选和鉴定

多环芳烃（PAHs）污染土壤引起了世界范围的关注，生物修复因具有价格低廉、环境友好和应用效果良好等特点，成为 PAHs 治理的首选方法之一[1]。微生物能够利用 PAHs 污染物为碳源，进行新陈代谢，从而将有毒有害有机物质转换为无毒无害或者少毒少害无机物质。很多研究表明，有些微生物（细菌和真菌）对 PAHs 具有很好的降解能力，而在 PAHs 降解过程中，获取降解能力强的降解菌株是十分重要的[2]。高效的降解菌株不但能够为其他研究提供菌种保障技术，而且可作为研究 PAHs 生物降解机制的模式菌株，为研发具有广谱性及应用价值的生物修复技术奠定坚实的基础[3]。

本章研究的主要内容是用 PAHs 降解培养基对江西赣州章江附近受多环芳烃污染的土壤进行富集培养、筛选得到 PAHs 高效降解菌，并观察菌株的平板形态和显微镜形态、进行 16S rRNA 序列分析以及系统进化树的构建，还对该菌株进行申请保藏。

4.1 PAHs 降解菌株的筛选

4.1.1 降解菌的富集培养

用移液枪吸取浓缩土壤微生物悬液，加入到事先配制好的加有富集培养培养基的三角瓶中（2mL/瓶，每个取样点 3 瓶），立即放入 30℃，160r/min 的恒温摇床进行振荡培养，待培养液变浑浊或变色（表明有菲降解微生物的生长和聚集），吸取该培养液 2mL 再次转接入富集培养培养基内在相同的培养条件下进行培养，如此重复富集培养 4 次。

4.1.2 降解菌的分离纯化

用移液枪吸取经上述富集培养后的培养液进行 10 倍稀释后涂布于固体 LB 培养基平板上，然后在 30℃的电热恒温培养箱中培养 24～48h，待单菌落长出，根据单菌落形态特征初步对菌落进行分类命名，最后对初步分类命名好的几种单菌落进一步划线纯化 2～3 次得到纯的菌种。

4.1.3 菌种的菲降解能力分析

在上述分离纯化后得到的纯菌种中挑取单菌落接种在装有 5mL 液体 LB 培养基的试管中，在 30℃、160r/min 的恒温振荡摇床中扩种培养 12h 左右后，取培养液于 1.5mL EP 管中，在 8000r/min、20℃条件下离心 10min 后，用 MSM 培养基反复重悬清洗 2 次，最后接入到加有 30mL 菲降解培养基的 250mL 三角瓶中于 30℃、160r/min 的恒温振荡摇床中进行菲降解验证培养，根据培养液浑浊度及瓶底菲的减少量，初步筛选出 8 株菲降解率较高的菌株，并用甘油管保藏于－80℃超低温冰箱中。

根据菲降解培养液的颜色、浑浊度、瓶底菲的减少量，如表 4.1 所示，可以初步判定能够降解菲的菌有 CFP311、CFP312、CFP111、CGP222、CGP332、CWP211、CWP132、EGP232。

表 4.1 定性筛选结果

培养时间/天	菌种命名	菲降解培养现象
2	CFP311	培养液为深黄色,瓶底菲残余很少
4	CGP222	培养液为深黄色,瓶底菲残余较少
5	CFP111	培养液偏白色浑浊,瓶底菲残余较多
2	CFP312	培养液呈橘黄色,瓶底菲几乎没有
4	CGP332	培养液偏白色,瓶底菲几乎不变
5	CWP211	培养液呈淡黄色,瓶底菲略有减少
2	CWP132	培养液呈较浑浊的淡黄色,瓶底菲残余较少
5	EGP232	培养液呈白色浑浊,瓶底菲残余较多

4.1.4 高效菲降解菌的确定

将上述初步筛选出的 8 株菲降解菌用液体 LB 培养基分别扩种出来后，离心，用 MSM 培养基清洗 2～3 次，以 MSM 培养基为空白对照调节菌悬液 OD_{600} 值，计算出接种量，使最终接种后 30mL/瓶的菲降解培养液的 OD_{600} 值约为 0.3，然后在 30℃、160r/min 的恒温振荡摇床中培养 48h，最后用高效液相色谱仪（HPLC）测定各菌株菲降解情况，并用紫外分光光度计测量各菌株的生长量，挑出一株菲降解率较高或具有较高研究价值的菲降解菌。

根据最终菲降解菌生长量（OD_{600}）和菲残留量（如图 4.1），可知 CWP132、CFP311、CFP312、CGP222 均有较高的降解效率并能产生某种代谢产物，其中 CFP312 在菲降解过程中菌量维持得最高、菲残留量最低表示降解率最高，菲浓度从 400mg/L 降到 64mg/L，降解率为 84%，由此可见，CFP312 是一株高效菲降解菌，故本研究选用菌株 CFP312 进行降解研究探索。

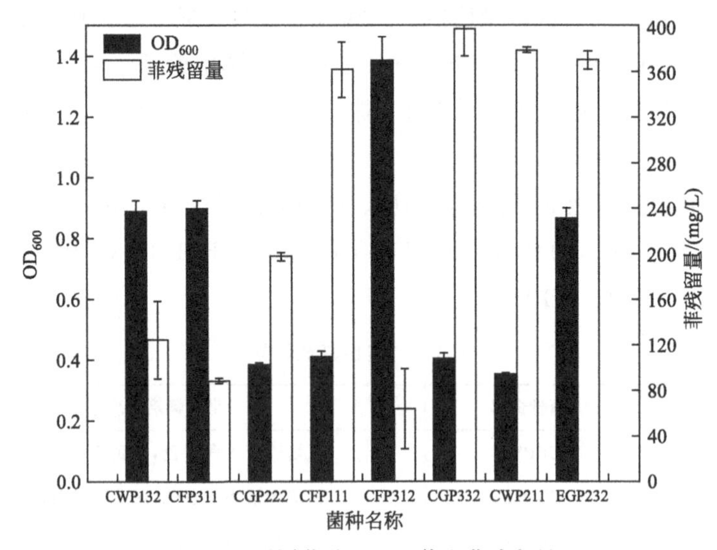

图 4.1 不同菌种 OD_{600} 值和菲残留量

4.2 降解菌菌落形态观察及生理生化测定

4.2.1 菌落形态观察

从超低温冰箱取出甘油管保藏菌种（实验菌）和大肠杆菌（参照菌），解冻后，分别用接种环挑取一环菌液于装有 5mL 液体 LB 培养基的试管中，在 30℃、160r/min 的恒温振荡摇床中活化培养约 12h 后，进行 10 倍稀释固体 LB 平板涂布培养，经约 36h 30℃恒温培养后，固体平板上长出明显单菌落，直接观察降解菌单菌落形态特征，并用这些单菌落进行生理生化测定。

本研究挑选的这株高效菲降解菌株命名为 CFP312，其中 CFP312 命名来源是：对照组（control group）C，采样点修理铺（fix）F，降解目标菲（PHE）P，第 3 种相同形态大小的菌落里第 1 个 31 中的第 2 个，即 CFP312。挑取单菌落接种到新的无菌 LB 固体培养基平板上培养，观察菌落的形态特征。制片，革兰氏染色，显微镜下观察菌株 CFP312 的形态。

菌株 CFP312 在平板上呈现白色、圆形、个头较小、略显透明、表面光滑湿润、易于挑起、边缘齐整、有光泽，如图 4.2（a）。在显微镜下观察，发现菌株 CFP312 为杆菌，短且宽［（1.0～1.5）μm×（1.5～2.5）μm］，接近球状，通常成对或呈短链（一个分裂平面）状排列，如图 4.2（b）所示。

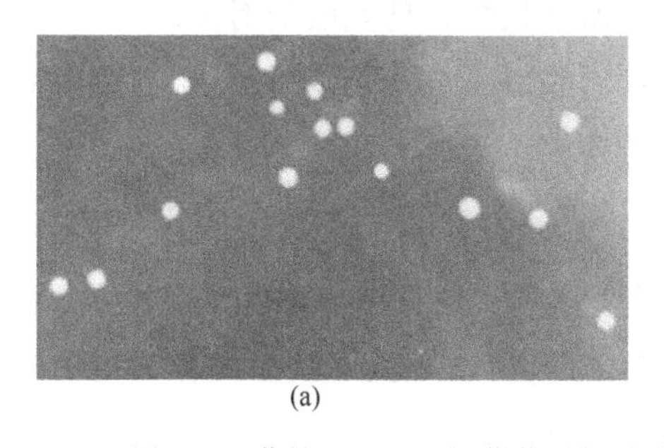
(a)

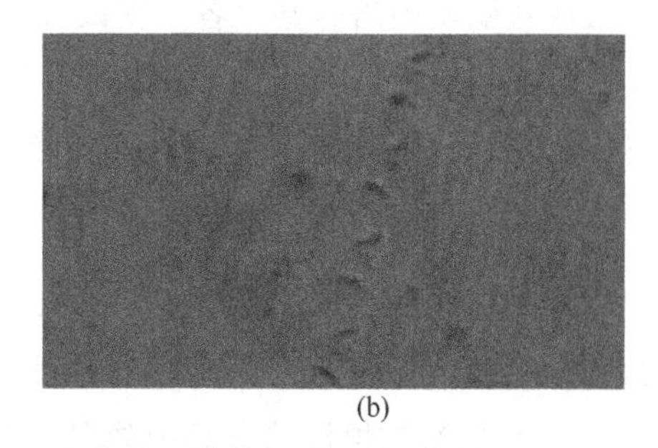
(b)

图 4.2　菌株 CFP312 的菌落平板照片（a）和菌株显微镜照片（100 倍）（b）

4.2.2　降解菌生理生化鉴定

生理生化主要参考《常见细菌系统鉴定手册》[4] 和《微生物学》[5]。

（1）糖发酵测定

用接种针从上述固体平板上挑取降解菌和大肠杆菌单菌落分别接种到糖发酵培养基［包括 D-葡萄糖、D-甘露醇、肌醇、D-山梨醇、L-鼠李糖、蔗糖、D-(+)-蜜二糖、苦杏仁苷、L-阿拉伯糖、D-(+)-α-乳糖、D-木糖等 11 种］(各 3 支试管）中，并以 1 支不接菌的作为空白对照，将降解菌置于 30℃恒温培养箱中静置培养，大肠杆菌于 37℃恒温培养箱中静置培养，观察 5 天。

（2）β-半乳糖苷酶测定

用接种针从上述固体平板上挑取降解菌和大肠杆菌单菌落进行固体 LB 试管

斜面划线 30℃恒温培养。经约 30h 培养后再用接种环从固体斜面挑取大量菌苔分别接种到β-D-半乳糖苷酶（ONPG）实验培养基（各 3 支试管）中，并以 1 支不接菌的作为空白对照，置于 36℃、160r/min 恒温培养箱中振荡培养观察 24h。

（3）精氨酸双水解酶测定

用接种针从上述固体平板上挑取降解菌和大肠杆菌单菌落分别穿刺接种于精氨酸双水解酶实验培养基（各 3 支试管）和不加精氨酸的对照培养基（2 支）后，用灭菌的石蜡油 1mL/管进行液封，并以 1 支不接菌的作为空白对照（同样液封），置于 30℃恒温培养箱静置培养观察 7 天。

（4）氨基酸脱羧酶测定

用接种针从上述固体平板上挑取降解菌和大肠杆菌单菌落分别穿刺接种于氨基酸脱羧酶实验培养基（各 3 支试管）和不加赖氨酸、鸟氨酸的对照培养基（2 支）后，用灭菌的石蜡油 1mL/管进行液封，并以 1 支不接菌的作为空白对照（同样液封），置于 30℃恒温培养箱静置培养观察 7 天。

（5）柠檬酸盐利用测定

用接种针从上述固体平板上挑取适量降解菌和大肠杆菌单菌落分别在柠檬酸盐利用实验培养基上进行试管斜面划线（5 支），并以 2 支不接菌的作为空白对照，置于 36℃的恒温培养箱中静置培养观察 7 天。

（6）产硫化氢测定

用接种针从上述固体平板上挑取降解菌和大肠杆菌单菌落分别穿刺接种于产硫化氢实验培养基（各 3 支），并以 1 支不接菌的作为空白对照，置于 30℃恒温培养箱中培养观察 7 天。

（7）尿素酶测定

用接种针从上述固体平板上挑取降解菌和大肠杆菌单菌落进行固体 LB 试管斜面划线 30℃恒温培养。经约 30h 培养后再用接种环从固体斜面挑取大量菌苔分别接种尿素酶实验培养基（各 3 支），并以 1 支不接菌的作为空白对照，置于 36℃、160r/min 的恒温培养箱中振荡培养观察 4 天。

（8）吲哚实验测定

用接种针从上述固体平板上挑取降解菌和大肠杆菌单菌落分别接种于吲哚实验培养基（各 3 支），并以 2 支不接菌的作为空白对照，置于 36℃的恒温培养箱中静置培养，依次对培养 1 天、2 天、3 天、4 天、7 天的培养物取样加入 1mL 乙醚振荡，静置 2min 后，再分别加入 1mL 吲哚试剂进行现象观察。

（9） VP 实验测定

用接种针从上述固体平板上挑取降解菌和大肠杆菌单菌落分别接种于 VP 实验培养基，并以 2 支不接菌的试管作为空白对照，置于 37℃的恒温培养箱中静置培养。待试管培养物（8mL/管）达到一定浑浊度后分别加入 0.8mL 奥梅拉试剂振荡 2min 后，置于 50℃水浴锅中水浴 2h 进行现象观察。

（10）明胶水解测定

用接种针从上述固体平板上挑取降解菌和大肠杆菌单菌落分别穿刺接种于明胶水解实验培养基（各 3 支），并以 2 支不接菌的作为空白对照，置于 30℃恒温培养箱中静置培养 7 天后，转移至 4℃冰箱保温 30min，待明胶凝固后平放培养试管观察明胶的凝固情况。

（11）接触酶测定

用接种环从上述固体平板上挑取降解菌单菌落涂抹于已滴有 3%过氧化氢的玻片上，观察是否有气泡产生。

（12）氧化酶测定

取一个上述长有降解菌单菌落的 LB 固体平板，用胶头滴管吸取适量 1%的 *N*,*N*-二甲基对苯二胺盐酸盐水溶液直接滴到降解菌单菌落上观察单菌落在 10～60s 内是否变为红色。

（13）硝酸盐还原测定

用接种针从上述固体平板上挑取降解菌单菌落接种于硝酸盐还原实验培养基（3 支），并以 2 支不接菌的作为空白对照，置于 30℃、160r/min 恒温振荡摇床中培养 5 天，依次对培养 1 天、3 天、5 天的培养物取样加入适量格里斯氏试剂，振荡后观察培养液的颜色变化。

（14）反硝化测定

用接种针从上述固体平板上挑取降解菌单菌落接种于反硝化实验培养基（3 支），并以不加 KNO_3 的（2 支）作为对照组、不接菌的（1 支）作为空白组，置于 30℃、160r/min 恒温振荡摇床振荡培养观察 5 天。

（15）产氨气测定

用接种针从上述固体平板上挑取降解菌单菌落接种于产氨实验培养基（3

支)，并以2支不接菌的作为空白对照，置于30℃、160r/min恒温振荡摇床振荡培养5天，依次对培养1天、3天、5天的培养物取样加入适量奈氏试剂，振荡后观察培养液是否产生黄褐色沉淀。

（16）菌体革兰氏染色（Gram staining）

用接种针从上述固体平板上挑取降解菌单菌落均匀涂片于加有一滴去离子水的洁净玻片上，在酒精灯上烘干定形后加入适量结晶紫染液初染2min后加卢戈氏碘液媒染1min，然后用95%的酒精脱色30s，立即水洗擦干，最后滴加番红复染2min，水洗后在酒精灯上烘干，置于普通光学显微镜油镜下观察。革兰氏阳性（Gram positive）菌，呈紫色；革兰氏阴性（Gram negative）菌，呈红色。

菌株CFP312部分生理生化特征结果如表4.2所示，CFP312菌株不能利用任何糖类、柠檬酸盐、水解明胶以及不能产硫化氢和氨气，而且不具备β-半乳糖苷酶、精氨酸双水解酶、赖氨酸脱羧酶、鸟氨酸脱羧酶和尿素酶，但具备接触酶、氧化酶以及能够还原硝酸盐为亚硝酸盐和将硝酸盐反硝化为氮气。这些表征与大肠杆菌的特征基本一致，其中接触酶和氧化酶很可能是CFP312菌株降解菲的主要酶类。接触酶也称过氧化氢酶，氧化酶是过氧化物酶体中的主要酶类。大量研究表明，微生物生物降解菲过程中，主要是邻苯二酚-2,3-双加氧酶在起作用[6-8]。因此，与大肠杆菌相比，降解菌含有的过氧化氢酶类可能是主要促进降解的酶类，而具体的酶类可能是邻苯二酚-2,3-双加氧酶。

表4.2 CFP312菌株部分生理生化特征

实验项目	结果	
	CFP312	大肠杆菌(参照菌)
革兰氏染色	G−	G−
D-葡萄糖	−	+
D-甘露醇	−	+
肌醇	−	−
D-山梨醇	−	+
L-鼠李糖	−	+
蔗糖	−	−
D-(+)-蜜二糖	−	+
苦杏仁苷	−	−
L-阿拉伯糖	−	+

续表

实验项目	结果	
	CFP312	大肠杆菌(参照菌)
D-(+)-α-乳糖	−	+
D-木糖	−	+
β-半乳糖苷酶	−	+
精氨酸双水解酶	−	+
赖氨酸脱羧酶	−	−
鸟氨酸脱羧酶	−	−
柠檬酸盐利用	−	−
产硫化氢	−	−
尿素酶	−	−
吲哚实验	−	+
VP 实验	−	−
明胶水解	−	−
接触酶	+	×
氧化酶	+	×
硝酸盐还原	+	×
反硝化	+	×
产氮气	−	×

注："−"表示阴性；"+"表示阳性；"×"表示未测试。

4.3 降解菌的同源性分析

4.3.1 16S rRNA 序列分析

将筛选获得的纯菌 CFP312 直接移交给上海生工生物工程技术服务有限公司，由该公司代理测定 CFP312 的 16S rRNA 序列，然后将获得的 16S rRNA 序列提交至 NCBI 种的 Genbank 数据库进行 BLAST 分析 CFP312 的同源菌属，确定其菌属类别。

通过序列测定，得到长度为 1431bp 的 16S rRNA 序列，测序结果如下所示：

AGCAGGCGGAGCTACCATGCAGTCGACGATGATTATCTAGCTTGCT
AGATATGATTAGTGGCGGACGGGTGAGTAACATTTAGGAATCTGCCTAG
TAGTGGGGGATAGCTCGGGGAAACTCGAATTAATACCGCATACGACCTA
CGGGTGAAAGGGGGCGCAAGCTCTTGCTATTAGATGAGCCTAAATCAGA
TTAGCTAGTTGGTGGGGTAAAGGCCCACCAAGGCGACGATCTGTAACTG
GTCTGAGAGGATGATCAGTCACACCGGAACTGAGACACGGTCCGGACTC
CTACGGGAGGCAGCAGTGGGGAATATTGGACAATGGGGGCAACCCTGAT
CCAGCCATGCCGCGTGTGTGAAGAAGGCCTTTTGGTTGTAAAGCACTTT
AAGCAGGGAGGAGAGGCTAATGGTTAATACCCATTAGATTAGACGTTA
CCTGCAGAATAAGCACCGGCTAACTCTGTGCCAGCAGCCGCGGTAATACA
GAGGGTGCGAGCGTTAATCGGAATTACTGGGCGTAAAGCGAGTGTAGGT
GGCTCATTAAGTCACATGTGAAATCCCCGGGCTTAACCTGGGAACTGCA
TGTGATACTGGTGGTGCTAGAATATGTGAGAGGGAAGTAGAATTCCAG
GTGTAGCGGTGAAATGCGTAGAGATCTGGAGGAATACCGATGGCGAAG
GCAGCTTCCTGGCATAATATTGACACTGAGATTCGAAAGCGTGGGTAGC
AAACAGGATTAGATACCCTGGTAGTCCACGCCGTAAACGATGTCTACTA
GCCGTTGGGGTCCTTGAGACTTTAGTGGCGCAGTTAACGCGATAAGTAG
ACCGCCTGGGGAGTACGGCCGCAAGGTTAAAACTCAAATGAATTGACGG
GGGCCCGCACAAGCGGTGGAGCATGTGGTTTAATTCGATGCAACGCGAA
GAACCTTACCTGGTCTTGACATAGTGAGAATCCTGCAGAGATGCGGGAG
TGCCTTCGGGAATTCACATACAGGTGCTGCATGGCTGTCGTCAGCTCGTG
TCGTGAGATGTTGGGTTAAGTCCCGCAACGAGCGCAACCCTTTTCCTTAT
TTGCCAGCGGGTTAAGCCGGGAACTTTAAGGATACTGCCAGTGACAAAC
TGGAGGAAGGCGGGGACGACGTCAAGTCATCATGGCCCTTACGACCAGG
GCTACACACGTGCTACAATGGTAGGTACAGAGGGTTGCTACACAGCGAT
GTGATGCTAATCTCAAAAAGCCTATCGTAGTCCGGATTGGAGTCTGCAA
CTCGACTCCATGAAGTCGGAATCGCTAGTAATCGCAGATCAGAATGCTG
CGGTGAATACGTTCCCGGGCCTTGTACACACCGCCCGTCACACCATGGGA
GTCTATTGCACCAGAAGTAGGTAGCCTAACGCAAGAGGGCGCTACCACG

GATTCGAGGTCG

将 CFP312 的 16S rRNA 序列提交至 Genbank 数据库获取基因登陆号 MK283753，并从所比对出来的序列中选择 5 个同源性较高的菌株，见表 4.3，由表可得，CFP312 与 *Moraxella* sp. 属的五个菌种的同源性均达 99%。

表 4.3 与 CFP312 同源性较高的 5 株菌株及登陆号

序号	菌株	Genebank 登陆号	同源性
1	*Moraxella osloensis* KMC46	AB643590.1	99%
2	*Moraxella* sp. Acj218	AB480781.1	99%
3	*Moraxella osloensis* KMC412	AB643596.1	99%
4	*Moraxella* sp. WPCB001	FJ006859.1	99%
5	*Moraxella* sp. BQEN3-02	FJ380954.1	99%

4.3.2 构建系统进化树

选取几株同源性较适宜的菌株作为参照菌株，通过 MEGA6 构建的系统进化树如图 4.3 所示，由进化树可知，CFP312 为 *Moraxella* sp. 菌属的一种。

CFP312 的系统进化地位为：细菌域（Bacteria），细菌界（Eubacteria），变形菌门（Proteotacteria），β-变形菌纲（Betaproteobacteria），克氏菌目（Burkholderiales），奈瑟菌科（Neisseriaceae），奥斯陆莫拉氏菌属（Moraxella osloensis），目前尚不能鉴定到种。

根据文献调研发现，在环境修复中 *Moraxella osloensis*（简写为 *M. osloensis*）能够降解苯系衍生物和烃类化合物[9]，例如邻苯二甲酸酯和 2,6-萘二磺酸的降解[10,11]。有一篇文献报道，菌株 *M. osloensis* 能够降解单环衍生物或染料。Karunya 等报道 *M. osloensis* 可降解 100 mg/L 的纺织染料 Mordant Black 17，降解率达 87%[12]。然而，关于 *M. osloensis* 降解多环芳烃的报道几乎没有，因此，本研究分离的菌株 *M. osloensis* CFP312 有望成为第一株降解多环芳烃的 *M. osloensis* 菌。

菌种 CFP312 经过联系和申请，现保藏在广东省微生物菌种保藏中心（GDMCC），获得的专利保藏编号为 GDMCC 60595，并且该菌株的研究应用申请了国家发明专利，专利申请编号为：201811617910.9。

研究通过富集、涂布以及划线，从江西赣州江西理工大学附近受 PAHs 污

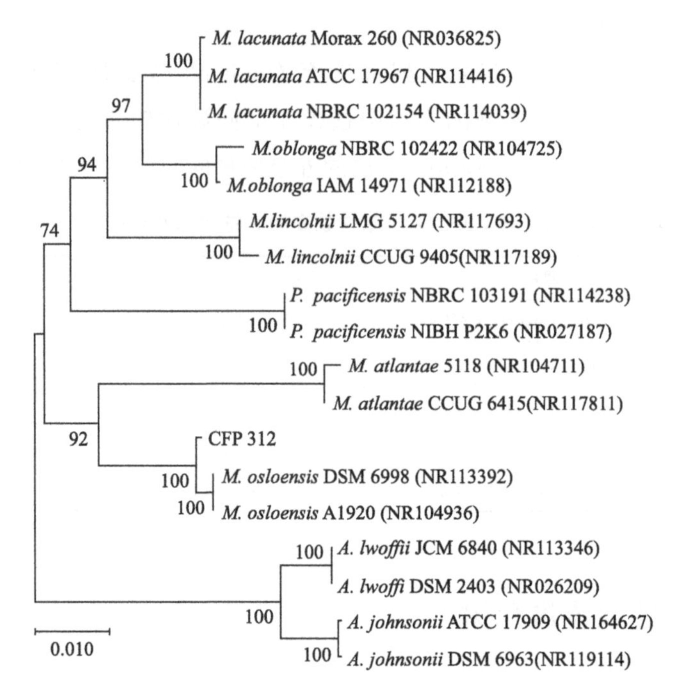

图 4.3 菌株 CFP312 系统进化树

染的土壤中筛选出 8 株以 PAHs 典型代表物菲作为唯一碳源和能源的菌株，分别是 CFP311、CFP312、CFP111、CGP222、CGP332、CWP211、CWP132、EGP232，通过对菲降解的定性和定量分析，根据菲降解培养液的颜色、浑浊度、瓶底菲的减少量以及菲降解菌生长量和菲的降解效率，挑选出其中一株能够高效降解菲的菌株进行本研究。通过比较，菌株 CFP312 降解菲能力最强，故本研究以菌株 CFP312 为实验菌株。

通过平板观察，发现菌株 CFP312 在平板上呈现白色、圆形、个头较小、略显透明、表面光滑湿润、易于挑起、边缘齐整、有光泽。在显微镜下观察，发现菌株 CFP312 为杆菌，近球状，短且宽[(1.0～1.5)μm×(1.5～2.5)μm]，通常排列成对或呈短链（一个分裂平面）状。

由生理生化测定结果可知，菌株 CFP312 为革兰氏阴性菌，不利用大部分常见糖类、接触酶和氧化酶、硝酸盐还原和反硝化反应存在。与大肠杆菌的特征对比，接触酶和氧化酶很可能是 CFP312 菌株降解菲的主要酶类。

经 16S rRNA 测序分析和初步鉴定，菌株 CFP312 与 *Moraxella* sp. 属的五个菌种的同源性均达 99%，因此将其命名为 *Moraxella osloensis* CFP312（简称 CFP312），其 Genbank 登录号为 MK283753，保藏编号为 GDMCC 60595。经过

文献调研发现，本研究分离的菌株 *M. osloensis* CFP312 有望成为第一株降解多环芳烃的 *M. osloensis* 菌。

参考文献

[1] Yan D，Wu S，Zhou S，Tong G，Li F，Wang Y，Li B. Characteristics，sources and health risk assessment of airborne particulate PAHs in Chinese cities：a review. Environmental Pollution，2019，248：804-814.

[2] 刘锦卉，卢静，张松. 微生物降解土壤多环芳烃技术研究进展. 科技通报，2018，34（04）：1-6.

[3] Bookstaver M，Godfrin M P，Bose A，Tripathi A. An insight into the growth of *Alcanivorax borkumensis* under different inoculation conditions. Journal of Petroleum Science and Engineering，2015，129：153-158.

[4] 东秀珠. 常见细菌系统鉴定手册. 北京：科学出版社，2001.

[5] 沈萍，陈向东. 微生物学. 北京：高等教育出版社，2006.

[6] 贾玉红，曲媛媛，周集体，李昂，艾芳芳. 菲降解菌的特性及其降解酶纯化研究. 环境科学与技术，2009，32（05）：21-25.

[7] 宋立超，钮旭光，李培军，刘宛. 成团泛菌 *Pantoea* sp. TJB5 对菲的酶促降解及功能酶基因克隆. 沈阳农业大学学报，2015，46（05）：543-547.

[8] 马丹，王永刚，陈吉祥，杨智，孙尚琛，李文新. 1 株高效菲降解不动杆菌的筛选、鉴定及性能研究. 微生物学杂志，2018，38（06）：15-23.

[9] Vasudevan N，Paulraj L S. Plasmid-mediated degradation of hydroxylated，methoxylated，and carboxylated benzene derivatives in *Moraxella* sp. Annals of the New York Academy of Sciences，1994，721：399-406.

[10] Rani M，Prakash D，Sobti R C，Jain R K. Plasmid-mediated degradation of o-phthalate and salicylate by a *Moraxella* sp. Biochemical and Biophysical Research Communications，1996，220（2）：377-381.

[11] Wittich R M，Rast H G，Knackmuss H J. Degradation of naphthalene-2，6-and naphthalene-1，6-disulfonic acid by a *Moraxella* sp. Applied and Environmental Microbiology，1988，54（7）：1842-1847.

[12] Karunya A，Rose C，Valli Nachiyar C. Biodegradation of the textile dye Mordant Black 17（calcon）by *Moraxella osloensis* isolated from textile effluent-contaminated site. World Journal of Microbiology & Biotechnology，2014，30（3）：915-924.

第5章

多环芳烃降解菌的特性分析

在实际污染治理中，很多因素会影响到 PAHs 的降解效果，为了达到最佳降解水平，实验研究中就需要探索哪些因素对 PAHs 的生物降解有影响、如何改善等问题，以获得最佳降解环境。很多研究表明，PAHs 的降解容易受污染物浓度、环境温度、pH、振荡速度、营养物质（氮、磷、钾等）以及需氧量等影响。

本章主要探索筛选出的高效菲降解菌 CFP312 在不同环境温度、pH、振荡速度和降解时间下的降解效果，并得出最佳降解条件。通过对菌株 CFP312 耐受性实验（包括污染物浓度和底物谱）的测定，初步探究菌株 CFP312 的降解方式。

5.1 菌株最佳降解条件探索

在降解过程中，降解菌所处的环境对其降解效果有很大的影响。本实验探究 pH、温度、转速以及降解的时间即生长曲线等环境因素对 PAHs 降解的影响。

（1）制备细菌悬液

用接种针挑取经活化培养后涂布于固体 LB 培养基上长出的 CFP312 单菌落接种于 400mL 液体 LB 培养基中扩种培养约 12h，然后将扩种培养液全部倒入 50mL 离心管中，在 8000r/min、20℃条件下离心 10min，再用适量的 MSM 培养基反复离心，倒去上清液，重悬清洗 3 次，最后将菌种全部收集在一根离心管中。以 MSM 培养基为空白参照在波长为 600nm 的分光光度计上调节菌种浓缩液 OD_{600} 值，使菲降解培养液中的菌种浓缩液最终 $OD_{600}=0.3$，计算菌种浓缩液的接种体积（$V_{菌种浓缩液}$×菌种浓缩液 $OD_{600}=30\times0.3$）。

（2） pH 值对 CFP312 降解菲的影响测定

制备细菌悬液，同上述 5.1（1）中方法。按接种体积接入装有 30mL 菲降解培养液的 250mL 三角瓶中，培养液用浓盐酸和强氢氧化钠溶液调节 pH 值为 5.0、6.0、7.0、8.0、9.0、10.5、11.5（每个 pH 梯度做 3 个平行），在 30℃、160r/min 的条件下培养，经过 48h 培养后用高效液相色谱法（HPLC）测定

CFP312 对 400mg/L 菲的降解残余量、菲降解率以及用分光光度法测定菌体生长量，同时用 pH 计测定培养后培养液的 pH 值。

（3）温度对 CFP312 降解菲的影响测定

制备细菌悬液，同上述 5.1（1）中方法。按接种体积接入装有 30mL 菲降解培养液的 250mL 三角瓶中，分别置于温度梯度为 15℃、20℃、25℃、30℃、37℃、40℃、45℃（每个温度梯度做 3 个平行），160r/min 的恒温气浴摇床中培养，经过 48h 培养后用高效液相色谱法（HPLC）测定 CFP312 对 400mg/L 菲的降解残余量、菲降解率以及用分光光度法测定菌体生长量。

（4）转速对 CFP312 降解菲的影响测定

制备细菌悬液，同上述 5.1（1）中方法。按接种体积接入装有 30mL 菲降解培养液的 250mL 三角瓶中，分别置于转速梯度为 110r/min、120r/min、130r/min、140r/min、150r/min、160r/min（每个转速梯度做 3 个平行），37℃的恒温气浴摇床中培养，经过 48h 培养后用高效液相色谱法（HPLC）测定 CFP312 对 400mg/L 菲的降解残余量、菲降解率以及用分光光度法测定菌体生长量。

（5）CFP312 对菲降解的生长曲线测定

制备细菌悬液，同上述 5.1（1）中方法。取 96 个已灭菌的 100mL 三角瓶，分别加入 30mL 菲降解培养基。其中 72 个瓶中接种细菌悬液，使 OD_{600} 值达到 0.1。剩余的 24 个瓶作为空白对照组，不接入细菌悬液，用于测定菲的自然蒸发对降解的影响。降解前期，每 2h 测试一次，取三个实验组和一个空白对照组，用分光光度法测量 OD_{600} 值和用高效液相色谱法（HPLC）测定菲残留量。降解后期，细菌生长稳定后，每 4h 测试一次。共测量 60h 左右。

5.1.1 pH 值对菌株降解菲的影响

环境初始 pH 值对菌株 CFP312 降解菲的影响结果如图 5.1 所示。为了探索菌株 CFP312 最佳降解 pH 值，进行了 pH＝5.0～11.5 的降解实验，结果得出菌株在 pH 为 8.0 时降解效果最佳。从图中还可以看出，菌株 CFP312 在 pH＝7.0～10.5 之间降解效果均不错，表明菌株耐弱碱性，这与李康等的研究结果一致。李康等在其文章中总结道，PAHs 降解菌群适应盐度最好不超过 1%（弱碱性）[1]。

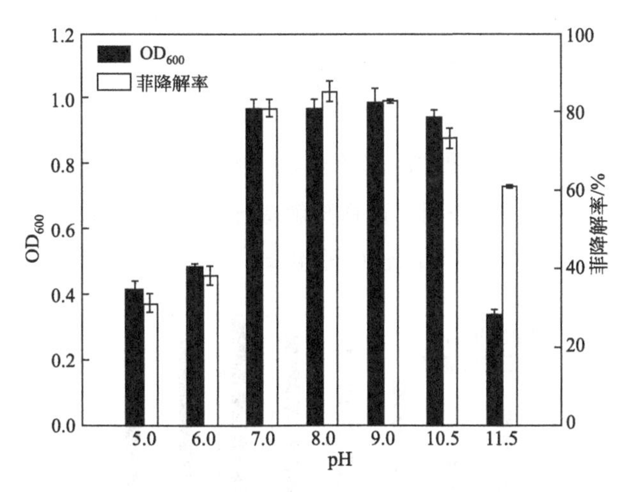

图 5.1　pH 值对菌株 CFP312 降解菲的影响

5.1.2　温度对菌株降解菲的影响

温度对菌株 CFP312 降解菲的影响结果如图 5.2 所示。结果显示，菌株的最佳降解温度在 25～37℃之间。由于菌株 CFP312 属于 *M. osloensis*，该菌属的最佳生长温度为 37℃，这与 Yamada 等发表的综述一致[2]。温度影响结果还显示，菌株在高温条件（如 45℃）下生长活性明显下降，表明奥斯陆莫拉氏菌属高温耐受性较差。

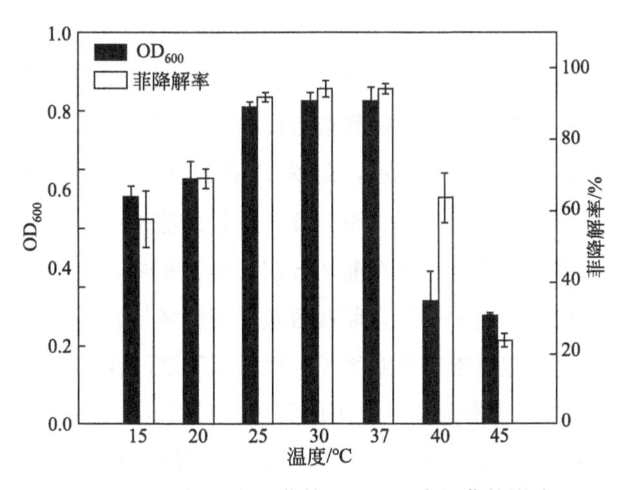

图 5.2　不同温度对菌株 CFP312 降解菲的影响

5.1.3 转速对菌株降解菲的影响

转速对菌株 CFP312 降解菲的影响结果如图 5.3 所示。转速实验探究了转速范围 110～180r/min，结果表明，菌株降解最佳转速为 160r/min。实际上，大多数微生物在 160r/min 中培养均能较好地生长[3-5]。

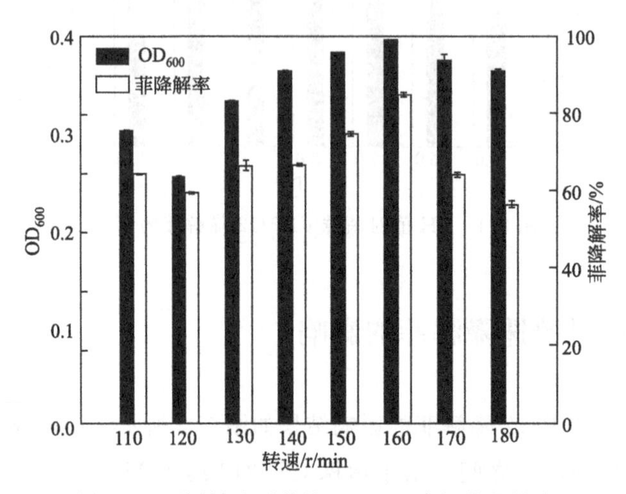

图 5.3 不同转速对菌株 CFP312 降解菲的影响

5.1.4 菌株的细胞生长曲线

在 37℃、pH＝8.0 和 160r/min 条件下，经过 60h 的降解实验，菌株 CFP312 降解 MSM 培养基中的菲达到最大降解量（图 5.4）。与对照组相比，对照组中不含碳源菲，而图 5.4 显示，菌株 CFP312 在菲中生长得非常好。菌株 CFP312 将菲从 400mg/L 降解到 31.16mg/L，并且细胞 OD_{600} 值上升到近 0.7。从斜率来看，菲去除率和细胞生长量在前 24h 增长得特别快，这表明菌株 CFP312 能够快速适应菲这一碳源。而 48h 后，菲残留量和细胞增长曲线的斜率均降低或者平稳，表明残余的菲不能继续维持细胞生长，以及细胞之间存在碳源竞争。

根据图 5.4 可知，实验组与对照组的菲残留量对比，可以明显地观察出菲自然分解量或者菲挥发量是非常小的，因此菲的降解和消耗主要是依赖菌株 CFP312。根据菲残余曲线和细胞生长曲线，表明这两者是互相关联的，随着菲浓度的下降，细胞生长量持续上升，可以反映菌株 CFP312 以菲为碳源进行新陈代谢而生长的一个过程。

从实验数据可知，菌株 CFP312 能够在 3 天完全降解菲，降解率达到 99.33%（如图 5.4）。这一结果与以往的许多报道不一样，前人研究结果显示，菌株 *Mycobacterium* sp. strain PYR-1、菌株 *Pseudomnas stutzeri* ZP2 和菌株 *Novosphingobium* sp. HS2aR 降解完全分别需要 14 天、6 天和 3 天，并且降解率也不如此研究结果好[6-8]。而菌株 CFP312 只需要 2 天就可降解完全，有望在今后实际应用中提高生物修复效率。

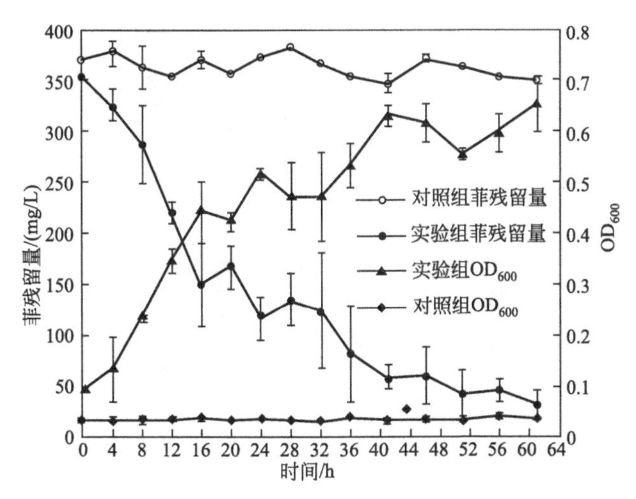

图 5.4 菌株 CFP312 的细胞增长量和菲降解量曲线

细胞培养了 60 多个小时，OD_{600} 值和菲降解量每 4h 测定一次

5.2 菌株耐受性分析

5.2.1 菲浓度对菌株生物降解的影响

不同菲浓度对菌株 CFP312 的降解影响如图 5.5 所示。实验探究了不同菲浓度下，菌株 CFP312 降解菲的情况。OD_{600} 值和菲降解率显示，菌株能很好地适应低浓度，在 100mg/L、200mg/L、400mg/L 和 600mg/L 下，菌株的生长

量均保持在高水平，降解率也在不断升高。当浓度变高时，如 800mg/L 和 1200mg/L，细胞的生长量激增，但降解率下降。这可能是因为菲浓度高，碳源充足，细胞生长旺盛；但浓度高，毒性也随之加强，降解菲的能力就减弱了。本研究选取浓度 400mg/L 作为最佳实验浓度，该浓度的菌株生长量和菲降解率均处于不错的水平，而出于实验耗材和实验人员安全考虑，适当污染物浓度比较适合在实验室进行操作。

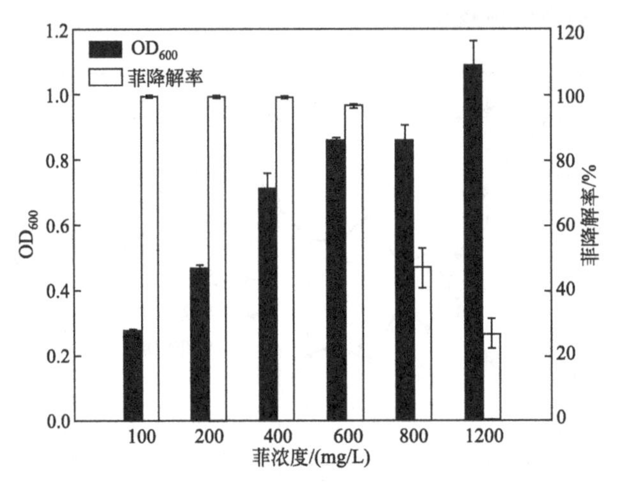

图 5.5 不同菲浓度对菌株 CFP312 的降解影响

由图 5.5 可知，在低菲浓度下（100mg/L 和 200mg/L），尽管细胞生长受到限制，但菲降解率保持在一个较高的水平，这一结果与 Xu 等的研究一致[9]。在低底物浓度情况下，细胞的代谢能力增强，而细胞生长缓慢，还可能是由低底物浓度阻止细胞生长造成的。提高底物浓度，细胞生长不再受到抑制，但是底物毒性和底物代谢产生的中间产物的累积毒性也更加明显。Kamil 和 Talib 的研究发现，浓度高的对细菌呈现非常强烈的毒性[10]。在我们的研究中，污染物在高浓度菲中被菌株 CFP312 的降解率很低，但细胞生长不受阻碍。这一结果表明，该分离菌株对高浓度 PAHs 的毒性具有很强的耐受性，这将为 PAHs 严重污染的区域的生物修复可行性提供有力证明。

5.2.2 降解菌的底物利用谱分析

菌株 CFP312 底物利用谱测定结果（表 5.1）表明，就现有测定的底物而言，CFP312 具有较强的底物专一性，即菌株 CFP312 能够专一生物降解菲。

表 5.1 CFP312 底物利用谱

底物名称	底物浓度/(mg/L)	结果
菲	400	+
萘	400	挥发
间苯二甲酸	400	—
邻苯二甲酸	400	—
邻氯甲苯	400	—
邻苯二甲酸二辛酯	400	—
对甲基苯酚	400	—
邻氯苯胺	400	—
甲苯	400	—
二甲苯	400	—
苯酚	400	—
氯胺	400	—
水杨酸	400	—

注："+"表示能够降解；"—"表示几乎不降解。

通过测定底物谱利用实验，发现菌株 CFP312 对 PAHs-菲具有专一降解性。这一结果显示菌株 CFP312 不能利用测试中的其他碳水化合物和苯胺化合物，这在多环芳烃降解菌中并不常见。例如，白腐真菌（*white rot fungi*）和鞘氨醇单胞菌（*Sphingomonas*）不仅能够降解多环芳烃，还可以同化其他底物，包括葡萄糖和苯胺[11,12]。而与之不同的是，与其他 *M. osloensis* 菌株对比，菌株 CFP312 对于 PAHs 的降解具有巨大的专一性。若在 PAHs 的异位生物修复中，菌株 CFP312 的实际应用对生态环境可能不会产生长期的影响。由于菌株 CFP312 可以只利用 PAHs，当 PAHs 被消耗光的时候，菌株会因为没有合适的碳源生长而自然消失，不会对原有微生物群落产生任何影响。据报道，大量讨论与研究显示，外来物种的存在对稳定的生态系统有巨大的不利影响[13]。那么，菌株 CFP312 的底物专一性将为未来的生态修复应用中消除菌株对生态系统的不利影响提供巨大的可能性。

研究通过探索 pH、温度、转速以及生长曲线对菌株 CFP312 降解菲的影响，得出菌株 CFP312 的最佳降解环境条件为 pH＝8.0、37℃、160r/min 和降解 48h，降解达到完全。并且，菌株 CFP312 在此种条件下，生长量达到最高，降解效果最好。菌株 CFP312 还具有耐弱碱性，在 pH＝5.0～10.5 能很好地生长，并得到不错的降解效果。

研究还探索了底物浓度以及不同底物对菌株CFP312降解的影响，结果显示菲浓度为100～800mg/L时，菌株生长活性可以保持得较好，菌株CFP312也能够很好地降解菲。高浓度菲情况下，菌株CFP312依然可以保持较高的活性，表明菌株CFP312具有很好的耐毒性，此为PAHs污染严重地区的生物修复提供一些可行性建议。

底物谱利用实验发现，菌株CFP312降解菲具有专一性，几乎不利用其他常见碳源。这说明其在未来的生态修复应用中对于消除菌株对生态系统的不利影响将具有极大的潜能。

参考文献

[1] 李康，范文玉，郭光，丁克强，杨凤，刘廷凤，张雯娣. 盐环境下降解菌群对芘的降解特性研究. 环境污染与防治，2018，40（07）：755-759.

[2] Yamada A，Kasahara K，Ogawa Y，Samejima K，Eriguchi M，Yano H，Mikasa K，Tsuruya K. Peritonitis due to *Moraxella osloensis*：a case report and literature review. Journal of Infection and Chemotherapy，2019，25（12）：1050-1052.

[3] 姜珊，王永强，朱虎，尚琼琼，张秀霞，李慧. 高效海洋溢油降解菌降解海洋溢油条件的优化研究. 油气田环境保护，2018，28（01）：17-20，60-61.

[4] 孟应宏，冯瑶，黎晓峰，刘元望，李兆君. 土霉素降解菌筛选及降解特性研究. 植物营养与肥料学报，2018，24（03）：720-727.

[5] 阮琳琳，林辉，马军伟，孙万春，俞巧钢，符建荣. 土壤中单一及复合抗生素的降解及微生物响应. 中国环境科学，2018，38（03）：1081-1089.

[6] Moody J D，Freeman J P，Doerge D R，Cerniglia C E. Degradation of phenanthrene and anthracene by cell suspensions of *Mycobacterium* sp. strain PYR-1. Applied and Environmental Microbiology，2001，67（4）：1476-1483.

[7] Rodriguez-Conde S，Molina L，González P，García-Puente A，Segura A. Degradation of phenanthrene by *Novosphingobium* sp. HS2a improved plant growth in PAHs-contaminated environments. Applied Microbiology and Biotechnology，2016，100（24）：10627-10636.

[8] Zhao H P，Wu Q S，Wang L，Zhao X T，Gao H W. Degradation of phenanthrene by bacterial strain isolated from soil in oil refinery fields in Shanghai China. Journal of Hazardous Materials，2009，164（2）：863-869.

[9] 许华夏，李培军，巩宗强，刘宛，钟鸣，陈素华. 双加氧酶活力对细菌降解菲的指示作用. 生态学杂志，2005，（07）：845-847.

[10] Kamil N A F M，Talib S A. Biodegradation of PAHs in soil：influence of initial PAHs concentration. IOP Conference Series：Materials Science and Engineering，2016，136：012052.

[11] Jayasinghe C, Imtiaj A, Lee G W. Degradation of three aromatic dyes by *white rot fungi* and the production of ligninolytic enzymes. Mycobiology, 2008, 36 (2): 114-120.
[12] van Herwijnen R, van de Sande B F, van de Wielen F W M. Influence of phenanthrene and fluoranthene on the degradation of fluorene and glucose by *Sphingomonas* sp. strain LB126 in chemostat cultures. FEMS Microbiology Ecology, 2003, 46 (1): 105-111.
[13] Wu H Y, Bao W K, Wang A. Influence of alien species invasion on native biodiversity. Resources & Environment in the Yangtze Basin, 2004 (1): 40-46.

第6章

表面活性剂和环糊精对菲生物降解的影响

不管在实验室还是实际应用中，单凭微生物来降解与去除污染物总是有限的。表面活性剂（如 Tween 80，Triton X-100 等）和生物表面活性剂（鼠李糖脂和槐糖脂等）对污染物具有很强的增溶作用，特别是对于 PAHs 这种疏水性、持久性有机污染物[1]，表面活性剂和生物表面活性剂不仅可以起到增溶作用，还可以促进污染物的解吸，提高疏水性污染物在水中的溶解度，提高生物利用度，进而增强微生物对污染物的降解与去除[2]。而疏水性有机污染物 PAHs 吸附在土壤或者非水相（nonaqueous phase liquid，NAPL）中，使得 PAHs 在水中的分配比较低。因而，NAPL 能够充当一些毒物的储存库[3]。

本章主要探索表面活性剂（Triton X-114、Triton X-100、Triton X-45、TMN-3、Brij 30、Tween 80）、β-环糊精（β-CD）和生物表面活性剂槐糖脂（sophorolipid，SL）对菌株 CFP312 降解 PAHs 的增溶作用；并探索 Triton X-100、β-CD 对污染物生物降解的促进作用，以及对细胞黏附性、非水相菲的转移、细胞对可溶性和晶体底物利用的影响。

6.1 菲增溶生物降解体系的确定

6.1.1 增溶降解体系的筛选

配制菲储备液（20g/L），绘制菲标准曲线。配制 MSM 培养基母液，灭菌，储置超净台中。降解系统包括：非生物表面活性剂 Triton X-114、Triton X-100、Triton X-45、TMN-3、Brij 30、Tween 80、Triton X-114：Triton X-45（4∶1）[简写为 Tri-114∶Tri-45（4∶1）]、Brij 30：TMN-3（1∶1）以及萃取剂 β-CD 和生物表面活性剂 SL。

预备 36 个 150mL 锥形瓶，若干 1mL 移液管，灭菌，烘箱烘干备用。提前对 36 个 150mL 三角瓶进行喷菲处理（即用 1mL 移液管吸取 0.6mL 菲母液让其均匀分布在三角瓶底，待二氯甲烷挥发完全，底部出现一层白色的结晶，喷菲完成），配制 MSM 母液，按照母液∶无菌水=1∶5 配制。向喷菲完成的三角瓶中加入 30mL MSM 培养基，再加入 $OD_{600}=0.3$ 的菌液，最后加入降解系统

0.6mL，每个降解系统做三个平行。一组只加菌液不加降解系统，作为对照组。将这些三角瓶放入37℃、160r/min的摇床中振荡培养，隔一天观察瓶中反应，待瓶中颜色由无色透明变为乳白色或者黄色时，可以测其菲降解率。考虑到菲可能会溶于降解系统中，除了测定瓶底的残余菲量，还需要测定溶液中是否有残余的菲。测定方法如下：将培养后的三角瓶内的培养液混匀，取0.2mL培养液和0.8mL乙腈在1.5mL EP管中，在8000r/min、20℃条件下离心10min，离心结束后，再取上清液0.8mL置于高效液相色谱（HPLC）分析专用棕色小瓶内配成稀释30倍的稀释液，盖上盖子，以备测定。为防止一次试验的偶然性，降解系统筛选试验进行三次，得到最终筛选结果。

经过三次试验验证，菲降解菌CFP312在不同降解系统中对菲的降解情况如图6.1所示，三次试验均设置11组，分别是对照组（仅含菌液）、Triton X-114、Triton X-100、Triton X-45、TMN-3、Brij 30、Tween 80、Tri-114∶Tri-45（4∶1）、Brij 30∶TMN-3（1∶1）、β-CD和生物表面活性剂SL。

由图6.1（a）可知，除了降解系统Brij 30和Brij 30∶TMN-3（1∶1）处理的培养基菌株CFP312对菲的降解率较低以外，其他降解系统都表现出不错的降解促进作用。但对照组本身的降解效果就比较好，可能是第一次细胞活性比较强导致的。尽管如此，降解系统TMN-3、β-CD和SL还是能够很好地促进细胞对菲的降解，降解率几乎达到100%，这可能是测试过程中存在误差得到的结果。为了避免一次试验存在偶然性的因素，本研究进行了第二次试验。与第一次试验［图6.1（a）］对比，第二次的整体降解率更有说服力［图6.1（b）］，与对照组相比，降解系统Triton X-114、Triton X-100、TMN-3、吐温80、β-CD和SL共6种，均对降解有促进作用，这一结果与第一次试验存在差异。为了确定到底是哪几种对菌株CFP312生物降解菲存在促进效果，进行了第三次试验，如图6.1（c）所示。很明显可以看出，仅降解系统Triton X-100、TMN-3、β-CD和SL对降解存在促进效果。综合三次试验，最终筛选出了Triton X-100、TMN-3、β-CD和SL，这4种降解系统能更好地促进菌株CFP312降解菲。

通过以上三组降解系统筛选试验得出4种降解系统：Triton X-100、TMN-3、β-CD和SL，它们能够有效促进菌株CFP312生物降解菲。而本研究筛选到的这四种降解系统与其他人研究的结果有相似之处也有不同之处。Liang等充分调研大量文献总结出，Triton X-100、Tween 80、Tween 40、Brij 30和鼠李糖脂等能够增强生物修复，然而，这些表面活性剂增强修复的菌株都各不相同[4]。Fernando Bautista等报道Triton X-100可促进*Pseudomonas* sp.细胞生长，促进

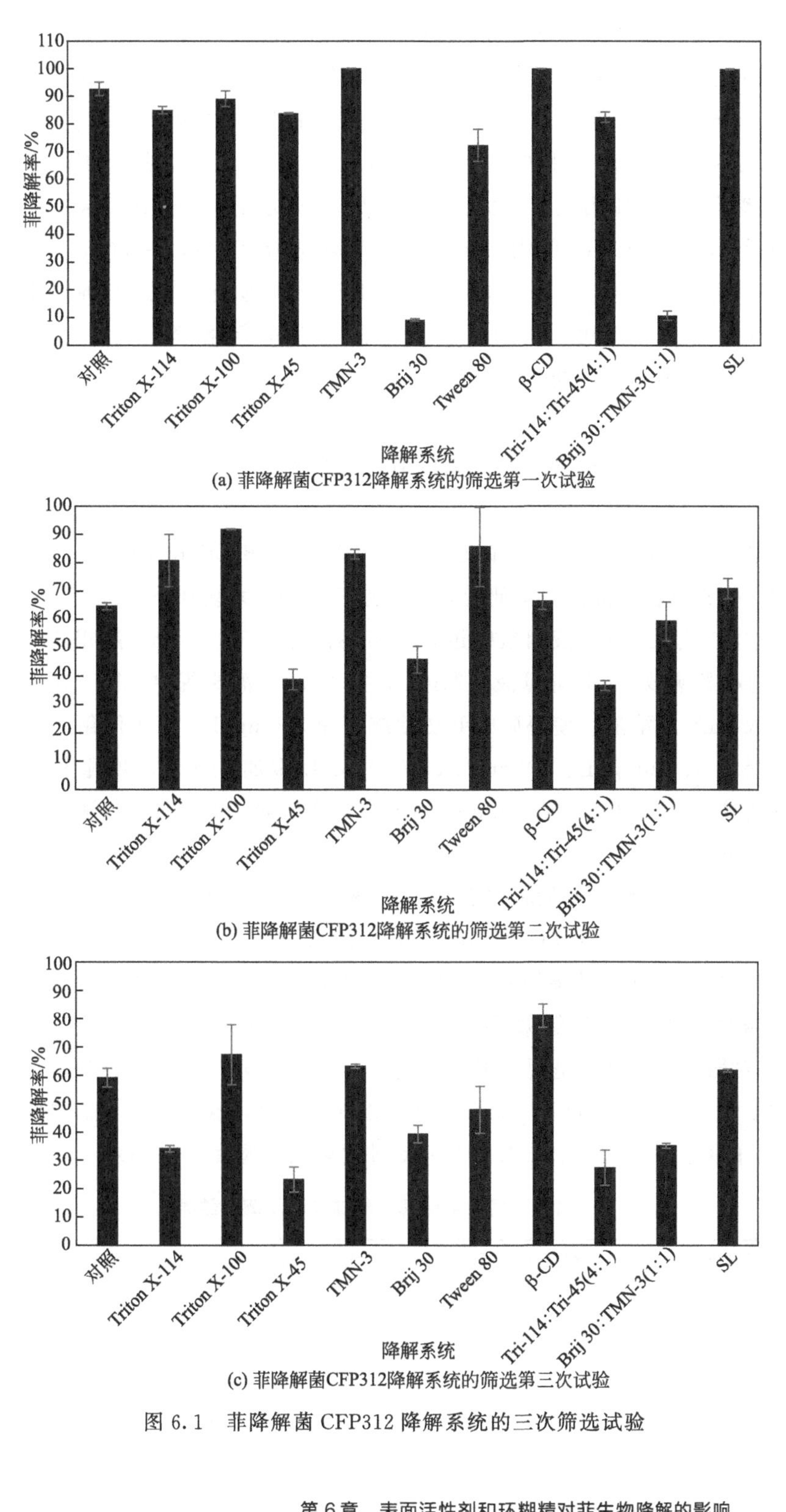

图 6.1 菲降解菌 CFP312 降解系统的三次筛选试验

生物降解，生物毒性随时间增加却保持恒定[5]。但是，大量研究显示，Tween 80 可更好地促进 PAHs 的生物降解[6-8]，可在本研究中却没有得到这种可观的结果。Avramova 等研究发现，Triton X-100 和鼠李糖脂 PS-17 分别加入到 *Pseudomonas* sp. 静息细胞中，前者抑制菲的矿化，后者对菲的矿化没有影响[9]。然而，对于使用生物表面活性剂 SL 来探究菌株降解 PAHs 的报道非常少。最后，菌株 CFP312 的内在结构可能比较适应 Triton X-100、TMN-3、β-CD 和 SL 这四种降解系统。首先，菌株 CFP312 能够经受住这四种物质本身的毒性并存活下来；其次，这四种物质才能对菲进行增溶作用，进而为菌株 CFP312 生存与降解提供更多的能源。

6.1.2 增溶剂浓度对菲生物降解的影响

经过降解系统筛选试验，筛选出 Triton X-100、β-CD 和 TMN-3 三种降解系统。为了探索最佳投加量，本研究探索了这三种降解系统在不同浓度下对菲的增溶量。增溶实验在 4mL 液相瓶中进行，实验预备了 36 个 4mL 液相瓶，实验使用微量进样器吸取 50μL 菲母液（20g/L）加入 4mL 液相瓶中，待二氯甲烷挥发后，加入 3mL 水溶液，使得瓶中菲初始浓度为 300mg/L，每种降解系统分别按照浓度梯度 0、10mg/L、100mg/L、1000mg/L 添加，每个浓度重复三次。将 36 个液相瓶放入 25℃、100r/min 的摇床中振荡培养 48h，取出，测其菲残留量即菲增溶量。

不同浓度降解系统增溶降解实验结果如表 6.1 所示，每种增溶系统均设置了四种浓度。由数据分析可知，Triton X-100 在高浓度（1000mg/L）时，对菌株 CFP312 降解菲的促进效果较好；β-CD 在 100mg/L 时，促进降解效果明显，但当浓度继续升高时，降解效果呈现下降趋势；TMN-3 几乎不受浓度影响，TMN-3 对微生物的降解呈现较强促进作用；综合比较，TMN-3 促进菲增溶量高出同浓度的 Triton X-100 和 β-CD 的好几倍甚至百倍，这可能与其临界胶束浓度（CMC）有关。其次，Triton X-100 的促进效果也明显大于 β-CD。

表 6.1 不同浓度降解系统增溶降解测定结果

增溶系统	浓度/(mg/L)	菲浓度/(mg/L)	菲增溶量/(mg/L)
Triton X-100	0	400	1.773
	10	400	1.561
	100	400	1.672
	1000	400	69.414

续表

增溶系统	浓度/(mg/L)	菲浓度/(mg/L)	菲增溶量/(mg/L)
β-CD	0	400	1.652
	10	400	1.531
	100	400	1.913
	1000	400	1.794
TMN-3	0	400	0.253
	10	400	246.202
	100	400	241.138
	1000	400	246.617

非离子表面活性剂和萃取剂能够很好地促进菲的降解与其能够增溶菲有很大的关联。在姬宇的论文中发现，非离子表面活性剂的浓度越高，对疏水性有机污染物的增溶效果就越好[10]。而在本研究中，非离子表面活性剂 Triton X-100 在高浓度下，正好符合了这一规律。在一些研究中却得到了相反的结果，即 Triton X-100 在低浓度下，对微生物降解苯酚有一定促进作用；高浓度下，对苯酚的降解时间延长，降解效果不佳[11]。本研究认为，出现这两种完全相反的情况是因为 Triton X-100 作用的微生物种类不同，不同微生物对 Triton X-100 的适应性不一样，自然会在实际降解过程中，出现不同的降解反应。然而，β-CD 并非表面活性剂，而是具有强大增溶作用的空腔结构物质，其作用类似于表面活性剂，但又不同于表面活性剂，因此，不符合上述任何一种情况。虽然 β-CD 对微生物降解菲的降解效果不是很好，但其增溶作用不容忽视。有研究证明，β-CD 对于微生物降解 PAHs 具有很好的促进作用，极大增强了微生物对 PAHs 的降解效率[12]。尽管，TMN-3 使得菌株 CFP312 降解菲的效率很高，但其不好控制，因此后续实验没有采用 TMN-3。

为了更好地探究 Triton X-100、TMN-3、β-CD 和 SL 四种降解系统影响降解的机理，本研究先进行了临界胶束浓度测定实验。

临界胶束浓度是表面活性剂分子在溶剂中缔合形成胶束的最低浓度，是表征表面活性剂的重要指标之一。测定 CMC 的方法有：表面张力法、电导率法以及紫外分光光度法。本研究采用紫外分光光度法测定 Triton X-100、TMN-3、β-CD 和 SL 四种降解系统的 CMC 值。将降解系统稀释成不同浓度（C）的水溶液，用水作参比，在石英比色皿中进行，测其吸光度值（A）。然后作出 A-C 曲线，该曲线的转折点处或者做切线的交点处对应的浓度值，即为其 CMC 值。四种降解系统 CMC 值测定结果如表 6.2 所示。

表 6.2　四种降解系统 CMC 值对比表

降解系统	CMC/(g/L)	CMC/(mol/L)	分子量
Triton X-100	0.189	0.20×10^{-3}	646.86
TMN-3	—	—	230
β-CD	18.5	1.63×10^{-2}	1135
SL	0.06	—	—

注："—"表示查不到该值。

从表 6.2 可知，表面活性剂 Triton X-100 的 CMC 值小于萃取剂 β-CD 的 CMC 值，这是由两者本身的结构造成的，β-CD 是内部存在巨大空腔的结构，分子量也很大，因此它的 CMC 值也相对较大。TMN-3 是一种非离子表面活性剂，目前查找不到它的任何相关 CMC 信息，由于其黏稠，不溶于水，对于它 CMC 值的测定也非常困难，因此，本研究无法获得 TMN-3 的 CMC 值。很多研究显示，Triton X-100 和 β-CD 能够影响微生物降解 PAHs 的能力[13,14]，因此，本项目实验主要选取 Triton X-100 和 β-CD 两种降解系统来探究其对菌株 CFP312 降解的影响机理。

Triton X-100 的 CMC 是 0.24mmol/L（189mg/L），β-CD 单体存在空穴，因此实验设计成和 Triton X-100 相同的浓度。以下实验均采用这种浓度设计。

6.2　降解系统对细胞生长的影响

6.2.1　降解系统对细胞利用水溶性碳源的影响

实验在 250mL 三角瓶中进行。预先准备 20 个三角瓶、MSM 母液以及 1000mL 液 LB 培养基，灭菌，备用。向每个三角瓶中加入 50mL 液 LB，再加入 1mL $OD_{600}=0.3$ 的种子液。每种降解系统按照浓度梯度：1/2CMC、CMC、5CMC 添加，每个浓度梯度 3 个平行。这些三角瓶放入 37℃、160r/min 摇床中进行振荡连续培养 24h，观察现象。每隔 2h 测其吸光度值，此处测吸光度值，为避免 LB 的干扰，应该取 5mL 放入离心管，在 20℃、8000r/min 下离心 10min，倒掉上清液，再将底部细胞沉淀混匀在 MSM 中，以 MSM 作为参比，测其细胞 OD_{600}。

为了探究降解系统对细胞在液 LB 生长的影响，设计三个不同浓度，分别为 1/2CMC、CMC、5CMC，两种降解系统 Triton X-100 和 β-CD，均在液 LB 中培养 24h，得到图 6.2 所示数据。通过对比七组数据中的 OD_{600} 值，发现六组实验组的数据趋势与对照组的基本保持一致，说明降解系统 Triton X-100 和 β-CD 对菌株 CFP312 在液 LB 中的生长情况基本上都没有太大的影响。所以，菌株在液 LB 中生长，不受降解系统影响。

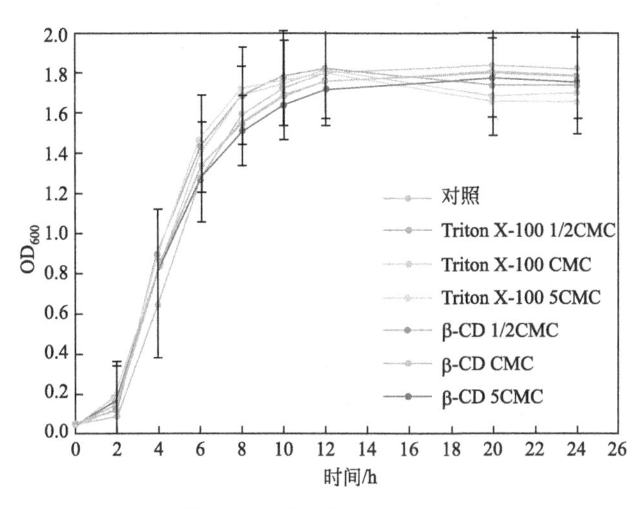

图 6.2　降解系统对细胞在液 LB 生长的影响

6.2.2　降解系统对细胞利用固体菲的影响

实验在 250mL 三角瓶中进行。预先准备 20 个三角瓶，若干 1mL 移液管以及 MSM 母液，灭菌，备用。向每个三角瓶喷菲 1mL，加入 MSM 培养基 50mL，三角瓶菲初始浓度为 400mg/L，再分别加入 1mL $OD_{600}=0.3$ 的种子液。每种降解系统按照浓度梯度 1/2CMC、CMC、5CMC 添加，每个浓度梯度 3 个平行。这些三角瓶放入 37℃、160r/min 摇床中进行振荡连续培养 56h，观察现象。每隔 2h 测其吸光度值，绘制时间-吸光度曲线。

为了探究降解系统对细胞利用水溶性碳源的影响，设计三个不同浓度，分别为 1/2CMC、CMC、5CMC，两种降解系统 Triton X-100 和 β-CD，分别利用固体碳源（菲+MSM），经过 56h 细胞培养实验，得到图 6.3 所示数据（见文前彩图）。从图中可以看出，与对照相比，降解系统 Triton X-100 和 β-CD 对菌株 CFP312 的生长都有一定的影响。随着时间的增加，这种影响也在增强。与对照相比，Triton X-100 在 1/2CMC 时对细胞利用水溶性碳源促进效果最佳，且一直呈现上升的趋势。而 β-CD 则在 5CMC 时，对细胞利用水溶性碳源呈现最佳效果。两者相比，Triton X-100 的促进效果优于 β-CD。

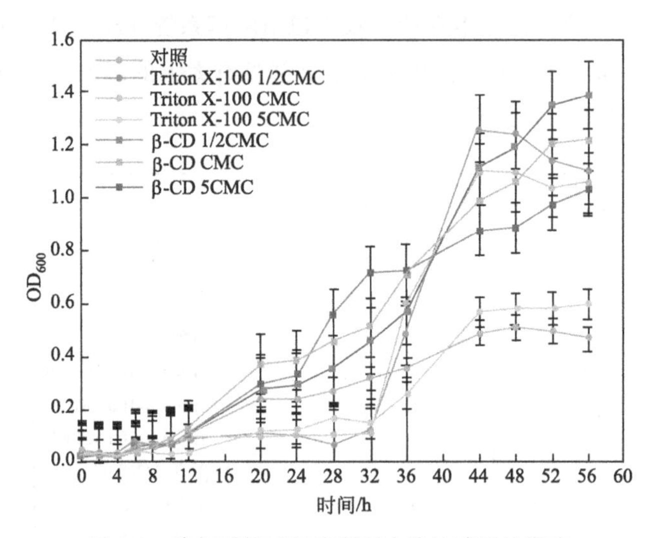

图 6.3 降解系统对细胞利用水溶性碳源的影响

6.3 降解系统对细胞生长的影响

经过预实验得知，20g/L 的 Triton X-100 促进了细胞利用晶体菲；这在众多文献中比较少见，多数情况下 Triton X-100 能促进污染物增溶却抑制细胞活性。

Triton X-100 在 100mg/L 以下、β-CD 在 1000 mg/L 以下，几乎都不增溶菲。那么其对菲降解的促进有何不同呢？利用细胞对非水相（NAPL）的黏附性，可判断降解菌细胞的疏水性，这有助于我们判断细胞对菲的亲和力。实验中常用的 NAPL 物质有邻苯二甲酸二辛酯（DEHP）和七甲基壬烷（HMN）以及十六烷等。

6.3.1 浊度法检测细胞的烃黏附性

烃黏附性测定主要是探究细胞表面疏水性。烃黏附性测定在15mL圆底试管中进行，向试管中加入5mL $OD_{600}=0.3$ 的菌液，再加入5mL十六烷，在旋涡振荡器上剧烈振荡1min，室温静置20min，观察试管出现分层现象，上层是十六烷，下层是细胞菌液，用移液管缓慢吸取掉上层液体，取3mL水相测其吸光度。每个实验做3个重复，为了探究降解系统Triton X-100和β-CD对细胞烃黏附性的影响，实验中分别加入这两种物质各1CMC，得到实验结果，并计算出细胞表面疏水性（CHS）。细胞表面疏水性计算式为：

$$CHS=(A_0-A_1)/A_0\times100\%$$

式中，CHS为细胞表面疏水性，%；A_0 为吸光度初始值；A_1 为吸光度实验值。

当CHS在0～30%时，细胞表面具有亲水性；

当CHS在30%～40%时，细胞表面既有亲水性，也有疏水性；

当CHS在40%以上时，细胞表面具有疏水性。

实验现象显示，十六烷的密度比水大，因此，试管中可以观察到，下层澄清透明，上层呈现“乳状”，取下层液体测其吸光度值，得到数据。从表6.3中可知，三组实验的细胞表面疏水性均在0～30%范围内，说明细胞表面具有亲水性，其中与Triton X-100相比，β-CD能够更好地改变细胞的疏水性。

表6.3 细胞的烃黏附性测定结果

组别	A_0	A_1	A_2	A_V	CHS/%
空白组	0.204	0.195	0.190	0.193	5.39
β-CD+菌液组	0.244	0.190	0.193	0.192	21.31
Triton X-100+菌液组	0.200	0.185	0.168	0.177	11.50

细胞表面疏水性值是反应细胞的烃黏附性的重要指标之一。有研究表明，表面活性剂等物质可改变细胞表面的疏水性质[15]，故本研究中的Triton X-100和β-CD能够改变菌株CFP312表面的疏水性质，使其更加具有亲水性。黄英等报道，细胞表面黏附率随着细胞疏水性增大而增大，而细胞表面黏附性越高，越有助于其降解污染物[16]。之前的观察显示，大量碳氢化合物的黏附能力是微生物降解碳氢化合物的特征之一[17]。本研究已经表明菌株CFP312在Triton X-100

或β-CD作用下，增强了细胞的疏水性，即增强对烃的黏附能力。因此，可以类推，Triton X-100和β-CD能够增强菌株CFP312降解菲，可能是因为增强了菌株在菲上的黏附能力。

6.3.2 黏附法检测细胞的烃黏附性

本研究使用DEHP为非水相物质。准备旋转培养器1台，匹配试管若干，烘干备用。NAPL储备液：取1g溶解在1L二氯甲烷中。细胞重选液：取对照、β-CD和Triton X-100系统中，培养48h，菲降解过后的细胞溶液，离心后细胞沉淀在50mmol/L（0.05mol/L）磷酸钾缓冲液（pH=7.2）中洗涤3次。离心后细胞沉淀，再重悬于50mmol/L磷酸钾缓冲液（pH=7.2）中，调节光密度（OD_{600}）为0.6。其中，50mmol/L磷酸钾缓冲液（pH=7.2）配制方法为：71.7mL 0.025mol/L K_2HPO_4 混合28.3mL 0.025mol/L KH_2PO_4[18]。

实验具体操作步骤如下。

① 涂NAPL。在每个试管中加入5mL NAPL储备溶液。将试管在辊式试管架（roller test tube rack）中以24r/min旋转60min，这使得二氯甲烷蒸发，同时每个试管的内表面涂覆有NAPL。对照为内部未吸附NAPL的常规玻璃试管。

② 加样。对照、β-CD和Triton X-100系统中培养过的细胞重悬液（OD_{600}为0.6）以及单独的50mmol/L磷酸钾缓冲液，各取5mL加入到试管中。每个样品至少3个重复。

③ 培养。将所有试管置于辊式试管架中，然后以24r/min旋转3h。该时间段足够长以允许细胞黏附到试管表面，但也足够短以避免可能改变黏附的生长或代谢物产生。

④ 微重选。将试管以最低速度设定涡旋30s，使得沉降在试管底部的任何细胞可以重悬，但黏附细胞留在试管的内表面上。然后有10min的沉降期，这使得从试管表面出来的任何NAPL重新定位，而未黏附的细菌保持悬浮状态。

⑤ 取样。通过将巴斯德吸管的尖端置于弯月面和每个试管底部之间的中间来取出样品。取出约1mL的各样品，测定OD_{600}值，记录数据。

⑥ 计算方法。黏附到NAPL（或对照物中的玻璃）表面的细胞百分比，计算公式：

$$黏附的细胞百分比=\frac{细胞的初始OD_{600}-(细胞的最终OD_{600}-缓冲液的最终OD_{600})}{细胞的初始OD_{600}}$$

为了验证细胞在 DEHP 上的黏附性，使用旋转培养蒸发器测定了细胞在 DEHP 上的黏附性，结果如表 6.4 所示，初始 OD_{600} 均为 0.6 左右，经过 3h 的旋转培养，测定最终 OD_{600} 值并分别计算菲培养的细胞液、菲+β-CD 培养的细胞液以及菲+Triton X-100 培养的细胞液的黏附的细胞百分比（%），结果显示，菲+β-CD 培养的细胞液和菲+Triton X-100 培养的细胞液的黏附的细胞百分比分别为 24.317%和 27.575%，均大于菲培养的细胞液的 7.814%，这表明 β-CD 和 Triton X-100 可以促进细胞在非水相的黏附。

表 6.4 细胞在 DEHP 上的黏附性测定结果

体系	初始 OD_{600}	平均 OD_{600}	黏附的细胞百分比/%
菲培养的细胞液	0.610	0.557	7.814
菲+β-CD 培养的细胞液	0.610	0.457	24.317
菲+Triton X-100 培养的细胞液	0.602	0.431	27.575
不加细胞液的磷酸钾缓冲液	—	0.005	—

实验所用 Triton X-100 和 β-CD 均为 189mg/L，通过测量光密度和比较细胞黏附百分比，跟没有增溶系统的相比，有增溶系统的能够促进细胞在 DEHP 上的吸附，这一结果与 Stelmack 等的相反[19]，这表明细菌 CFP312 本身不易黏附到非水相上，但加入了 Triton X-100 或 β-CD 可以增强细菌在非水相的吸附，这也增强了细菌利用非水相污染物的能力，进而增强生物降解。

6.4 水相-非水相两相中菲的分配

6.4.1 增溶系统对晶体菲的影响

为了探测增溶系统对菲在水相-非水相分配的影响，采用恒定界面面积方法[20]。原始方法是：将粗多孔氧化铝和硅酸盐萃取套管（alundum：Norton Scientific，Wooster，A；i. d. 22mm；高度 70mm）直立放入烧瓶中。圆柱形套管限制了基底-NAPL 混合物的表面积，使得可以测量单一速率常数，并且高表面张力防止 NAPL 从套管中的粗孔泄漏。用 18 号针制成的 8 个大孔位于套管外壁的底部，并且位于水面上方约 1.5cm 处。这些允许在套管的内部和外部交换含有细菌和菲的水。在没有孔的套管的初步实验中，扩散限制了水溶性菲从套管中的转移。

Garcia-Junco 等[21] 改进以后的方法是：从 NAPL 分配的动力学来看，是在含有 100mL 无菌 SWF 培养基和所需量的悬浮固体（黏土和腐殖酸-黏土复合物）和/或生物表面活性剂的 250mL 锥形瓶中测定的。将开口的玻璃管（直径 2cm，长 10cm）垂直放置在每个烧瓶中以持有 NAPL。在管的底部切割四个槽（长 6mm，宽 2mm），以允许在圆筒的内部和外部之间交换水溶液。将 1mL NAPL（DEHP 或 HMN）加入管内水相的表面。由于其密度较低，它仍然漂浮在管内水相的表面上。NAPL 含有 1mg 菲，用于单次分配实验，或 1mg 每种型号 PAH（萘、菲、芴和芘），用于多次分配实验。用 Teflon 衬里的塞子封闭烧瓶并保持在以 80r/min 运转的旋转振荡器上。每隔一段时间，取样玻璃管外的水溶液，并通过直接注入 Waters HPLC 系统（2690 分离模块和 474 扫描荧光检测器）测量水溶液中 PAH 的浓度。

我们实验中的方法是：提前准备 9 个 500mL 三角瓶、MSM 母液、无菌水、EP 管、涂布棒、平板和固 LB，灭菌，置于超净台。实验在 500mL 三角瓶中进行，向瓶中加入 150mL MSM 培养基，再加入 1CMC Triton X-100 或者 β-CD，再加入 1mL OD_{600}＝0.3 的种子液，再放入通心试管（即上下开口的玻璃管，管的底部切割四个槽，以允许在圆筒的内部和外部之间交换水溶液），往试管中加入 2mL DEHP，再加入 0.1g 菲晶体，菲初始浓度为 400mg/L。实验示意图如图 6.4 所示，不加增溶系统的作为对照组，每组进行 3 个平行实验。实验置于 37℃、80r/min 的摇床中进行，每隔一天取出 1mL 液体进行平板涂布，置于 37℃培养箱中培养 24～48h，取出，进行平板计数。

如图 6.5 所示，通过平板计数可知，对照组随着时间的推移细胞菌落数逐渐增加，第 6 天达到最大值，而添加了增溶系统 Triton X-100 和 β-CD 的实验组均在第 4 天到达最大值，后面略有下降，最后趋于稳定，并且细胞菌落数一直大于对照组的，其中 β-CD 组的细胞菌落数尤为明显。这表明 β-CD 或 Triton X-100 能够增强晶体菲在水相-非水相之间的分配，细胞对晶体菲的吸收增加，进而提高了细胞的生长率和生长量。

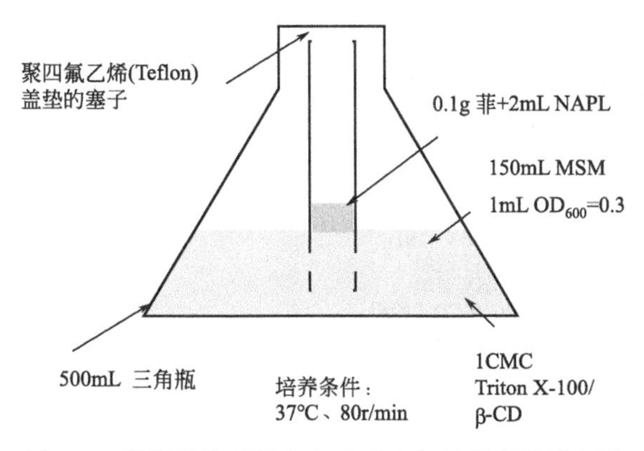

图 6.4 增溶系统对菲在水相-非水相分配实验示意图

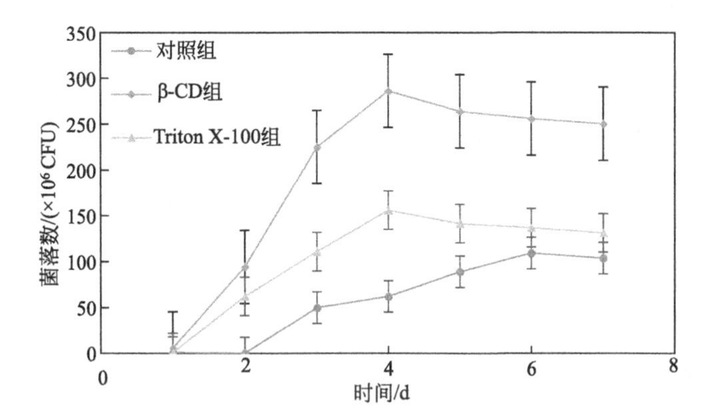

图 6.5 增溶系统对晶体菲在水相-非水相之间的分配影响

6.4.2 增溶系统对溶解在非水相中菲的影响

菲浓度为 400mg/L（非水相实验中菲要事先溶解在非水相中）。Triton X-100 和 β-CD 浓度设计：0mg/L、1/2CMC 94.5 mg/L、CMC 189mg/L、5CMC 945mg/L。温度 37℃，转速 80r/min。

对晶体菲的萃取向水相中分配的影响。实验方法：首先将 1mL（20g/L）菲喷在 250mL 三角瓶底部，然后加入 50mL 上述浓度的表面活性剂溶液，使得瓶中菲初始浓度为 400mg/L，搅拌状态下每隔 3min 取样 1mL，加入到 2mL HPLC 上样瓶中待检测菲浓度。1h 后结束取样。

对溶解在非水相中的菲分配的影响。实验方法：首先在 250mL 三角瓶中加入 50mL 上述浓度的表面活性剂溶液，插入缺口试管，固定好后在其中加入

2mL 已溶解的菲的非水相试剂（其中菲在非水相中的浓度为 10g/L），系统中菲的浓度为 400mg/L。搅拌状态下每隔 3min 取样 1mL，加入到 2mL HPLC 上样瓶中待检测菲浓度。1h 后结束取样。

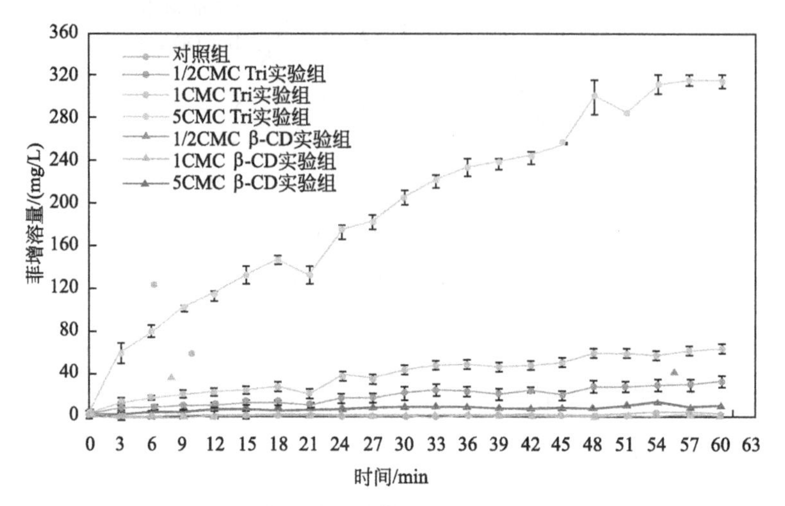

图 6.6 增溶系统对晶体菲在水相中的分配影响

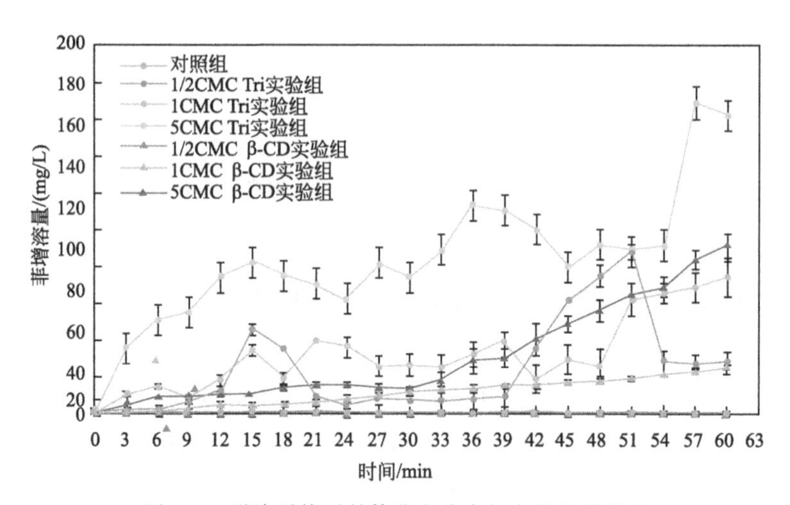

图 6.7 增溶系统对晶体菲在非水相中的分配影响

由图 6.5～图 6.7（图 6.6 和图 6.7 见文前彩图），结合本章所提问题，可知表面活性剂 Triton X-100 确实能促进污染物增溶，但对于细胞活性的增强效果不明显，这与其他人的研究结果类似。Ortega-Calvo 等[22] 发现添加表面活性剂 Alfonic 810-60 增加污染物在水相-非水相的分配速率会抑制污染物的矿化，这与本研究的结果恰恰相反。本研究结果显示，表面活性剂 Triton X-100 可以增强菲的降解效率并且增强效果较好，实验数据还显示 Triton X-100 能够对菲起到较好的增溶效果，并且不会抑制细胞活性。这可以说明表面活性剂 Triton X-100 增强菌株 CFP312 生物降解菲的机理可能是通过增溶菲，提高其生物利用性而增强了降解效果。然而，β-CD 并非如此，从实验数据可知，β-CD 也可以增强菲的降解，促进细胞活性效果明显，但是其增溶效果并不乐观，可见其增强降解的机理并不只是增溶，还可能与烃类黏附性有关[23]。

6.5 降解菌细胞在晶体菲上的吸附与洗脱

6.5.1 浊度法分析降解菌细胞的吸附与洗脱

实验在 250mL 三角瓶中进行。预先准备 10 个三角瓶、MSM 母液以及 1mL 移液管，备用。向每个三角瓶喷菲 1mL，加入 MSM 培养基 50mL，三角瓶菲初始浓度为 400mg/L，再分别加入 1mL $OD_{600}=0.3$ 的种子液。再加入 1CMC Triton X-100 或 β-CD，每个实验瓶做 3 个平行。再放入 37℃、160r/min 摇床中连续培养 4d，每隔 4h 取一次样测其吸光度值。

为了验证细胞在晶体菲上有吸附作用，以及探索 Triton X-100 或 β-CD 对细胞在菲上的吸附有洗脱作用。如图 6.8 所示，与对照组（MSM 培养基洗脱，即自然洗脱）相比，48h 后，Triton X-100 和 β-CD 均对吸附在菲上的细胞具有较强的洗脱效果，这也表明 Triton X-100 和 β-CD 可减少菌群吸附在菲上，降低菲对菌群的毒害作用。

6.5.2 平板涂布法分析降解菌细胞的吸附与洗脱

实验在 100mL 三角瓶和平板中进行。预先准备 9 个三角瓶、MSM 母液、若干平板、固体 LB、涂布棒、烧杯以及 1mL 移液管，灭菌，备用。向每个三角瓶喷菲 0.6mL，加入 MSM 培养基 30mL，三角瓶菲初始浓度为 400mg/L，再分别加入种子液，使得三角瓶中的菌液 $OD_{600}=0.3$。分为 3 种处理，分别是 MSM、添加 1CMC Triton X-100 和添加 1CMC β-CD，每种处理做 3 个平行。所

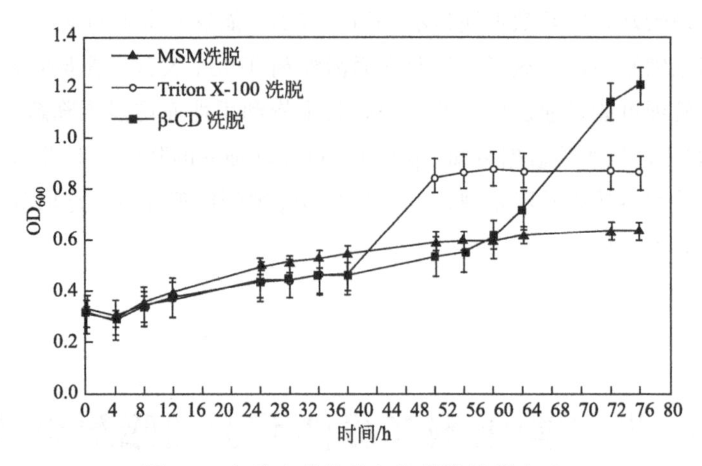

图 6.8　细胞在晶体菲上的吸附-洗脱实验

有三角瓶先放入 37℃摇床中静置培养 48h，然后取出倒掉上清液，每个瓶子加入 5mL MSM 清洗，共清洗两次，再在每个瓶子中加入 10mL MSM 在 25℃、30r/min 摇床中振荡培养，洗脱时间梯度为 15min、30min、60min、90min、120min、180min，根据相应洗脱时间取出进行平板稀释涂布，稀释倍数为 6～10，每个平板涂布 3 个平行，放置在 37℃的培养箱中培养 48h，进行平板计数，记录数据，分析数据。

为了进一步验证 Triton X-100 和 β-CD 对菌株 CFP312 在菲上的吸附洗脱情况，本研究采用平板计数法，看菌株的生长情况，从而反映 Triton X-100 和 β-CD 对细胞在晶体菲上的洗脱效果影响大小（图 6.9）。Triton X-100 和 β-CD 随着时间的增加，均对洗脱产生一定影响，特别是 Triton X-100 促进洗脱效果明显。

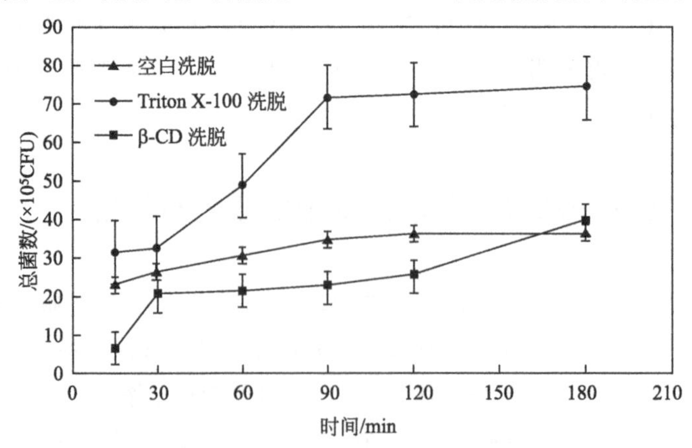

图 6.9　细胞在晶体菲上的洗脱-细胞平板计数实验

实验测定洗脱指标有 OD_{600} 和细胞平板生长菌落数，均可以反映细胞生长情况。通过上述两个洗脱实验可以发现，洗脱成功的关键是 MSM、菲、菌液共存，Triton X-100 和 β-CD 都可对洗脱产生一定影响。这也可能是其能促进菌株 CFP312 快速降解的原因之一。金海微的研究结果显示，Triton X-100 在浓度很高时，达到 500mg/L 以上，能够使菲在土壤中的解析率上升，即促进菲从土壤中洗脱，使其更易被微生物利用并降解[24]。这一结果与本研究有同样的原理。本研究得出 Triton X-100 和 β-CD 能够促进微生物从晶体菲上洗脱，这有利于微生物自由利用菲，因为当菌群都吸附在晶体菲上，菲上会形成一层菌膜而覆盖菲，使得微生物本身无法利用到碳源。将菌群从菲上洗脱下来，提高了菲的生物利用度，增强了菌株 CFP312 降解菲的效率。

研究通过筛选 10 种降解系统：Triton X-114、Triton X-100、Triton X-45、TMN-3、Brij 30、Tween 80、Triton X-114 ∶ Triton X-45 (4 ∶ 1)、Brij 30 ∶ TMN-3 (1 ∶ 1)、β-CD 和 SL，最后得出 Triton X-100、TMN-3、β-CD 和 SL 有助于菌株 CFP312 降解菲，而且可以提高降解率。

通过不同浓度降解系统对菲降解的影响实验和降解系统 CMC 测定实验，选择出 Triton X-100 和 β-CD 进行后续实验验证。且 1CMC 以 Triton X-100 的 CMC=0.189 g/L 为准。

Triton X-100 在 1/2CMC 时对细胞的水溶性碳源利用促进效果最佳，而 β-CD 则在 5CMC 时，对细胞水溶性碳源的利用呈现最佳效果。Triton X-100 和 β-CD 对细胞在液 LB 中生长基本没有影响。

细胞在 NAPL 的黏附性实验显示，Triton X-100 和 β-CD 不仅可以提高细胞烃类黏附性，而且提高了细胞在非水相 DEHP 上的黏附性，进而增强其生物活性。因此，细胞黏附性是 Triton X-100 和 β-CD 促进菌株 CFP312 降解的机理之一。

增溶系统对菲在水相-非水相分配结果显示，表面活性剂 Triton X-100 增强菌株 CFP312 生物降解菲的机理可能是通过对菲的增溶作用，进而提高其生物利用性而增强了降解效果；而 β-CD 增强降解的机理并不是增溶作用而可能与提高烃类黏附性有关。

细胞在晶体菲上的吸附与洗脱实验显示，Triton X-100 和 β-CD 可以促进菌群在晶体菲上洗脱，洗脱作用是 Triton X-100 和 β-CD 促进菌株 CFP312 降解的机理之一，菌群从菲上洗脱可能有利于菌群更加自由地利用碳源进行生长代谢，进而可以快速地降解菲。

参考文献

[1] Li Z，Wang W，Zhu L. Effects of mixed surfactants on the bioaccumulation of polycyclic aromatic hydrocarbons (PAHs) in crops and the bioremediation of contaminated farmlands. Science of The Total Environment，2019，646：1211-1218.

[2] Lu H，Wang W，Li F，Zhu L. Mixed-surfactant-enhanced phytoremediation of PAHs in soil：bioavailability of PAHs and responses of microbial community structure. Science of the Total Environment，2019，653：658-666.

[3] Ortega-Calvo J J，Alexander M. Roles of bacterial attachment and spontaneous partitioning in the biodegradation of naphthalene initially present in nonaqueous-phase liquids. Applied and Environmental Microbiology，1994，60 (7)：2643-2646.

[4] Liang X，Guo C，Liao C，Liu S，Wick L Y，Peng D，Yi X，Lu G，Yin H，Lin Z，Dang Z. Drivers and applications of integrated clean-up technologies for surfactant-enhanced remediation of environments contaminated with polycyclic aromatic hydrocarbons (PAHs). Environmental Pollution，2017，225：129-140.

[5] Fernando Bautista L，Sanz R，Carmen Molina M，Gonzalez N，Sanchez D. Effect of different non-ionic surfactants on the biodegradation of PAHs by diverse aerobic bacteria. International Biodeterioration & Biodegradation，2009，63 (7)：913-922.

[6] Kim H S，Weber W J J. Preferential surfactant utilization by a PAH-degrading strain：effects on micellar solubilization phenomena. Environmental Science & Technology，2003，37 (16)：3574-3580.

[7] Jang S A，Lee D S，Lee M W，Woo S H. Toxicity of phenanthrene dissolved in nonionic surfactant solutions to *Pseudomonas putida* P2. FEMS Microbiology Letters，2007，267 (2)：194-199.

[8] Kim Y H，Freeman J P，Moody J D，Engesser K H，Cerniglia C E. Effects of pH on the degradation of phenanthrene and pyrene by *Mycobacterium vanbaalenii* PYR-1. Applied Microbiology and Biotechnology，2005，67 (2)：275-285.

[9] Avramova T，Sotirova A，Galabova D，Karpenko E. Effect of Triton X-100 and rhamnolipid PS-17 on the mineralization of phenanthrene by *Pseudomonas* sp. cells. International Biodeterioration & Biodegradation，2008，62 (4)：415-420.

[10] 姬宇. 沉积物中PAHs的非离子表面活性剂增溶效应及其对生物降解过程的影响研究. 重庆：重庆大学，2014.

[11] 丁莹，袁兴中，曾光明，刘智峰，钟华，王静. 表面活性剂对热带假丝酵母降解苯酚的影响. 环境科学，2010，31 (04)：1047-1052.

[12] 王立红，丁克强，刘廷凤，杨凤，郭光. 芘和苯并 [*a*] 芘复合污染土壤中的环糊精-微生物连续修复. 环境工程学报，2017，11 (06)：3813-3822.

[13] Cuypers C，Pancras T，Grotenhuis T，Rulkens W. The estimation of PAH bioavailability in contaminated sediments using hydroxypropyl-β-cyclodextrin and Triton X-100 extraction techniques. Chemosphere，2002，46 (8)：1235-1245.

[14] Cecotti M, Coppotelli B M, Mora V C, Viera M, Morelli I S. Efficiency of surfactant-enhanced bioremediation of aged polycyclic aromatic hydrocarbon-contaminated soil: link with bioavailability and the dynamics of the bacterial community. Science of the Total Environment, 2018, 634: 224-234.
[15] Magnusson K E, Stendahl O, Stjernström I, Edebo L. The effect of colostrum and colostral antibody SIgA on the physico-chemical properties and phagocytosis of Escherichia coli o86. Acta Pathologica Et Microbiologica Scandinavica. Section B, Microbiology, 1978, 86 (2): 113-120.
[16] 黄英，马挺，顾晓波，俞海青，梁凤来，刘如林. 脂肽类生物表面活性剂对细菌表面亲疏水性和粘附性的影响. 南开大学学报（自然科学版），2006，(05)：74-78.
[17] Kennedy R S, Finnerty W R. Microbial assimilation of hydrocarbons. Archives of Microbiology, 1975, 102 (1): 85-90.
[18] Rosenberg M. Bacterial adherence to hydrocarbons: a useful technique for studying cell surface hydrophobicity. FEMS Microbiology Letters, 1984, 22 (3): 289-295.
[19] Stelmack P L, Gray M R, Pickard M A. Bacterial adhesion to soil contaminants in the presence of surfactants. Appl. Environ. Microbiol., 1999, 65 (1): 163-168.
[20] Efroymson R A, Alexander M. Role of partitioning in biodegradation of phenanthrene dissolved in nonaqueous-phase liquids. Environmental Science & Technology, 1994, 28 (6): 1172-1179.
[21] Garcia-Junco M, Gomez-Lahoz C, Niqui-Arroyo J L, Ortega-Calvo J J. Biosurfactant-and biodegradation-enhanced partitioning of polycyclic aromatic hydrocarbons from nonaqueous-phase liquids. Environmental Science & Technology, 2003, 37 (13): 2988-2996.
[22] Ortega-Calvo J J, Birman I, Alexander M. Effect of varying the rate of partitioning of phenanthrene in nonaqueous-phase liquids on biodegradation in soil slurries. Environmental Science & Technology, 1995, 29 (9): 2222-2225.
[23] Ortega-Calvo J J, Saiz-Jimenez C. Effect of humic fractions and clay on biodegradation of phenanthrene by a *Pseudomonas fluorescens* strain isolated from soil. Applied and Environmental Microbiology, 1998, 64 (8): 3123-3126.
[24] 金海微. 表面活性剂对菲土壤-水界面分配行为及微生物降解的影响. 杭州：浙江大学，2013.

第7章

浊点系统中多环芳烃的微生物降解

非离子表面活性剂溶液不同于离子型表面活性剂溶液的特征之一，就是达到一定温度或有添加物存在的情况下，溶液自动分相而形成低表面活性剂浓度的稀相（dilute phase）和高表面活性剂浓度的凝聚层相（coacervate phase）。一般稀相中表面活性剂的浓度高于或与临界胶束浓度一致。溶液分相时的温度称为浊点，该系统称为浊点系统（cloud point system，CPS）[1]。

浊点萃取（cloud point extraction，CPE）技术是基于非离子表面活性剂溶液所特有的分相性质[2]。这一技术也被 Bordier 成功地引入到生物物质分离的应用中[3]。同时 CPE 也已广泛应用于分析类化学、分离科学等领域。CPS 不但具有分相平衡快、能耗少等优点，且反应条件温和、环境友好。随着生物科学的发展和人们对环境、能源问题的重视程度不断提高，CPS 越来越受到人们的重视[4]。有研究表明，CPS 中凝聚层相的表面活性剂对疏水性物质的增溶能力明显高于表面活性剂的胶束溶液[5-7]。

7.1 多环芳烃在浊点系统中的分配规律

7.1.1 菲在 Brij 30 + TMN-3（1：1）水溶液的分配规律

非离子表面活性剂［Brij 30＋TMN-3(1：1)］水溶液在 5g/L 浓度下的分相不是很清晰。因此，选用 5g/L 以下的非离子表面活性剂水溶液来代替浊点系统的稀相进行一系列的实验研究。

当表面活性剂浓度超过 5g/L 时，会出现分相现象，即凝聚层相会与稀相分离，因此选择浓度梯度为 0、0.1g/L、0.5g/L、2.5g/L 和 5g/L 这五个不同表面活性剂梯度的水溶液对有机物菲进行了增溶实验，得出有机物菲在浊点系统中的分配规律，如图 7.1 所示。

当非离子表面活性剂水溶液不分相时，菲全部增溶在水相，水相的菲浓度较高。当形成浊点系统时，菲主要分配在凝聚层相，因此稀相含量较低。

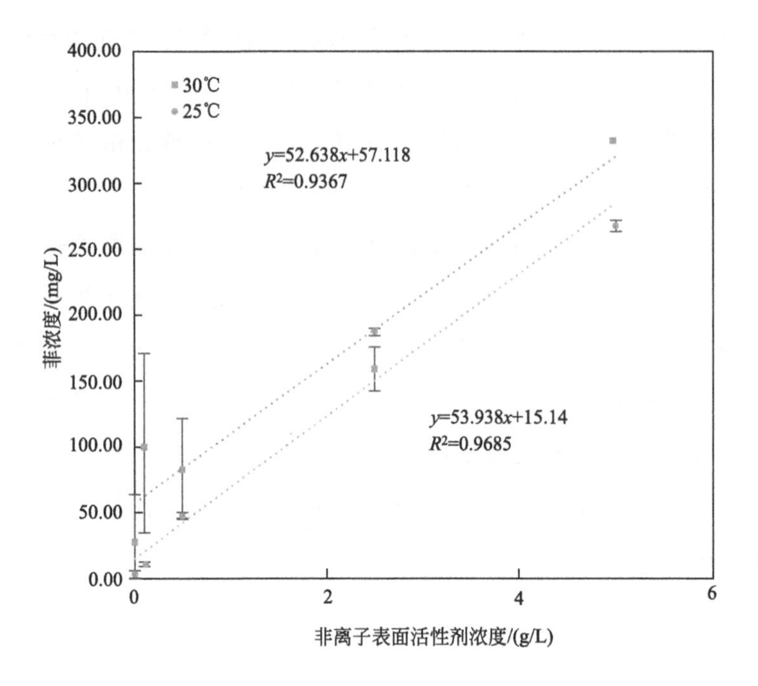

图 7.1　菲在 Brij 30＋TMN-3(1∶1) 水溶液的分配规律

7.1.2　萘在 Brij 30＋TMN-3（1∶1）水溶液的分配规律

实验中发现非离子表面活性剂［Brij 30＋TMN-3(1∶1)］水溶液在 5g/L 浓度下的分相不是很清晰。因此，选用 5g/L 以下的非离子表面活性剂水溶液来代替浊点系统的稀相进行一系列的实验研究。

由于有机物萘 lg$P$ 值与菲非常接近，且两种有机物的分子结构只相差一个苯环，因此二者在不同浓度非离子表面活性剂水溶液中的溶解也较为相近。同样地选择浓度梯度为 0、0.1g/L、0.5g/L、2.5g/L 和 5g/L 的表面活性剂的水溶液对有机物萘进行增溶实验，得出有机物萘在浊点系统中的分配规律，如图 7.2 所示。

当非离子表面活性剂水溶液不分相时，萘全部增溶在水相，水相的萘浓度较高。形成浊点系统时，萘主要分配在凝聚层相，因此稀相含量较低。

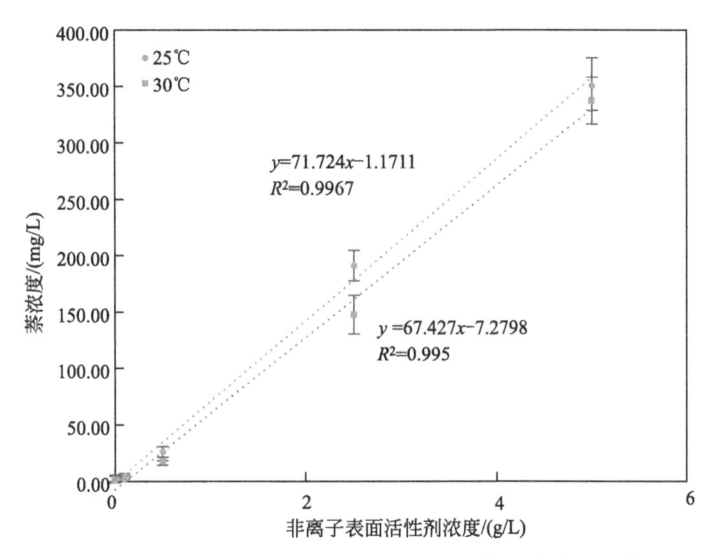

图 7.2 萘在 Brij 30＋TMN-3(1∶1) 水溶液的分配规律

7.2 浊点系统中菲的微生物降解

浊点系统是一种两相系统，由表面活性剂浓度较低的稀相和富含表面活性剂的凝聚层相组成。浊点系统作为一种新型的两相分配系统，可广泛应用于萃取微生物转化及生物脱色等方面[8-10]。在多环芳烃的生物降解中，这类疏水性有机化合物在浊点系统中的生物利用度也将大大提高。

因而可通过测量绘制多环芳烃降解菌的生长曲线以及污染物的降解曲线，进而利用 Monod 方程，通过曲线拟合，计算出细胞生长速率、最大生长速率等数据。从而得到浊点和对照系统中的可直接利用的底物浓度，进而算出污染物在浊点系统中的生物利用度。

7.2.1 降解系统的筛选

如图 7.3 所示，本实验选用了几种较为常见的非离子表面活性剂，其浓度均

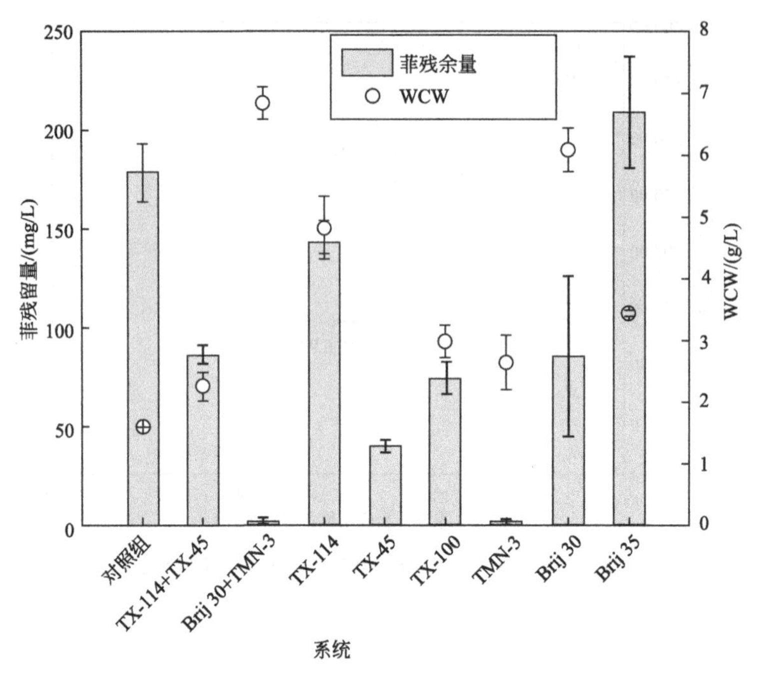

图 7.3　降解系统的筛选

为 40g/L，用鞘氨醇单胞菌来进行菲的萃取微生物降解，通过对各类表面活性剂系统的菌湿重及降解力进行检测分析，进而选择出生物相容性和降解能力最好的表面活性剂系统。

在连续摇瓶培养 72h 后，测定培养液中的细胞湿重（WCW）和剩余菲的含量。对于 TX-45 系统，培养液太过黏稠，通过 16000r/min 离心 30min 也很难获得细胞湿重（因此舍弃该系统）。任何加了表面活性剂的系统（除 TX-45 系统）的细胞湿重均高于对照组的细胞湿重，这表明所选非离子表面活性剂均维持了较好的鞘氨醇单胞菌的生物相容性。由于菲的生物相容性受不同的非离子表面活性剂系统的影响，所以菲的降解性（率）也受到其显著影响。胶束（表面活性剂 Brij 35、Brij 30 和 TX-100）、分散相（表面活性剂 TX-45）和两相分配系统（表面活性剂 TX-114 和 TX-114＋TX-45）中均有较多菲剩余（浓度在 40mg/L 以上）。表面活性剂 TMN-3 系统和表面活性剂 Brij 30＋TMN-3 系统的水溶液（培养液）中残余的菲含量相对较低（浓度在 3mg/L 以下）。表面活性剂 TMN-3 系统中的细胞湿重少于表面活性剂 Brij 30＋TMN-3 系统中的细胞湿重，这表明 Brij 30＋TMN-3 的生物相容性更高。表面活性剂 Brij 30＋TMN-3 系统是非离子表面活性剂与水溶液的混合物组成的浊点系统。各系统与对照组相比，只有

40g/L 的 Brij 30＋TMN-3(1∶1) 混合物组成的浊点系统满足萃取生物降解并有较大的细胞量增加，体现了最好的生物相容性。因此选用表面活性剂 Brij 30＋TMN-3(1∶1) 系统作为后续实验的实验组。

7.2.2 接种量的影响

如图 7.4 所示，本实验选用了几种不同浓度梯度的接种量，本实验接种量表示接种后培养瓶中的菌浓度，以 OD_{600} 值表示，用鞘氨醇单胞菌来进行菲的萃取微生物降解，通过对各浓度梯度系统的菌湿重及降解力进行检测分析，进而选择出生物相容性及降解能力最好的最佳接种量浓度。

经连续摇瓶培养 72h 后，测定培养液中的细胞湿重和剩余菲的含量。经对比对照组细胞湿重及降解率均不及各实验组。当接种量 OD_{600} 值超过 0.1*A* 时，接种量对菌湿重及菲的降解率影响不大。根据菌种筛选者的建议，接种量在 0.3*A* 为最佳，因此选用 0.3*A* 的浓度为后续实验的接种量。

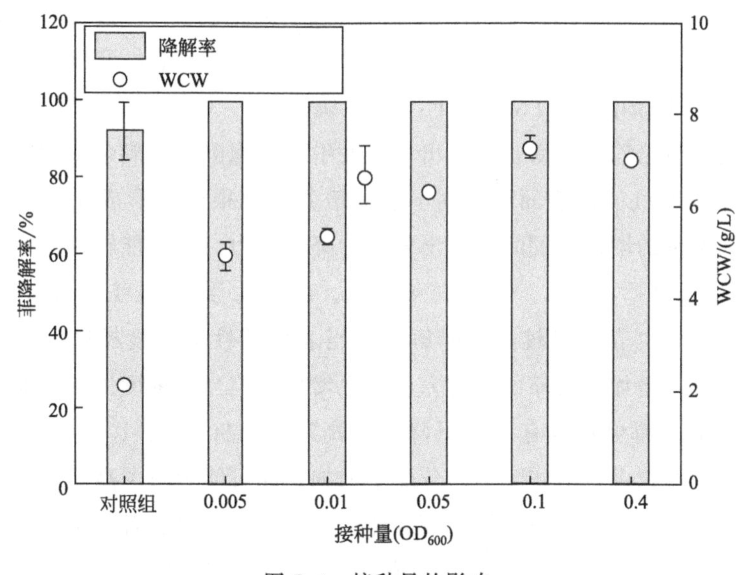

图 7.4 接种量的影响

7.2.3 表面活性剂浓度的影响

如图 7.5 所示，本实验选用了几个不同浓度梯度的表面活性剂 Brij 30＋

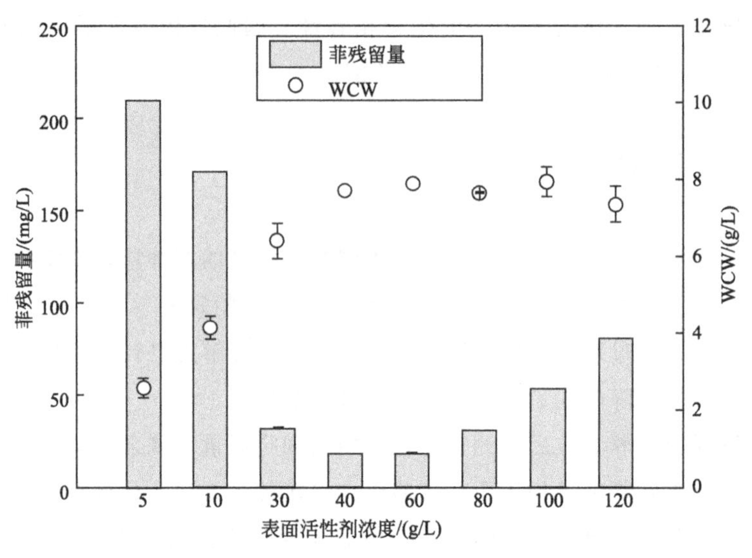

图 7.5　表面活性剂浓度的影响

TMN-3(1∶1) 系统，用降解菌来进行菲的萃取微生物降解，通过对各浓度梯度系统的菌湿重及降解力进行检测分析，进而选择出生物相容性和降解能力最好的最佳表面活性剂 Brij 30＋TMN-3(1∶1) 系统浓度。

经连续摇瓶培养 72h 后，检测出培养液中的细胞湿重和剩余菲的含量。低浓度（5g/L 及 10g/L）的表面活性剂不能在培养液中很好地形成浊点系统，较大地影响了菌湿重的增加，同时表现出较差的降解能力。对于能够较好地形成浊点的各系统（30g/L、40g/L、60g/L、80g/L、100g/L 及 120g/L)，均有较为明显的菌湿重增加，也表现出较高的降解率。当表面活性剂浓度梯度增加到 60g/L 时，菌湿重随之增加，对菲的降解力也随之增加，但当其浓度进一步增加时菲的降解反而下降，菌湿重也有一定下降。在高浓度（80g/L、100g/L 及 120g/L）培养液的凝聚层相中，检测到菲的分配量增加，这可能导致了高表面活性剂浓度时菲的残留量也高。各表面活性剂浓度梯度中，40g/L 的表面活性剂浓度系统中菌湿重增加量最大，菲残余量最少，体现了最好的生物相容性。选用 40g/L 的表面活性剂浓度作为后续实验的实验组。

7.2.4　菲浓度的影响

如图 7.6 所示，本实验选用了几个不同浓度梯度的底物（菲）浓度，用鞘氨

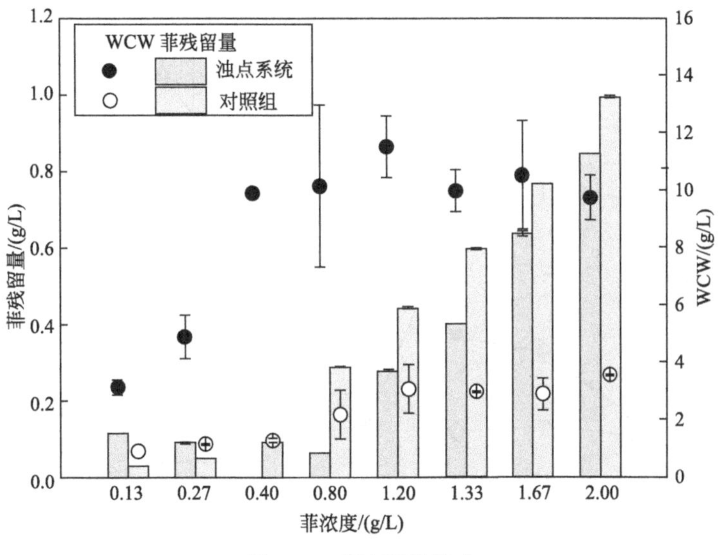

图 7.6　菲浓度的影响

醇单胞菌来进行菲的萃取微生物降解，通过对各浓度梯度的对照组及实验组的菌湿重及降解力进行检测，进而选择出生物相容性和降解能力较好，且实验周期操作灵活性最适宜的最佳菲浓度。

经连续摇瓶培养 72h 后，检测出培养液中的细胞湿重和剩余菲的含量。菲浓度在 0.13g/L 及 0.27g/L 时，实验组与对照组相比，更多的菲集中在凝聚层相，这可能导致了菲在浊点系统中的降解率低于对照组。当菲的浓度超过 0.40g/L 时，菲在浊点系统中的降解均比对照高。在任何情况下，浊点系统中的细胞湿重都比对照高，即实验组的整体生物利用度均高于对照组。在菲的浓度为 0.40g/L 时，实验组中的菲被降解彻底，菌湿重也维持了一个较好的数值，体现了最好的生物相容性。选用 0.40g/L 的菲浓度作为后续实验的底物浓度。

7.2.5　浊点系统中菲萃取微生物降解的细胞生长曲线和降解率

如图 7.7 所示，本实验根据上文一系列的筛选试验分别得出最佳表面活性剂系统为 Brij 30＋TMN-3(1∶1) 系统；最佳接种量浓度为 0.3A；最佳表面活性剂 Brij 30＋TMN-3(1∶1) 系统浓度为 40g/L；最佳底物（菲）浓度为 0.40g/L。在此条件下，用鞘氨醇单胞菌来进行菲的萃取微生物降解，通过对对照组及实验组的菌湿重及降解力进行检测，进而绘制其生长曲线及降解率曲线。

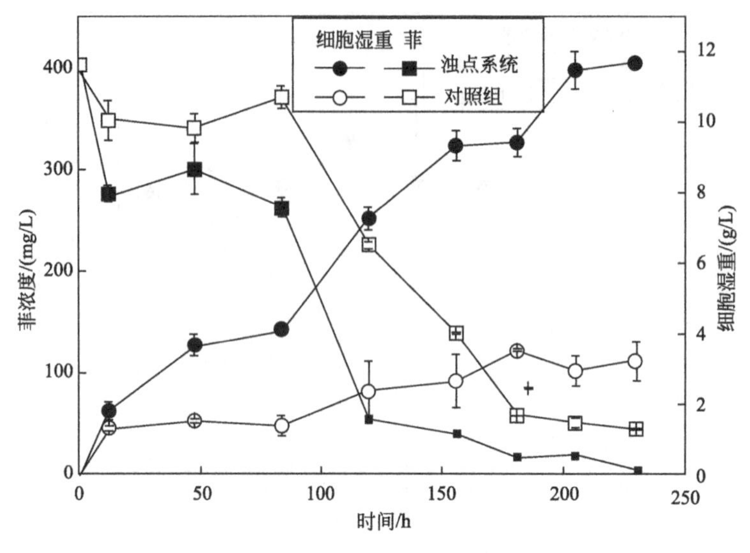

图 7.7 细胞生长曲线和降解率

经连续摇瓶培养近 230h 后，检测出培养液中的细胞湿重和剩余菲的含量。浊点系统中细胞的生长与对照组水溶液中细胞的生长趋势相似。细胞培养 160h 后，细胞生长进入稳定期。在浊点系统中的菲残留量比对照组低，这表明浊点系统中萃取生物降解减少了菲对细胞的毒性，进一步证明前文对 Brij 30＋TMN-3(1∶1) 系统高生物相容性判断的正确性。相较于对照组而言，实验组拥有更多的菌湿重和更高的降解率，并且在浊点系统中延长培养时间可将菲的降解维持在较高的水平。

7.3 表面活性剂和细胞的回收再利用

本研究主要探究降解菌细胞在浊点系统中重复利用来降解菲的组合方案，以探索出在浊点系统中重复利用鞘氨醇单胞菌持续降解菲的最佳修复方案。主要测试了四种重复利用方案，分别是：a. 细胞和 CPS 循环利用；b. 细胞和凝聚层相循环利用；c. 细胞单独重复利用；d. 组合重复利用方案。

7.3.1 浊点系统中细胞对菲的代谢情况

实验分别进行了在浊点系统中的生物降解和在对照系统即不含表面活性剂中的生物降解。菲的降解实验条件为置于含有 30mL MSM 的 150mL 三角瓶中，30℃、160r/min，摇床中振荡培养 5 天。然后，4℃和 8000r/min 离心收集。细胞对菲的代谢及其在含有浊点系统和对照系统中代谢物的分布如图 7.8 所示（见文前彩图）。

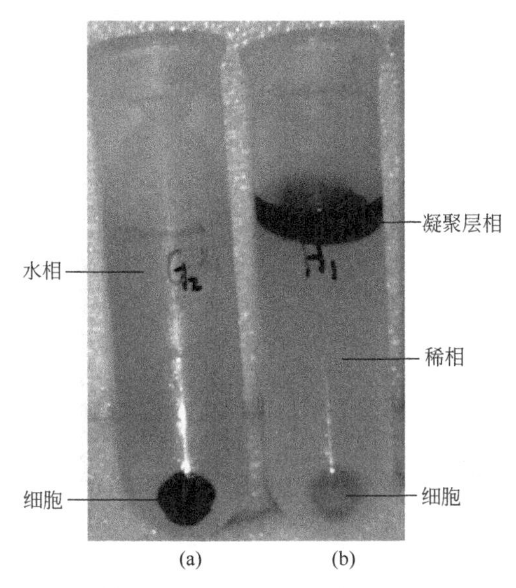

图 7.8　在浊点系统中细胞降解菲的代谢产物

(a) 对照系统；(b) 浊点系统

如图 7.8(a) 所示，在对照系统中，大部分色素（细胞代谢产物）吸附在细胞上，很少有代谢物残留在水相中。然而，图 7.8(b) 显示，细胞中的色素提取到了凝聚层相中，使得细胞颜色变浅，稀相呈现无色。

在之前的研究中，我们报道了在浊点系统中细胞对 PAHs 的萃取生物降解。作为底物的缓冲池，浊点系统的凝聚层相可以提高底物的生物利用性，因为浊点系统通过持续释放底物来防止底物对细菌的抑制[11]。在当前的研究中，首次发现在生物降解中去除了产物抑制作用，因为浊点系统从细胞中提取有毒代谢物到凝聚层相（如图 7.8）。虽然在生物转化中，有一些研究报道凝聚层相可充当产品的储库以减轻其反馈抑制[12]。然而，据我们所知，在生物降解中没有相关报道。

7.3.2 细胞生长时间对生物降解的影响

降解菌在含有 30mL MSM 的 150mL 三角瓶中，置于 30℃、160r/min 摇床中振荡培养。细胞在分别培养 4h、10h、18h、24h 和 48h 后收集，然后加入到含有浊点系统的培养基中生物降解菲持续 5 天。细胞生长时间对菲在浊点系统中生物降解 5 天的影响（如图 7.9 所示）。

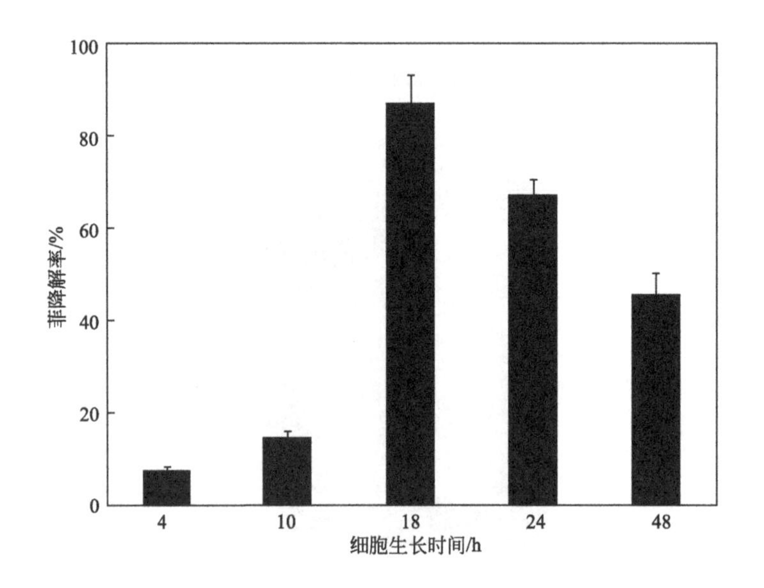

图 7.9 细胞生长时间对生物降解的影响

菲的生物降解率代表了不同生长阶段细胞的代谢活动。在停滞阶段（4h）和早期对数生长阶段（10h），细胞降解了极少量的菲。随着细胞培养时间的增加，更多的菲被降解，这表明细胞代谢活动逐渐增强。18h 的细胞生长时间是菲降解率的分水岭，此时降解率达到最高，此后降解率逐渐降低。

实验测试了在不同生长阶段接种于浊点系统中的细胞对菲的降解反应。年轻细胞处于旺盛生长期，但几乎不能降解菲（如图 7.9），因为它们脆弱的细胞膜对表面活性剂更为敏感[13]。由于衰老、自溶和细胞内酶释放，较老的细胞在菲的降解中也是非常低效的[14,15]。在 18h 收获的细胞显示出最佳的降解率，表明它们此时具有较好的细胞活力。这也解释了为什么在多环芳烃的大多数生物降解实验中，用于接种的细胞不能在静止期以下培养[16]。

7.3.3 细胞和浊点系统的重复利用

在细胞和浊点系统重复利用（reuse of cells plus CPS）实验中，细胞和浊点系统重复利用5次，持续生物降解菲（如图7.10）。每隔一天添加一次400mg/L菲，不更换细胞和浊点系统。

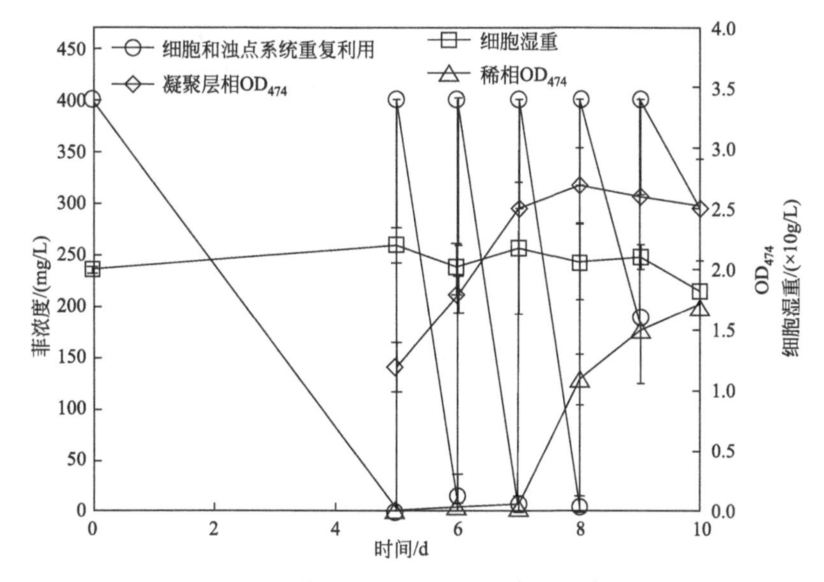

图7.10 重复利用细胞与浊点系统生物降解菲

由图7.10可知，从LB培养基获得的细胞最初需要5d以适应降解环境。随后，在1d内，每轮添加的菲可被降解超过90%。这种高降解率保持了三个重复使用周期。然后，细胞的代谢能力开始下降，降解率低于50%。并且，在前四轮降解的过程中，浊点系统中凝聚层相的颜色随着OD_{474}的增加而逐渐增加，而稀相的颜色几乎没有变化。在随后的两轮降解中，凝聚层相的吸光度保持不变，而稀相的吸光度开始急剧上升。在整个重复利用实验期间，细胞量除前5d的小幅增加外，总量基本保持不变。

为了利用菲的细胞降解潜力，本研究测试了浊点系统中各种对细胞的连续重复利用方法。通常使用静息细胞来降解污染物[17]。对于重复使用的细胞和浊点系统，几乎恒定的细胞含量表明在此过程中细胞进入静息状态（如图7.10），这是氮源等其他营养物质的消耗造成的[18]。限制氮源的供应是制造静息细胞的常用方法[19]。在细胞和浊点系统的重复利用中，保持静止状态的细胞在菲的降解中更有效（降解只需 1d）。为了重复使用细胞和浊点系统，经过三轮重复利用，相对于累积了代谢物的凝聚层的提取已经饱和，而更多的代谢物保留在细胞中。因此，最后两轮细胞代谢活动受到很大影响，菲的降解率大大降低。

7.3.4 细胞和凝聚层相的重复利用

在细胞和凝聚层相重复利用（reuse of cells and Co）实验中细胞和凝聚层相重复利用三次，持续生物降解菲（如图 7.11）。浊点系统的稀相和 400mg/L 菲每隔 5 天更换一次。

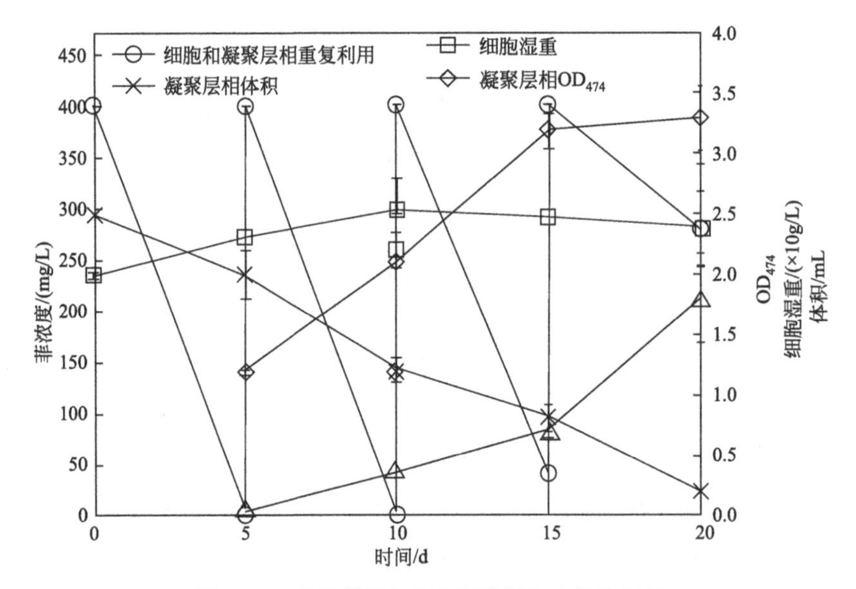

图 7.11 重复利用细胞和凝聚层相生物降解菲

对于细胞和凝聚层相重复利用，每轮的降解周期多达 5d。更不幸的是，细胞的降解活性仅重复使用两次，活性大大减少了。最明显的变化是凝聚层相的体积，在重复使用三次后，从最初的 2mL 降至仅 0.2mL。这是由细胞降解产生的大量次级代谢物保留在稀相中导致的。这也能从凝聚层相中的吸光度下降而稀相中的吸光度急剧上升中反映出来。同时，新鲜 MSM 培养基的添加，没有继续增加细胞数量，反而在两轮后细胞数量呈现下降趋势。

在细胞和凝聚层相重复利用实验中（如图 7.11），由于氮源释放不受限制，所以细胞显著生长而不能保持静止状态。又由于细胞对于替换的新鲜 MSM 培养基需要时间来适应，故细胞活性下降和降解效率下降。在图 7.11 中，用碳源以外的营养素替代稀相辅助细胞生长。尽管凝聚层相替代稀相减轻了细胞毒性效应，但因为细胞和凝聚层相重复利用中的代谢物残留，故而观察到凝聚相的体积迅速下降。浊点系统形成于水溶液中非离子表面活性剂的相分离[20]。每次一旦稀释阶段被 MSM 培养基取代，根据相分离原理，凝聚层相的一部分表面活性剂就会进入到 MSM 中，这与笔者以前的工作中，二苯醚生物降解中的凝聚层相再利用相似[21]。在三轮使用之后，凝聚层相的体积可以忽略不计。凝聚层相对于代谢物的溶解能力也被最小化，最终影响了细胞对菲的代谢。

7.3.5 细胞的重复利用

细胞单独重复利用（reuse of cells）实验如图 7.12 所示，细胞单独重复利用降解菲。细胞 5 天回收一次，并将其添加到新鲜浊点系统（含有 400mg/L 菲）中。在每轮中，重复利用细胞连续降解菲。

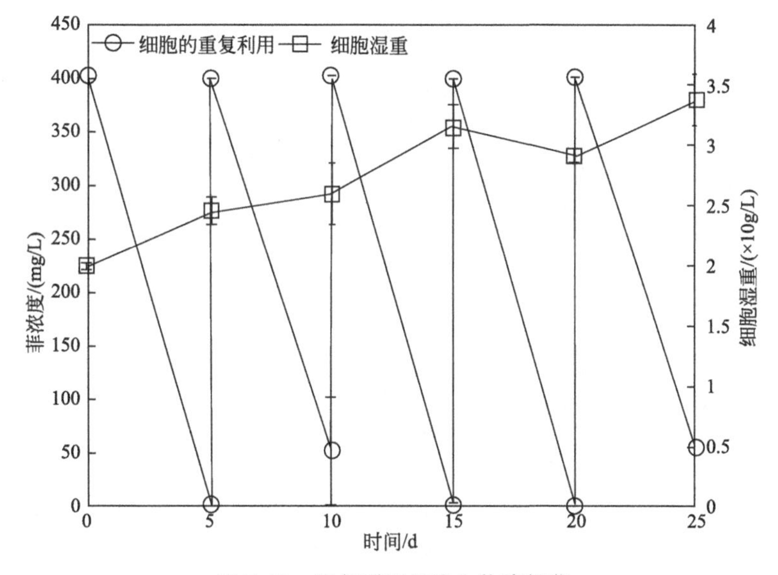

图 7.12　重复利用细胞生物降解菲

凝聚层相的体积和两相的 OD_{474} 吸光度几乎没有变化，因为每次都更换培养系统（日期未显示）。与细胞和凝聚层的再利用相似，细胞也需要至少 5d 才能达到超过 90％的降解率。值得庆幸的是，细胞在每轮降解后还能保持稳定生长，并在五轮后保持稳定的菲降解能力。

图 7.12 显示，仅细胞重复使用的情况，这也是大多数细胞再循环研究中使用的方法[22]。作为每次更换 MSM 和表面活性剂的新浊点系统，每个循环的两个阶段中代谢物的分布没有显著变化，并且细胞不断生长。这表明单独重复使用细胞（图 7.12）比细胞与浊点系统重复使用（图 7.10）和细胞与凝聚层相重复使用（图 7.11）更有效地保持了细胞的活力。Kirimura 等甚至用过菌株 *Sphingomonas* CDH-7 降解咔唑超过九轮重复利用[23]。

7.3.6 细胞与浊点系统重复利用的方案组合

细胞重复利用方案组合（combination of cell reuse solutions）实验基于以上三种重复利用方案的优点和缺点，将浊点系统和细胞进行组合，细胞和浊点系统重复利用三轮和细胞重复利用一轮形成组合，这一组合循环四次，如图 7.13 所示。

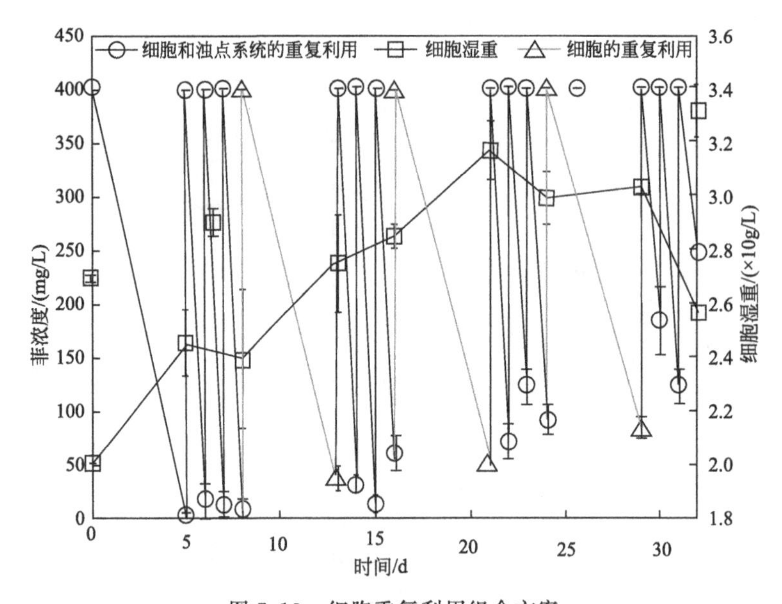

图 7.13 细胞重复利用组合方案

对于图 7.13 所示的细胞和降解系统重复利用，细胞代谢能力在四轮之后下降了。为了避免这种情况，在每个循环中重复利用细胞加浊点系统仅在该联合重复利用实验中进行三次。在每轮循环中，在三次重复利用细胞和浊点系统之后，使用的浊点系统将用新的浊点系统替换，仅细胞将继续重复使用。在第一次和第二次循环中，细胞对菲的持续降解仍高于 90%。同时，每次用新替换的培养基也观察到明显的细胞生长。然而，细胞的数量和代谢活性从第三个周期开始下降。特别是在第四个周期，细胞碎片形成的丝状物质已经能在溶液中清晰可见。在实验结束时，菲的降解率已降至50%以下。

研究采用三次细胞加浊点系统重复利用以及仅细胞重复使用的组合方法，并进行四次循环（如图7.13）。细胞和浊点系统的三轮再利用提高了细胞利用率和菲降解效率。并且，代谢物的增加对细胞活力的影响在细胞单独使用的后续轮次得到减轻。直到第三个循环，培养基中的可见细胞碎片表明细胞已老化并自溶，进而导致随后菲的未完全降解[24]。研究显示，浊点系统中的萃取生物降解是PAHs污染控制的有效修复方法之一。

在浊点系统中的萃取生物降解为多环芳烃的污染控制提供了有用的策略。细胞在浊点系统中保留了生物活性，使其具有再循环的可能性（图7.8）。测试了3个重复利用方案，即细胞加浊点系统重复利用（图7.10），细胞加凝聚层相重复利用（图7.11）和单独细胞重复利用（图7.12）。最后，测试了由重复利用三轮细胞加浊点系统和重复利用一轮细胞组成的组合再利用方案（图7.13）。结果表明，组合重复利用方案使得生物降解效率最大化，并在未来的实际应用中提供了节省时间和成本的可能性。

参考文献

[1] Quina F H, Hinze W L. Surfactant-mediated cloud point extractions: an environmentally benign alternative separation approach. Industrial & Engineering Chemistry Research, 1999, 38 (11): 4150-4168.

[2] Ferrer R, Beltran J L, Guiteras J. Use of cloud point extraction methodology for the determination of PAHs priority pollutants in water samples by high-performance liquid chromatography with fluorescence detection and wavelength programming. Analytica Chimica Acta, 1996, 330 (2/3): 199-206.

[3] Bordier C. Phase separation of integral membrane proteins in Triton X-114 solution. Journal of Biological Chemistry, 1981, 256 (4): 1604-1607.

[4] 潘涛. 三苯基甲烷染料的微生物脱色. 北京：化学工业出版社，2020.

[5] 施周，罗栋林，何小路. 表面活性剂对疏水有机污染物的增溶研究. 南华大学学报（自然科学版），2004，(03)：7-11.

[6] 梁生康，王修林，单宝田. 生物表面活性剂强化疏水性有机污染物生物降解研究进展. 化工环保，2005，(04)：276-280.

[7] 潘涛，余水静，邓扬悟，董伟. 应用表面活性剂强化环境有机污染物生物降解的研究进

展. 江西理工大学学报，2015，36（01）：1-6，11.
[8] Wang Z，Wang L，Xu J H，Bao D，Qi H. Enzymatic hydrolysis of penicillin G to 6-aminopenicillanic acid in cloud point system with discrete countercurrent experiment. Enzyme and Microbial Technology，2007，41（1/2）：121-126.
[9] Pan T，Wang Z，Xu J H，Wu Z，Qi H. Extractive fermentation in cloud point system for lipase production by *Serratia marcescens* ECU1010. Appl Microbiol Biotechnol，2010，85（6）：1789-1796.
[10] Pan T，Ren S，Xu M，Sun G，Guo J. Extractive biodecolorization of triphenylmethane dyes in cloud point system by *Aeromonas hydrophila* DN322p. Appl. Microbiol Biotechnol，2013，97（13）：6051-6055.
[11] Pan T，Liu C，Zeng X，Xin Q，Xu M，Deng Y，Dong W. Biotoxicity and bioavailability of hydrophobic organic compounds solubilized in nonionic surfactant micelle phase and cloud point system. Environmental Science and Pollution Research，2017，24（17）：14795-14801.
[12] Wang Z，Xu J H，Chen D. Whole cell microbial transformation in cloud point system. Journal of Industrial Microbiology & Biotechnology，2008，35（7）：645-656.
[13] Zhang D，Zhu L，Li F. Influences and mechanisms of surfactants on pyrene biodegradation based on interactions of surfactant with a *Klebsiella oxytoca* strain. Bioresource Technology，2013，142：454-461.
[14] Ventura-Camargo B de C，de Angelis D de F，Marin-Morales M A. Assessment of the cytotoxic，genotoxic and mutagenic effects of the commercial black dye in *Allium cepa* cells before and after bacterial biodegradation treatment. Chemosphere，2016，161：325-332.
[15] Ghosal D，Ghosh S，Dutta T K，Ahn Y. Current state of knowledge in microbial degradation of polycyclic aromatic hydrocarbons（PAHs）：a review. Frontiers in Microbiology，2016，7：1369.
[16] Rabodonirina S，Rasolomampianina R，Krier F，Drider D，Merhaby D，Net S，Ouddane B. Degradation of fluorene and phenanthrene in PAHs-contaminated soil using *Pseudomonas* and *Bacillus* strains isolated from oil spill sites. Journal of Environmental Management，2018，232：1-7.
[17] Jia X，Wen J P，Sun Z P，Caiyin Q G，Xie S P. Modeling of DBT biodegradation behaviors by resting cells of *Gordonia* sp. WQ-01 and its mutant in oil-water dispersions. Chemical Engineering Science，2006，61（6）：1987-2000.
[18] Acedos M G，Ramon A，de la Morena S，Santos V E，Garcia-Ochoa F. Isobutanol production by a recombinant biocatalyst Shimwellia blattae（p424IbPSO）：study of the operational conditions. Biochemical Engineering Journal，2018，133：21-27.
[19] Wang B，Zhang X，Wu Z，Wang Z. Biosynthesis of *Monascus* pigments by resting cell submerged culture in nonionic surfactant micelle aqueous solution. Applied Microbiology and Biotechnology，2016，100（16）：7083-7089.
[20] Racheva R，Rahlf A F，Wenzel D，Müller C，Kerner M，Luinstra G A，Smirnova I. Aqueous food-grade and cosmetic-grade surfactant systems for the continuous counter-

current cloud point extraction. Separation and Purification Technology, 2018, 202: 76-85.

[21] Pan T, Liu C, Xin Q, Xu M, Deng Y, Dong W, Yu S. Extractive biodegradation of diphenyl ethers in a cloud point system: pollutant bioavailability enhancement and surfactant recycling. Biotechnology and Bioprocess Engineering, 2017, 22 (5): 631-636.

[22] Nakagawa H, Kirimura K, Nitta T, Kino K, Kurane R, Usami S. Recycle use of *Sphingomonas* sp. CDH-7 cells for continuous degradation of carbazole in the presence of $MgCl_2$. Current Microbiology, 2002, 44 (4): 251-256.

[23] Kirimura K, Nakagawa H, Tsuji K, Matsuda K, Kurane R, Usami S. Selective and continuous degradation of carbazole contained in petroleum oil by resting cells of *Sphingomonas* sp. CDH-7. Bioscience, Biotechnology, and Biochemistry, 1999, 63 (9): 1563-1568.

[24] Trellu C, Mousset E, Pechaud Y, Huguenot D, van Hullebusch E D, Esposito G, Oturan M A. Removal of hydrophobic organic pollutants from soil washing/flushing solutions: a critical review. Journal of Hazardous Materials, 2016, 306: 149-174.

第8章

有机物和重金属复合污染的生物共修复

随着经济和工业的飞速发展，由重金属与有机物及二者形成的复合污染引发的环境问题日趋严重[1]。所谓复合污染，指在同一生境存在两种及以上不同性质的环境污染物[2]，其类型主要包括无机复合污染（如铅、镉等）、有机复合污染（如多环芳烃、多氯联苯等）以及无机-有机型复合污染（如重金属和多环芳烃等）三类。这些污染物主要来源于电力、农药、电镀、涂料、炼油和金属冶炼等行业的副产品[3]。据调查，在荷兰、美国、印度等国家，中国香港维多利亚港和意大利安科纳港等港口地区，其土壤和河口中都已发现大量此类污染[4]。

与单一污染不同，共存于环境中的复合污染物能相互影响，发生如协同、拮抗或加和等作用[5]。有学者认为，土壤中性质相近的重金属元素，会相互争夺与土壤的接触位点，增强金属离子的活性与迁移能力，而不同性质的重金属共存将影响有机污染物降解菌的活性[6]。此外，在复合污染中，由于污染物在同一环境中吸附位置相对不变，重金属吸附增加可能限制有机物的微生物或颗粒吸附[7]。但污染物又能在弱结合和强结合的组分之间重新分布，有机物存在可能增强重金属的微生物或颗粒吸附[8]。总之，复合污染不仅具有巨大危害，并且污染物之间作用机制复杂，修复难度大[9]。因此如何有效治理复合污染是摆在人类面前的一个重大问题。

研究表明，物理法和化学法治理复合污染迅速且有效，但投资大、易造成二次污染，因此，环境友好、高效率且成本低的生物修复多年来备受关注[10,11]。特别是生物共修复，能通过合理组合不同修复生物的优势，使污染修复更快更彻底，受广大科研人员和市场的青睐[12,13]。此法能利用生物间的协同和代谢接力作用，通过动员有机物和积累重金属，降低污染物毒性、促进生物可及性并强化修复速率，最大限度地将污染物转化为无毒产物[4,13-15]。常见的生物共修复一般包括细菌与细菌、细菌与真菌、细菌与植物以及真菌与植物等四种联合修复方式。

当前，对于复合污染的单一生物修复和单一污染物的生物共修复两方面的研究已有许多，但有关复合污染生物共修复的系统总结还未见报道。因此，本文从复合污染物的类型及不同生物间的作用对生物共修复法进行了全面阐述分析。探讨了复合污染生物共修复的影响因素和作用机理，并对复合污染的研究前景提出展望。本综述有望完善有关重金属和有机复合污染的生物共修复理论基础，为将来研究者更好治理复合污染提供帮助。

8.1 复合污染类型

在自然界中，由纯物质所引起的单一污染时有发生，但多数情况下，与其他污染物共存的复合污染才是常态。

8.1.1 重金属和重金属复合污染

全球需求和大量使用导致重金属在环境中积累，令生物体摄入多金属的风险显著增加，环境质量恶化[16]。例如，汞（Hg）是一种能被生物累积的微量有毒金属，可与必需蛋白质的巯基结合，使蛋白质失活并导致肾脏损伤[17]。由于人类活动如采矿和化石燃料燃烧等，Hg 在环境中含量陡增[18]。同时工业活动也产生其他金属/类金属，如砷（As）。As 是一种致癌、致突变元素，砷及其可溶性化合物均有毒，与铅等共同作用可加剧废水的毒性，并进一步污染自然水体[19]。Hg 与 As 两种污染物共存会使环境修复更具挑战[20]。通常，两种或多种金属元素的联合效应将超过各自效应之和。Dudka 等报道，镉（Cd）和锌（Zn）一起施入土壤，比单独施 Zn 对水稻产生的毒害更为严重[21]。不仅如此，有时金属共污染物会对生物降解过程表现出浓度依赖性抑制[22]。如 Mohan 发现镉（Cd^{2+}）(50mg/L) 比铅（Pb^{2+}）(100mg/L) 对微生物的生物活性抑制作用更强[23]。另一方面，土壤中重金属共存还影响生物体周围的环境[3]。Manzano 等发现在毒砂矿土壤中，Fe^{2+} 的存在使可提取态的 As 浓度降低，但显著提高铜(Cu)、锰（Mn）和锌（Zn）的浓度，并且对土壤酶活性造成一定的危害[24]。

8.1.2 有机物和有机物复合污染

有机物污染主要以烷烃类、取代苯类、多环芳烃类和邻苯二甲酸酯类为主[25,26]。一般有机污染物共存比单一污染危害大。例如，Xu 等将四氯乙烯（5～150mg/L）与邻氯苯酚（25～150mg/L）混合后投入活性污泥，活性污泥中三种关键酶（脱氢酶、磷酸酶和脲酶）的活性显著降低[27]。Wang 等在同一土壤样中分别接种氯磺隆乙酯、莠去津除草剂和二者的混合剂，后者的土壤生物量比前两者下降明显[28]。但有机污染物共存可能会提高污染物的降解率[29]。Zhang 等研究发现，微球菌以苯丙氨酸为底物时，并不能降解蒽、荧蒽和芘，但加入萘和菲后，10 个月内三种有机物的降解率均能达到 90%以上[30]。此外，有机污染物的中间代谢产物对其生物降解也有一定影响。例如，Wen 等研究表明，邻苯二甲酸和水杨酸等代谢产物的积累会抑制芘的降解，前者使芘的降解效率降低了 6.69%，后者为 2.42%[31]。

8.1.3 重金属和有机物复合污染

重金属和有机物复合污染对环境中细菌、真菌或植物的作用要比单一污染复杂得多。重金属能通过影响 ATP 生成、碳矿化、群落转移和酶功能，来抑制参与降解的微生物活性[31~34]。有报道称，Pb、Hg 与 1,2-二氯乙烷共存时，后者的生物降解量在一周内降低了 24.11%[35]。Cr^{6+} 在 500～2600mg/kg 水平上能抑制菲的矿化和菲降解菌活性，并且菲的降解效率、脱氢酶活性和菲降解菌的增加量都被延缓了[36]。但有些有机物降解菌会对重金属产生应激作用。如 2,2′,4,4′-四溴二苯醚单独暴露对金孢霉没有明显的作用，而与 Cd 共存时却能够显著地触发其产生活性氧（ROS）[37]。

有机污染物存在也影响重金属的修复。例如，多环芳烃可能被细胞色素 P450 代谢生成 ROS，导致微生物活性降低，重金属处理能力下降[38]。水杨酸等多环芳烃中间体能刺激微生物细胞代谢，影响对重金属的吸附能力[39]。另外，有机污染物通过改变细胞膜结构来影响重金属的吸收效果。有学者认为，在苯并[*a*]芘（BaP）和 Cu^{2+} 复合污染中，BaP 是损伤细胞膜和影响膜电位的主要因素。BaP 导致质膜结构改变，使细胞膜通透性增加，重金属吸收下降[40]。但有些有机物有利于重金属的吸收，如乙二胺四乙酸可代替天然低分子量有机酸来促进土壤中重金属的植物摄取[41]。

8.2 生物共修复方法

生物共修复是利用对污染物具有高耐受性、高降解性的微生物和植物间的协同、代谢接力来处理复合污染。微生物作为分解者，好氧时，将有机污染物彻底氧化成 CO_2 和 H_2O 等无机物，改善土壤机制；厌氧时，将有机物转化成小分子有机酸、H_2 和 CH_4 等，降低污染物毒性。而作为生产者的植物，在利用微生物分解的无机物促进自身成长的同时，大量富集重金属和降解有机物，降低土壤中污染物含量。基于此，利用生物共修复法处理环境复合污染具有很大潜力。表 8.1 总结了一些处理复合污染的生物。

表 8.1 复合污染的生物共修复

联合修复类型	修复生物	共污染	修复效果		参考文献
			有机物	重金属	
细菌和细菌	鞘氨醇菌、苍白杆菌	菲、Cu^{2+}、Cd^{2+}	57%～86%	30%～77%	[42]
	芽孢杆菌	石油烃、Pb、Ni	62%～93%	75%	[15]
	脱硫弧菌、铜绿假单胞菌	石油烃、Cr^{3+}、Cu^{2+}、Mn^{2+}、Zn^{2+}	60%	95%以上	[43]
细菌和真菌	苏云金芽孢杆菌、侧耳菌	菲、Cd	95.07%	97.67%	[44]
	假单胞菌、枝顶孢菌	蒽、Mn、Fe、Zn、Cu、Al、Pb	64.9%～96.9%	—	[45]
细菌和植物	枯草芽孢杆菌、副球藻、黄杆菌、假单胞菌、东南景天	多菌灵、Cd	83.3%以上	7.8%～35.1%	[14]
	根瘤菌、紫花苜蓿	芴、蒽、芘、荧蒽、Cd	54%～56%	—	[46]
真菌和植物	毛霉、芥菜	Cr^{6+}、Mn^{2+}、Co^{2+}、Cu^{2+}、Zn^{2+}	—	60%～87%	[47]
	玉米和黑麦草、菌根真菌	芘、菲、Cd、Pb、Zn	7.15%～35.86%	2.6%～31.4%	[48]
	镰孢霉菌、葡萄穗霉菌、黄白生丛赤壳菌、碱蓬	石油、污油、Cd、Ni	56.01%～58.60%	—	[49][50]

8.2.1 细菌与细菌

重金属与有机物污染通常采用不同的处理方法，仅靠单一菌种很难完全去除污染物，必要时需多种微生物的联合参与[51]。已知芽孢杆菌、假单胞菌、弯曲杆菌及鞘氨醇单胞菌等是烃类、部分芳香类有机物和重金属生物修复中常见的细菌[3]，并且鞘氨醇菌 PHE-SPH 和苍白杆菌 PHE-OCH 具有在重金属胁迫下高效降解多环芳烃的能力[42]。与单一细菌修复相比，多种细菌联合，极大提高了污染修复水平。例如，Nneji 等用 *Alma millsoni* 与芽孢杆菌联合处理污染土壤，土壤中总石油烃（TPH）和重金属（Ni、Pb）含量显著降低（$P<0.05$），并且微生物活性和 C∶N 比值明显高于单一细菌处理[15]。同样用脱硫弧菌和铜绿假单胞菌 AT18 处理含重金属溶液和 2%石油烃的工业废水也取得非常好的效果，该联合菌种在 24h 内沉淀了 95%以上的 Cr^{6+}、Mn^{2+}、Co^{2+}、Cu^{2+} 和 Zn^{2+}，并降解了 60%的石油烃[43]。另外，多细菌联合处理也存在调节作用。例如，蓝细菌的分泌物如有机酸、脂肪酸、多酚和生物碱等细菌素可以刺激或抑制微生物群落的其他成员，包括异养细菌[52]。Kirkwood 等用假单胞菌和弯曲杆菌联合处理复合污染时，蓝细菌菌株的分泌物抑制了假单胞菌对苯酚的生物降解，却增强了弯曲杆菌对二氯乙酸的生物降解[53]。菌种对污染物的处理效果不同，表明物种之间存在特定的关联，而这种关联对污染物的生物降解，可能是促进的，也可能是抑制的。

8.2.2 细菌与真菌

可处理有机物和重金属污染的细菌和真菌，大多是从污染沉积物或土壤中分离出来的，能在很大程度上处理复合污染[3]。在复合污染修复中，真菌-细菌组合的处理方式较单一种类的微生物修复更具优势[54]。例如，Jiang 等用苏云金芽孢杆菌 FQ_1 与侧耳菌构成的细菌-真菌联合体处理不同浓度的 Cd（0、5mg/kg、10mg/kg、20mg/kg）与菲（500mg/kg）共污染，Cd 的积累量增加了 14.29%～97.67%，菲的去除率达到 95.07%[44]。菌群联合能利用多株降解菌之间的互惠共生关系，促进对污染物的降解[55]。研究表明，在细菌生长完全受抑制的 5mmol/L 的 Fe^{2+} 存在环境下，加入真菌，显著促进细菌的生长[45]。这是因为细菌和真菌菌群由于代谢酶系的互补性和共生性，能协同降解复合污染。此外，真菌菌丝产生的渗出液能作为能源来刺激细菌的活动；菌丝又能为细菌提供移动渠道，保证细菌与污染物接触，提高污染物的生物可利用性[56]。因此细菌与真菌的联合修复，在成本效益、环境友好性和可行性方面具有很高的潜力。

8.2.3 细菌与植物

植物修复，通常指使用绿色或高等陆地植物处理污染土壤[57]。根际修复是植物修复的重要组成部分，与微生物活动息息相关[58]。由于磷是限制植物生长的关键元素，且只有以正磷酸盐或以磷酸氢根离子形式存在的磷元素才能被植物吸收[59]。然而，土壤中的磷元素通常是与钙、铁、铝及黏粒结合存在的无机化合物[60]，很难被植物吸收。但根际细菌 PGPR 就可通过产生有机酸，溶解无机磷来增加磷的植物生物利用度[61]。另一方面，Sivasankari 等认为 PGPR 可产生植物激素直接影响植物，使植物吸收营养素、结合游离氮、吸收磷和矿物质更加容易[62]。此外，PGPR 还能提高植物对非生物胁迫的耐受性，增强污染土壤修复[63]。

利用促进植物生长的本地细菌和碳氢化合物降解细菌的共同作用能进一步增强植物修复[64]。Xiao 等在处理 Cd 与多菌灵共污染的土壤时，将东南景天与多菌灵降解菌结合，去除了 32.3%的 Cd 和 35.1%的多菌灵。同时，土壤微生物量、脱氢酶活性和微生物多样性分别提高了 121.3%、143.4%和 24.7%[14]。植物、微生物和土壤基质在修复过程中的协同作用，使生物共修复成为一种高效的修复方法。

8.2.4 真菌与植物

在复合污染修复中，除了植物根部本身对污染物的吸附及根部分泌的相关酶类对污染物的去除作用之外，植物还可以利用其根部与土壤中微生物（如菌根真菌）的互作（图 8.1），提高对污染物的生物降解与转化，降低污染物毒性[65]。例如：毛霉 MHR-7 通过锁定菌丝体中的重金属使其对植物根部的有效性降低，减弱了重金属对芥菜的毒性，缓解高浓度污染物对芥菜生长的限制，进而提高该区域中有机污染物的总去除效率[47]。另外，真菌和植物通过互利共生，能增加植物的生物量，提高复合修复效率[66]。研究表明，与 Cd（50mg/kg）或 Pb（600mg/kg）污染的植物单独修复相比，真菌-植物联合修复中植物重量增加了 43%[50]。此外，石油降解真菌与植物共同处理复合污染 60d 后，Cd、Ni 污染土壤的石油烃降解率分别达到 56.01% 和 58.60%，高于真菌单独降解的 45.16% 和 43.66%[49]。

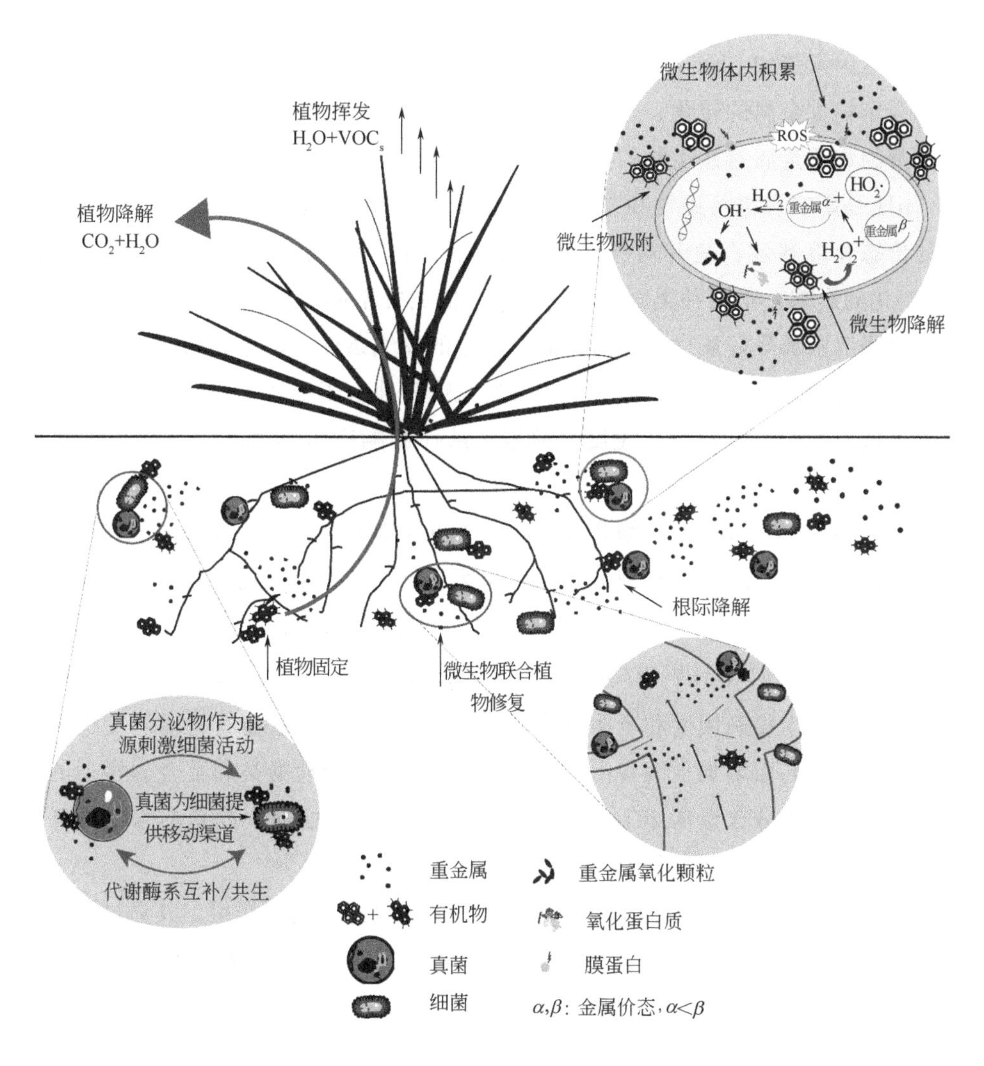

图 8.1　生物共修复效应图

8.3 影响生物共修复的主要因素

8.3.1 环境因素

环境因素诸如pH、温度、土壤含水量、溶解氧、低分子量有机酸和腐殖酸等都会影响重金属的转化、迁移、价态和有机污染物的生物利用度，从而导致有机污染物和重金属对微生物的毒性表现完全改变[66]。

pH是影响有机污染物和重金属生物修复效率的主要因素。pH能改变重金属的价态和溶解度，使其对微生物产生不同的毒性作用[67]。微生物也易受到pH变化的影响，不同种类微生物最佳pH值通常不同。另一方面，由于大多数污染物降解菌都是好氧微生物，因此环境中的氧气条件对微生物的群落结构和酶活性影响很大。例如，受污染环境中溶解氧或其他电子受体不足时，土著微生物活性降低或死亡，自然净化速度会减慢，从而影响有机物和重金属污染的生物修复[68]。

温度和土壤含水量是生物共修复的另一重要影响因素，适当的温度和湿度可以增强微生物的新陈代谢和酶的活性，加速有机物和重金属的生物修复过程。例如，在堆肥过程中，微生物活性通过累积氧的量判定。与22℃、29℃和36℃时相比，微生物在43℃时累积O_2更多，活性更强[69]。此外，高温、高湿条件下复合污染物的生物利用度和吸附均会增强[29]，有机物和重金属的溶解度也随温度和湿度的升高而增加[70]。Iqbal等通过接种微生物处理酚类和重金属污染的土壤时，将土壤水分含量从25%增加到31%，高温接种处理中的总酚水平降低了65%，显著高于常温接种的52%[29]。

低分子量有机酸和腐殖酸在生物共修复中也发挥着重要作用。其通过离子交换、表面吸附和配位络合等作用影响重金属和有机物的迁移转化和生物有效性[3]。一方面，腐殖酸中的酚基、羧基、奎宁基、氨基和巯基等官能团可作为非均相配体与重金属离子结合[71]，减弱金属毒性。此外，在提高土壤中疏水性有机污染物的生物利用度方面腐殖质也有很好的效果。腐殖质可提高有机污染物的整体去除速度，使土壤拥有更大的排毒作用[72]。另一方面，某些天然低分子量有机酸如柠檬酸、草酸或苹果酸等，在重金属胁迫植物时会从植物根部大量释放来促进重金属溶解[48]。除以上作用，低分子量有机酸也能吸附有机污染物。其通过与土壤矿物质竞争，直接减少土壤吸附或间接增加土壤颗粒中结合态有机污染物的释放，从而提高有机污染物的降解率[73]。例如，Gao 等通过在受污染土壤添加 10～100mmol/kg 低分子量有机酸，导致土壤中可被丁醇萃取的有机污染物浓度增加 54%～75%[39]。

8.3.2 微生物活性

微生物的种类、筛选条件和基因以及植物的种植模式都能影响微生物的活性。其中，植物有助于增加土壤的基因多态性，提高土壤呼吸作用。植物无论是单作还是混作，都能增加复合污染土壤的微生物群落，但混作能显著提高复合污染土壤酶活性[74]。此外，有机污染物和重金属的存在对微生物群落也有影响。微生物对污染物胁迫的敏感度为：放线菌＞细菌＞真菌[75]。

重金属和有机复合污染对土壤微生物群落的基因有很大影响，例如，黄化刚的研究表明，受镉、铅及呋喃丹复合污染的土壤微生物群落基因多样性都有不同程度的增加[76]。此外，具有高修复复合污染能力的菌株通常含有抗性基因或降解基因[77]。通过基因组方法分离和重组这些基因，能提高修复污染物的效率。例如，编码 *RHDase* 的环羟基化双加氧酶和编码 1*H*2*Nase* 的 1-羟基-2-萘甲酸双加氧酶基因在分解多环芳烃的中间体中起着重要的作用，而这些基因可从分枝杆菌 SA02 中分离出来，并应用于复合污染修复[74]。

8.3.3 基质效应

复合污染物的浓度、结构、溶解度以及吸附性对其生物利用度的影响都是基质效应的重要表现。基质组成对微生物活性有很大影响。例如，添加吸附剂可降低重金属对微生物活性的抑制作用[78]。Lim 等在 Cu^{2+}、Cd^{2+} 存在的废水处理中，投加 143mg/L 粉末活性炭（PAC）吸附剂时，平均 COD 去除率达到 85% 以上，而不加 PAC，平均 COD 去除率只有 60%左右[75]。此外，有机物作为碳源会影响微生物的群落特性。若有机污染物难溶于水，能刺激微生物形成生物膜，进而促进微生物降解[79]。

另一方面，表面活性剂也作为基质的一部分，被广泛应用于复合污染的生物修复[80]。Li 等发现，十二烷基苯磺酸钠可提高 D9 脂肪酸的去饱和酶水平，增加不饱和脂肪酸含量以及增强膜流动性，从而促进重金属和有机污染物的跨膜转运[74]。此外，表面活性剂能通过上调微生物的 *RHDase* 和 *1H2Nase* 等基因，增强细胞表面疏水性；又通过降低土壤界面张力和流体力，减弱金属与土壤之间的附着效果[81]。除此之外，表面活性剂能与土壤中吸附的重金属接触形成络合物，增强复合污染去除效果。有研究者发现产生表面活性剂的假丝酵母能分别去除 95%、90%和 79%的 Fe、Zn 和 Pb，并能降解 90%以上的正构烷烃类污染物[82]。

当微生物与植物构成联合修复体系时，植物能为微生物提供栖息地，改善土壤孔隙度，增加基质和电子受体的质量传递，并与微生物交换养分。作为回报，微生物可以通过降解污染物降低或去除土壤毒性，促进代谢产物的产生，改善植物生长环境，提高复合污染的生物修复效果[71]。

8.4 复合污染的生物共修复机理

8.4.1 重金属的影响

重金属可通过改变微生物的表面性质影响有机污染物的吸附和降解。有学者认为，微生物表面与重金属离子之间的静电吸引力可能强于其与有机污染物之间的范德瓦耳斯力[83]。所以金属离子往往比有机污染物更容易被带负电荷的微生物吸引。当金属离子浓度增加时，微生物表面电荷会被逐渐中和而变得不亲水，这有利于微生物吸附疏水性的有机污染物[84]。而芳香族有机物能与金属离子产生阳离子-π 相互作用，致使微生物对多环芳烃的吸附量随着金属浓度升高而增大[80]。此外，金属阳离子与磷相互作用形成聚集态的重金属，也更容易吸引有机污染物[85]。

重金属影响微生物的酶系统进化。当细胞暴露于重金属胁迫的环境压力下时，会产生具有毒性的 ROS。ROS 会破坏细胞膜、细胞器膜，影响微生物活性，刺激细胞启动抗氧化酶（如超氧化物歧化酶、过氧化物酶和过氧化氢酶）防御系统[31]。另一方面，重金属穿透细胞壁和细胞膜上的表面蛋白进入细胞时，将导致细胞渗透压增大，影响细胞内稳态。并且，重金属与蛋白质的巯基结合，可以掩盖催化活性中心或使蛋白质结构变形，抑制酶或蛋白质的活性[86]。

重金属影响微生物群落。在不同重金属下，土壤微生物群落对菲的响应存在明显差异[34]。在添加 Cr^{6+} 后，菲的矿化速率立即增加，这可能是由生物过程和/或非生物过程引起的 Cr^{6+} 还原[36]。而 Pb 存在下，虽然导致了鞘氨醇单胞菌和热单胞菌的丰度增加，但同时 Pb 也对微生物产生额外的毒性胁迫，使污染物降解变得困难[11]。这可能是因为重金属阻碍微生物细胞骨架的运动功能，延缓了胞质分裂过程[85]。另外，重金属含量不同对污染物降解影响也不同。一些低浓度重金属的存在可能会促进多环芳烃的酶降解。因为重金属可能作为蛋白质产生的辅因子，影响蛋白质的生物活性。例如，Ma 等添加 5mmol/L Ni^{2+} 时，氟烷的降解比对照组增强了；添加 Mn^{2+} 同样能显著提高对芴、菲、荧蒽的去除率[86]。然而，过量的重金属会与环境中广泛存在的大量营养素（如 Mg^{2+}、Ca^{2+}）竞争，改变细胞胞外蛋白水平，这些营养素通常在酶-金属-底物复合物的反应过程中发挥作用，影响污染物降解效率[87]。研究表明，小于 1mg/L Cd 浓度，会促进细胞外蛋白的产生，而过量 Cd（>1mg/L）则会抑制这一过程[35]。

共修复中，由于有些微生物与植物的互利共生关系，重金属的毒性会被降低，并进一步促进有机污染物的降解[88]。一方面，根际微生物通过促进植物的发育，增强植物对土壤重金属的耐受性，从而影响植物对有机污染物去除效果[89]。微生物作为分解者会增加土壤有机质，进而提高土壤酶活性，促进植物生长[90]。另一方面，植物通过限制重金属离子的吸收，也会避免细胞受到伤害。因为重金属离子进入植物体后，与细胞内的螯合肽结合形成复合物，转运到特定的细胞器（主要为液泡）固定，从而使细胞质中有毒金属离子浓度降低到植物能够忍耐的程度，达到解毒效果[91]。

8.4.2 有机物的影响

有机物可通过改变生物膜的性质以及微生物周围环境来影响重金属的吸收[3]。有机物中羧酸和磷酸基团携带的负电荷，影响重金属的离子活性或离子的电离状态，增强金属离子与细胞壁的亲和力，从而抑制细胞生长[43]。另外，有机污染物能改变膜的流动性和电位，抑制微生物对重金属的吸附[90]。因为污染物与生物膜发生作用，将改变膜对金属离子的通透性[92]。并且有些污染物如多环芳烃可以麻醉微生物，其与细胞膜的亲脂成分结合，改变细胞膜的渗透性，使重金属更易渗透到微生物细胞中，放大污染物对微生物的毒性，使微生物对重金属的修复作用减弱[93]。此外，多环芳烃对膜酶的影响也会引起离子调节的破坏，使金属 ATP 酶的活性降低，影响重金属的运输[94]。

有机物能促使微生物改变金属的价态。有些微生物能利用有机碳作为电子供体，通过还原反应将重金属还原。例如，Li 等在铀生物修复中向地下注入有机碳，刺激了本土细菌将可溶性 U^{6+} 还原为不溶性 U^{4+}[95]。此法能降低重金属对微生物的毒性，为微生物更好的生长创造一个良好的环境[96]。

在复合污染共修复中，有机污染物也是促进微生物生长和繁殖的关键碳源。其通过影响微生物的生长，改变重金属的吸收。例如，X. Liu 等利用伯克霍尔德菌属 FM-2 吸收重金属，只需供应 300mg/L 的菲作为唯一的碳源和能源，菌株即可存活[97]。Shuona 等的研究也表明嗜麦芽窄食单胞菌同样具有这种特性，该菌在第 1 天就能够迅速去除 67.1% BaP 和 56.7% Cu^{2+}，其细胞内的 BaP 被用作碳源，产生邻苯二甲酸等生物可利用的物质[40]。

生物共修复能高效利用生物种间关系，是恢复污染环境有效、廉价和绿色的方法。目前，用于复合污染的生物共修复方法仍受到一些限制，潜在的研究需求包括以下几点方向：对于复合污染的生物共修复多是基于模拟实验获得，试验周期较短、条件恒定，难以准确反映真实环境的变化。所以应加强现场试验研究与验证，获得更为真实客观的结果；在生物共修复系统中，重金属和有机污染物的迁移、转化研究多停留在宏观表征阶段，应充分利用新技术在分子水平上揭示复合污染物修复的相关机理；微生物对复合污染的排毒机理及解毒基质仍需进一步研究。

参考文献

[1] Olaniran A O，Balgobind A，Pillay B. Bioavailability of heavy metals in soil：impact on microbial biodegradation of organic compounds and possible improvement strategies. International Journal of Molecular Sciences，2013，14（5）：10197-10228.

[2] 周启星，程云，张倩茹，梁继东. 复合污染生态毒理效应的定量关系分析. 中国科学（C辑：生命科学），2003，（06）：566-573.

[3] Liu S H，Zeng GM，Niu Q Y，Liu Y，Zhou L，Jiang L H，Tan X，Xu P，Zhang C，Cheng M. Bioremediation mechanisms of combined pollution of PAHs and heavy metals by

bacteria and fungi: a mini review. Bioresource Technology, 2017, 224: 25-33.

[4] Singh K P, Malik A, Sinha S. Persistent organochlorine pesticide residues in soil and surface water of northern Indo-gangetic alluvial plains. Environmental Monitoring & Assessment, 2007, 125 (1/3): 147-155.

[5] Gauthier P T, Norwood W P, Prepas E E, Pyle GG. Metal-PAH mixtures in the aquatic environment: a review of co-toxic mechanisms leading to more-than-additive outcomes. Aquatic Toxicology, 2014, 154: 253-269.

[6] 王恒. 土壤重金属复合污染研究进展. 科技创新导报, 2016, 13 (28): 71-72.

[7] 刘爽爽. 镉与苯并[a]芘在东北棕壤和黑土中交互作用机理研究. 沈阳: 东北大学, 2014.

[8] Zhang W, Zheng J, Zheng P, Tsang D C W, Qiu R. The roles of humic substances in the interactions of phenanthrene and heavy metals on the bentonite surface. Journal of Soils and Sediments, 2015, 15 (7): 1463-1472.

[9] 刘祖文. 离子型稀土矿区土壤重金属铅污染特性及修复. 北京: 冶金工业出版社, 2020.

[10] Leadin S K, Esmaeil S, Arturo A M, Andrew S B. A review on the bioremediation of petroleum hydrocarbons: current state of the art. Microbial Action on Hydrocarbons, 2019.

[11] Khudur L S, Shahsavari E, Webster G T, Nugegoda D, Ball A S. The impact of lead co-contamination on ecotoxicity and the bacterial community during the bioremediation of total petroleum hydrocarbon-contaminated soils. Environmental Pollution, 2019, 253: 939-948.

[12] Srogi K. Monitoring of environmental exposure to polycyclic aromatic hydrocarbons: a review. Environmental Chemistry Letters, 2007, 5 (4): 169-195.

[13] Agnello A C, Bagard M, van Hullebusch E D, Esposito G, Huguenot D. Comparative bioremediation of heavy metals and petroleum hydrocarbons co-contaminated soil by natural attenuation, phytoremediation, bioaugmentation and bioaugmentation-assisted phytoremediation. Science of the Total Environment, 2016, 563: 693-703.

[14] Xiao W, Wang H, Li T, Zhu Z, Zhang J, He Z, Yang X. Bioremediation of Cd and carbendazim co-contaminated soil by Cd-hyperaccumulator *Sedum alfredii* associated with carbendazim-degrading bacterial strains. Environmental Science and Pollution Research, 2013, 20 (1): 380-389.

[15] Nneji L M, Somade O T, Adeyi A O. Earthworm-assisted bioremediation of petroleum hydrocarbon-contaminated soils from motorcar mechanic workshops in Ibadan, Oyo State, southwestern Nigeria. Bioremediation Journal, 2016, 20 (4): 263-285.

[16] Hoque E, Fritscher J. Multimetal bioremediation and biomining by a combination of new aquatic strains of *Mucor hiemalis*. Scientific Reports, 2019, 9 (1): 103-118.

[17] Mathema V B, Thakuri B C, Sillanpää M. Bacterial mer operon-mediated detoxification of mercurial compounds: a short review. Archives of Microbiology, 2011, 193 (12): 837-844.

[18] Streets D G, Devane M K, Lu Z, Bond T C, Sunderland E M, Jacob D J. All-time releases of mercury to the atmosphere from human activities. environmental science & technology, 2011, 45 (24): 10485-10491.

[19] Rahman S, Kim K H, Saha S K, Swaraz A M, Paul D K. Review of remediation techniques for arsenic (As) contamination: a novel approach utilizing bio-organisms. Journal of Environmental Management, 2014, 134 (15): 175-185.

[20] Faganeli J, Hines M E, Covelli S, Emili A, Giani M. Mercury in lagoons: an overview of the importance of the link between geochemistry and biology. Estuarine Coastal & Shelf Science, 2012, 113: 126-132.

[21] Dudka S, Piotrowska M, Chlopecka A. Effect of elevated concentrations of Cd and Zn in soil on spring wheat yield and the metal contents of the plants. Water Air & Soil Pollution, 1994, 76 (3): 333-341.

[22] Deary M E, Ekumankama C C, Cummings S P. Development of a novel kinetic model for the analysis of PAH biodegradation in the presence of lead and cadmium co-contaminants. Journal of Hazardous Materials, 2016, 307: 240-252.

[23] Mohan S M. Simultaneous adsorption and biodegradation process in a SBR for treating wastewater containing heavy metals. Journal of Environmental Engineering, 2014, 140 (4): 04014008.

[24] Manzano R, Esteban E, Peñalosa J M, Alvarenga P. Amendment application in a multi-contaminated mine soil: effects on soil enzymatic activities and ecotoxicological characteristics. Environmental Science & Pollution Research, 2014, 21 (6): 4539-4550.

[25] 邱志群，舒为群，曹佳.我国水中有机物及部分持久性有机物污染现状.癌变.畸变.突变，2007，(03)：188-193.

[26] 陈珊，许宜平，王子健.有机污染物生物有效性的评价方法.环境化学，2011，30 (01)：158-164.

[27] Xu X, Zhao Q L, Wu M S. Improved biodegradation of total organic carbon and polychlorinated biphenyls for electricity generation by sediment microbial fuel cell and surfactant addition. Rsc Advances, 2015, 5 (77): 62534-62538.

[28] Wang J, Li X, Li X, Wang H, Su Z, Wang X, Zhang H. Dynamic changes in microbial communities during the bioremediation of herbicide (chlorimuron-ethyl and atrazine) contaminated soils by combined degrading bacteria. Plos One, 2018, 13 (4): e0194753.

[29] Iqbal J, Metosh-Dickey C, Portier R J. Temperature effects on bioremediation of PAHs and PCP contaminated South Louisiana soils: a laboratory mesocosm study. Journal of Soils and Sediments, 2007, 7 (3): 153-158.

[30] Zhang Y, Wang F, Wei H, Wu Z, Zhao Q, Jiang X. Enhanced biodegradation of poorly available polycyclic aromatic hydrocarbons by easily available one. International Biodeterioration & Biodegradation, 2013, 84: 72-78.

[31] Wen J W, Gao D W, Zhang B, Liang H. Co-metabolic degradation of pyrene by indigenous *white-rot fungus Pseudotrametes gibbosa* from the northeast China. International Biodeterioration & Biodegradation, 2011, 65 (4): 600-604.

[32] Roane T M, Josephson K L, Pepper I L. Dual-bioaugmentation strategy to enhance remediation of cocontaminated soil. Appl Environ Microbiol, 2001, 67 (7): 3208-3215.

[33] Ke L, Luo L, Wang P, Luan T, Tam N FY. Effects of metals on biosorption and biodegradation of mixed polycyclic aromatic hydrocarbons by a freshwater green alga *Selena-*

strum capricornutum. Bioresource Technology, 2010, 101 (18): 6950-6961.

[34] Biswas B, Sarkar B, Mandal A, Naidu R. Heavy metal-immobilizing organoclay facilitates polycyclic aromatic hydrocarbon biodegradation in mixed-contaminated soil. Journal of Hazardous Materials, 2015, 298: 129-137.

[35] Olaniran A O, Balgobind A, Pillay B. Impacts of heavy metals on 1,2-dichloroethane biodegradation in co-contaminated soil. Journal of Environmental Sciences, 2009, 21 (5): 661-666.

[36] Ibarrolaza A, Coppotelli B M, Del Panno M T, Donati E R, Morelli I S. Dynamics of microbial community during bioremediation of phenanthrene and chromium (Ⅵ)-contaminated soil microcosms. Biodegradation, 2009, 20 (1): 95-107.

[37] Feng M, Yin H, Cao Y, Peng H, Lu G, Liu Z, Dang Z. Cadmium-induced stress response of *Phanerochaete chrysosporium* during the biodegradation of 2,2′,4,4′-tetrabromodiphenyl ether (BDE-47). Ecotoxicology and Environmental Safety, 2018, 154: 45-51.

[38] Kuang M, Li Z, Liu C, Zhu Q. Overall evaluation of combustion and nox emissions for a down-fired 600 mwe supercritical boiler with multiple injection and multiple staging. Environmental Science & Technology, 2013, 47 (9): 4850-4858.

[39] Gao Y, Yuan X, Lin X, Sun B, Zhao Z. Low-molecular-weight organic acids enhance the release of bound PAH residues in soils. Soil & Tillage Research, 2015, 145: 103-110.

[40] Shuona C, Hua Y, Jingjing C, Hui P, Zhi D. Physiology and bioprocess of single cell of *Stenotrophomonas maltophilia* in bioremediation of co-existed benzo [*a*] pyrene and copper. Journal of Hazardous Materials, 2017, 321 (5): 9-17.

[41] Evangelou M W H, Ebel M, Hommes G, Schaeffer A. Biodegradation: the reason for the inefficiency of small organic acids in chelant-assisted phytoextraction. Water Air and Soil Pollution, 2008, 195 (1/4): 177-188.

[42] Chen C, Lei W, Lu M, Zhang J, Zhang Z, Luo C, Chen Y, Hong Q, Shen Z. Characterization of Cu (Ⅱ) and Cd (Ⅱ) resistance mechanisms in *Sphingobium* sp. PHE-SPH and *Ochrobactrum* sp. PHE-OCH and their potential application in the bioremediation of heavy metal-phenanthrene co-contaminated sites. Environmental Science and Pollution Research, 2016, 23 (7): 6861-6872.

[43] Perez R M, Cabrera G, Gomez J M, Abalos A, Cantero D. Combined strategy for the precipitation of heavy metals and biodegradation of petroleum in industrial wastewaters. Journal of Hazardous Materials, 2010, 182 (1/3): 896-902.

[44] Jiang J, Liu H, Li Q, Gao N, Yao Y, Xu H. Combined remediation of Cd-phenanthrene co-contaminated soil by *Pleurotus cornucopiae* and *Bacillus thuringiensis* FQ1 and the antioxidant responses in *Pleurotus cornucopiae*. Ecotoxicology and Environmental Safety, 2015, 120: 386-393.

[45] 丁宁. 真菌在(稠环芳香烃 PAHs-重金属)复合污染下对细菌降解 PAHs 协同作用机制研究. 西安:陕西师范大学,2015.

[46] 沈源源. 多环芳烃污染土壤的植物—微生物联合修复效应. 南京:南京农业大学,2010.

[47] Zahoor M, Irshad M, Rahman H, Qasim M, Afridi S G, Qadir M, Hussain A. Alleviation of heavy metal toxicity and phytostimulation of *Brassica campestris* L. by endophytic *Mucor* sp. MHR-7. Ecotoxicology & Environmental Safety, 2017, 142: 139-149.
[48] Mao L, Tang D, Feng H, Gao Y, Zhou P, Xu L, Wang L. Determining soil enzyme activities for the assessment of fungi and citric acid-assisted phytoextraction under cadmium and lead contamination. Environmental Science and Pollution Research, 2015, 22 (24): 19860-19869.
[49] 高宪雯. 微生物—植物在石油—重金属复合污染土壤修复中的作用研究. 济南：山东师范大学，2013.
[50] 贾洪柏，曲丽娜，王秋玉. 4株石油降解真菌的生长及降解特性分析. 农业环境科学学报，2013，32 (07)：1361-1367.
[51] 郭婷，张承东，齐建超，张清敏，乔俊，陈威. 酵母菌-细菌联合修复石油污染土壤研究. 环境科学研究，2009，22 (12)：1472-1477.
[52] Ostensvik O, Skulberg O M, Underdal B, Hormazabal V. Antibacterial properties of extracts from selected planktonic freshwater cyanobacteria -a comparative study of bacterial bioassays. Journal of Applied Microbiology, 1998, 84 (6): 1117-1124.
[53] Kirkwood A E, Nalewajko C, Fulthorpe R R. The effects of cyanobacterial exudates on bacterial growth and biodegradation of organic contaminants. Microbial Ecology, 2006, 51 (1): 4-12.
[54] Folwell B D, McGenity T J, Whitby C. Biofilm and planktonic bacterial and fungal communities transforming high-molecular-weight polycyclic aromatic hydrocarbons. Applied and Environmental Microbiology, 2016, 82 (8): 2288-2299.
[55] Frey-Klett P, Burlinson P, Deveau A, Barret M, Tarkka M, Sarniguet A. Bacterial-fungal interactions: hyphens between agricultural, clinical, environmental, and food microbiologists. Microbiology and Molecular Biology Reviews, 2011, 75 (4): 583-609.
[56] 毛东霞. 真菌-细菌菌群生物强化处理落地油泥的现场试验及相关机制研究. 西安：陕西师范大学，2016.
[57] Ehteshami S M R, Aghaalikhani M, Khavazi K, Chaichi M R. Effect of phosphate solubilizing microorganisms on quantitative and qualitative characteristics of maize (*Zea mays* L.) under water deficit stress. Pakistan Journal of Biological Sciences, 2007, 10 (20): 3585-3591.
[58] Wenzel W W. Rhizosphere processes and management in plant-assisted bioremediation (phytoremediation) of soils. Plant and Soil, 2009, 321 (1/2): 385-408.
[59] Moroni B, Pitzurra L. Biodegradation of atmospheric pollutants by fungi: a crucial point in the corrosion of carbonate building stone. International Biodeterioration & Biodegradation, 2008, 62 (4): 391-396.
[60] Shweta M M. Response of pulse production to phosphorus-a review. Agricultural Reviews, 2014, 35 (4): 295.
[61] Bereitschaft B J F. Modeling nutrient attenuation by riparian buffer zones along headwater streams. Greensboro: The University of North Carolina at Greensboro, 2007.
[62] Sivasankari B, Anandharaj M, Danial T. Effect of PGR producing bacterial strains isola-

ted from vermisources on germination and growth of *Vigna unguiculata* (L.) *Walp*. Journal of Pharmacology & Experimental Therapeutics, 2015, 311 (2): 758-769.

[63] Jacob P J, Randy B, Young H A, Sturino J M, Kang Y, Barnhart D M, DiLeo Matthew V. From the lab to the farm: an industrial perspective of plant beneficial microorganisms. Frontiers in Plant science, 2016, 7: 1-10.

[64] Franchi E, Agazzi G, Rolli E, Borin S, Marasco R, Chiaberge S, Conte A, Filtri P, Pedron F, Rosellini I, Barbafieri M, Petruzzelli G. Exploiting hydrocarbon-degrading indigenous bacteria for bioremediation and phytoremediation of a multicontaminated soil. Chemical Engineering & Technology, 2016, 39 (9): 1676-1684.

[65] 徐刚，刘健，孔祥淮，胡刚，张军强. 近海沉积物重金属污染来源分析. 海洋地质前沿，2012，28 (11)：47-52.

[66] Huguenot D, Bois P, Cornu J Y, Jezequel K, Lollier M, Lebeau T. Remediation of sediment and water contaminated by copper in small-scaled constructed wetlands: effect of bioaugmentation and phytoextraction. Environmental Science & Pollution Research, 2015, 22 (1): 721-732.

[67] Sun L, Cao X, Li M, Zhang X, Li X, Cui Z. Enhanced bioremediation of lead-contaminated soil by *Solanum nigrum* L. with *Mucor circinelloides*. Environmental Science and Pollution Research, 2017, 24 (10): 9681-9689.

[68] Brito E M S, Barrón M D la C, Caretta C A, Goñi-Urriza M, Andrade L H, Cuevas-Rodríguez G, Malm O, Torres J P M, Simon M, Guyoneaud R. Impact of hydrocarbons, PCBs and heavy metals on bacterial communities in Lerma River, Salamanca, Mexico: investigation of hydrocarbon degradation potential. Science of the Total Environment, 2015, 1/10: 521-522.

[69] Liang C, Das K C, Mcclendon R W. The influence of temperature and moisture contents regimes on the aerobic microbial activity of a biosolids composting blend. Bioresource Technology, 2003, 86 (2): 131-137.

[70] Bandowe B A, Bigalke M, Boamah L, Nyarko E, Saalia F K, Wilcke W. Polycyclic aromatic compounds (PAHs and oxygenated PAHs) and trace metals in fish species from Ghana (West Africa): bioaccumulation and health risk assessment. Environment International, 2014, 65 (2): 135-146.

[71] Fava F, Berselli S, Conte P, Piccolo A, Marchetti L. Effects of humic substances and soya lecithin on the aerobic bioremediation of a soil historically contaminated by polycyclic aromatic hydrocarbons (PAHs). Biotechnology and Bioengineering, 2004, 88 (2): 214-223.

[72] Kreeke J van de, Calle B de la, Held A, Bercaru O, Ricci M, Shegunova P, Taylor P. IMEP-23: The eight EU-WFD priority PAHs in water in the presence of humic acid. TrAC Trends in Analytical Chemistry, 2010, 29 (8): 928-937.

[73] Wang J, Chen C. Biosorbents for heavy metals removal and their future. Biotechnology Advances, 2009, 27 (2): 195-226.

[74] Li F, Zhu L, Wang L, Zhan Y. Gene expression of an arthrobacter in surfactant-hanced biodegradation of a hydrophobic organic compound. Environmental Science & Technolo-

gy, 2015, 49 (6): 3698-3704.

[75] Lim P E, Ong S A, Seng C E. Simultaneous adsorption and biodegradation processes in sequencing batch reactor (SBR) for treating copper and cadmium-containing wastewater. Water Research, 2002, 36 (3): 667-675.

[76] 黄化刚. 镉-锌/滴滴涕复合污染土壤植物修复的农艺强化过程及机理. 杭州：浙江大学, 2012.

[77] Mahmoudi N, Slater G F, Fulthorpe R R. Comparison of commercial DNA extraction kits for isolation and purification of bacterial and eukaryotic DNA from PAH-contaminated soils. [J]. Canadian Journal of Microbiology, 2011, 57 (8): 623.

[78] Zouboulis A I, Loukidou M X, Matis K A. Biosorption of toxic metals from aqueous solutions by bacteria strains isolated from metal-polluted soils. Process Biochemistry, 2004, 39 (8): 909-916.

[79] Gkorezis P, Daghio M, Franzetti A, van Hamme J D, Sillen W, Vangronsveld J. The interaction between plants and bacteria in the remediation of petroleum hydrocarbons: an environmental perspective. Frontiers in Microbiology, 2016, 72 (10): 2381-2388.

[80] Juliana M L, Raquel D R, Leonie A S. Biosurfactant from Candida *sphaerica* UCP0995 exhibiting heavy metal remediation properties. Process Safety & Environmental Protection: Transactions of the Institution of Chemical Engineers Part B, 2016, 102: 558-566.

[81] Al-Turki A I. Microbial polycyclic aromatic hydrocarbons degradation in soil. Research Journal of Environmental Toxicology, 2009, 3 (1): 1-8.

[82] Zhang W, Zhuang L, Yuan Y, Tong L, Tsang D C. Enhancement of phenanthrene adsorption on a clayey soil and clay minerals by coexisting lead or cadmium. Chemosphere, 2011, 83 (3): 302-310.

[83] Baltrons O, López-Mesas M, Vilaseca M, Gutiérrez-Bouzán C, Le Derf F, Portet-Koltalo F, Palet C. Influence of a mixture of metals on PAHs biodegradation processes in soils. Science of the Total Environment, 2018, 628/629: 150-158.

[84] Liu H, Guo S, Jiao K, Hou J, Xie H, Xu H. Bioremediation of soils co-contaminated with heavy metals and 2, 4, 5-trichlorophenol by fruiting body of *Clitocybe maxima*. Journal of Hazardous Materials, 2015, 294: 121-127.

[85] Mandal A, Biswas B, Sarkar B, Patra A K, Naidu R. Surface tailored organobentonite enhances bacterial proliferation and phenanthrene biodegradation under cadmium co-contamination. Science of the Total Environment, 2016, 550: 611-618.

[86] Ma X, Li T, Fam H, Charles P E, Zhao W, Guo W, Zhou B. The influence of heavy metals on the bioremediation of polycyclic aromatic hydrocarbons in aquatic system by a bacterial-fungal consortium. Environmental Technology, 2018, 39 (16): 2128-2137.

[87] Karaca A, Camci C S, Oguz C T. Effects of heavy metals on soil enzyme activities. Soil Heavy Metals, 2010, 19: 237-262.

[88] Glick B R. Using soil bacteria to facilitate phytoremediation. Biotechnology Advances, 2010, 28 (3): 367-374.

[89] Sessitsch A, Kuffner M, Kidd P, Vangronsveld J, Wenzel W W, Fallmann K, Pus-

chenreiter M. The role of plant-associated bacteria in the mobilization and phytoextraction of trace elements in contaminated soils. Soil Biology & Biochemistry，2013，60：182-194.
[90] 徐军. 植物促生细菌和 EDTA 对植物生长与富集土壤重金属的影响及机制研究. 南京：南京农业大学，2012.
[91] 蔡保松，雷梅，陈同斌，张国平，陈阳. 植物螯合肽及其在抗重金属胁迫中的作用. 生态学报，2003，(10)：2125-2132.
[92] 马彦，佟颖，韩玉华，薛素琴. 杀虫剂对家蝇线粒体膜脂流动性影响的研究. 中国媒介生物学及控制杂志，1998，(06)：33-39.
[93] Shen G，Lu Y T，Hong J B. Combined effect of heavy metals and polycyclic aromatic hydrocarbons on urease activity in soil. Ecotoxicol Environ Saf，2006，63 (3)：474-480.
[94] Gauthier P T，Norwood W P，Prepas E E，Pyle G G. Metal-polycyclic aromatic hydrocarbon mixture toxicity in *hyalella azteca*. 2. metal accumulation and oxidative stress as interactive co-toxic mechanisms. Environmental Science & Technology，2015，49 (19)：11780-11788.
[95] Li L，Steefel C I，Williams K H，Wilkins M J，Hubbard S S. Mineral transformation and biomass accumulation associated with uranium bioremediation at rifle，colorado. Environmental Science & Technology，2009，43 (14)：5429-5435.
[96] Feng M，Li H，You S，Zhang J，Lin H，Wang M，Zhou J. Effect of hexavalent chromium on the biodegradation of tetrabromobisphenol A (TBBPA) by *Pycnoporus sanguineus*. Chemosphere，2019，235：995-1006.
[97] Liu X，Hu X，Cao Y，Pang W，Huang J，Guo P，Huang L. Biodegradation of phenanthrene and heavy metal removal by acid-tolerant *Burkholderia fungorum* FM-2. Frontiers in Microbiology，2019，10：408.

第9章

双菌协同促进多环芳烃的微生物降解

多环芳烃（polycyclic aromatic hydrocarbons，PAHs）广泛存在于大气、水和土壤中，其产生的毒性对环境生物的危害极大。因此，处理 PAHs 污染成为人们日益关注的焦点。其中，利用微生物降解 PAHs 作为一种经济、高效和可持续的处理方式而被广泛使用。但是，由于 PAHs 在水中的溶解度低，使得微生物的降解受到了严重的抑制。所以 PAHs 的增溶生物降解是当前迫切需要解决的问题。本文对产表面活性剂的菌株进行了筛选，并测定所产表面活性剂的性能以及对 PAHs 的增溶效果，希望能够给这一问题的解决提供帮助。

与此同时，PAHs 的生物降解也受到所处环境的影响。例如，在稀土矿区和周边农田土壤中存在着大量的稀土元素，这些稀土元素给周边生态造成了影响。已经存在着大量的报道，说明了稀土元素对于微生物本身的影响，如影响酶活性、抑制代谢等。目前，很少有研究者将稀土元素的胁迫与污染物的降解联系在一起，所以本文对在稀土元素胁迫下微生物降解 PAHs 的情况做了初步的研究。最后，本文将筛选到的菌株进行稀土吸附能力的测试，希望能通过此菌的吸附能力来缓解稀土对微生物降解 PAHs 的抑制作用。

9.1 多环芳烃强化生物降解的应用背景

9.1.1 多环芳烃的增溶生物降解

PAHs 在环境中通常以白色或黄色固体的形式存在，在水中的溶解度极低，使得其大量黏附于水底污泥和土壤颗粒中。而且，随着 PAHs 分子量的增加，其分子结构越稳定，半衰期越长，生物毒性也越大[1]。有研究表明，PAHs 会增加人体众多器官的癌变风险以及会破坏免疫系统的功能[2]。

目前，应用于 PAHs 的修复方法主要有物理、化学以及微生物修复法，其中微生物修复法由于经济成本低、绿色可持续等优势而被广泛应用[3]。通常，微生物修复 PAHs 时，PAHs 需要从土壤中解吸后再与微生物细胞膜接触，随后完成降解过程。但是由于土壤有机质和土壤颗粒本身都对 PAHs 的吸附较强，使得大部分 PAHs 难以与微生物接触。而微生物对 PAHs 的可及性与可利用性恰恰是影响最终降解效率的主要原因。所以为了提高微生物降解效率，添加表面活性剂增加 PAHs 在水溶液中的溶解度成为了主要策略[4]。

（1）化学表面活性剂

大量研究者使用化学类表面活性剂增溶 PAHs，以便提高去除效率。表面活性剂通常通过增溶作用增强对土壤中 PAHs 的洗脱能力[5]。当浓度高于临界胶束浓度（critical micelle concentration，CMC）时，表面活性剂能增强疏水性有机污染物在胶束中的增溶作用，从而显著增加污染物在水相中的分配[6]。

表面活性剂分子在性质上是两亲的，因为它们的头部和尾部对极性和非极性溶剂有很强的亲和力[7]。表面活性剂聚集在溶液表面，似乎在液体和空气之间形成一层薄膜，这使得液体的表面张力降低[8]。Rodriguez Escales 等研究了非离子表面活性剂 Tween 80 对 PAHs 污染土壤解吸的影响，结果表明，PAHs 中细料含量的降低和表面活性剂浓度的增加都会提高解吸率[9]。但是在土壤中存在多种 PAHs 时，表面活性剂只能与混合物中的某些 PAHs 相互作用，因此，增加表面活性剂浓度不一定能促进 PAHs 的去除[9]。Seo 和 Bishop 利用假单胞菌在菲污染土壤表面形成生物膜，然后向土壤中添加一定量的对假单胞菌无毒的非离子表面活性剂 TX-100[10]。结果表明，当 TX-100 浓度高于 CMC 时，附着微生物膜的生理特性发生明显改变，菲的生物降解有明显的改善。

Bautista 等研究证明非离子表面活性剂吐温 80 和 Triton X-100 使萘在水中的溶解度增加了约 100 倍，而菲和蒽甚至提高到了 1000 倍[11]。这大幅增加了 PAHs 在环境水相中的溶解度，提高了生物降解效率。对于黏附在土壤颗粒上的 PAHs，提高其表观溶解度对于生物降解十分必要。Wang 等研究了吐温 80 对模拟污染土壤中 PAHs 生物降解的影响[12]。与无添加对照相比，5g/kg 的吐温 80 将苯并［*a*］芘的降解率提高了 15.5%，达到 57.2%[12]。吐温 80 对 PAHs 生物降解的增强能力在 Reddy 等的后续研究中得到进一步证明，他们发现添加 1.5%（体积比）吐温 80 使 320mg/L 的芴在 24h 内的降解率几乎达到 100%[13]。

大量研究表明，在溶液中添加不同的表面活性剂后，会观察到它们之间的协同作用。例如，向阴离子表面活性剂溶液中添加非离子表面活性剂可显著降低临界胶束浓度并增大胶束体积，强化增溶效果[14]。因此，在实际应用中，使用混合表面活性剂促进 PAHs 降解也是一种选择[15]。Zhao 等利用十二烷基硫酸钠（sodium dodecyl sulfate，SDS）与吐温 80 组成的阴-非离子混合表面活性剂具有更低的 CMC，并大幅提高了菲的表观溶解度和降解效率[16]。这说明利用混合表面活性剂提高 PAHs 的生物利用度是有效的。

表面活性剂可以在溶液中形成胶束，从而增加 PAHs 的表观溶解度。但是在胶束体系中，化学类表面活性剂本身的毒性会限制微生物降解 PAHs。近年来，研究者发现了另外一种避免化学类表面活性剂毒性的方式：浊点系统（cloud point system，CPS）。非离子型表面活性剂在高于其浊点温度或外界添加物质的情况下，溶液会形成表面活性剂浓度相差较大的两相（稀相和凝聚层相），这种两相体系称为 CPS[17]。在表面活性剂使用的过程中，由于存在浓度很小的稀相，所以其对生物的毒性被减小。

有研究表明，在浊点体系中所使用的非离子表面活性剂，在水环境中表现为低毒和可生物降解的特性[18]。与表面活性剂胶束水溶液相比，CPS 具有良好的生物相容性和易回收性[19]。Pan 等使用混合型非离子表面活性剂 Brij 30 和 TMN-3 分别形成胶束体系和 CPS，并由萘和菲进行生物毒性实验。结果发现，在胶束体系中 PAHs 的生物毒性会随着表面活性剂的浓度增加而增加，但在 CPS 中其生物毒性一直处于较低水平，这主要是 2 种体系中 PAHs 不同的生物利用度造成的；与胶束体系相比，CPS 的凝聚层相消除了底物和产物对污染物的抑制作用，从而增强了生物降解性；在 CPS 中，由于 CPS 的增溶作用，PAHs 被提取到凝聚层相，因此，由 PAHs 疏水性引起的微生物降解速率限制被打破，从而促进了转移和吸收；由于大量的 PAHs 被提取到凝聚层相，在稀相中只留下少量的 PAHs，而亲水的微生物细胞存在于表面活性剂浓度很低的稀相中，因此 CPS 中 PAHs 表现出的微生物毒性更低[20]。

（2）生物表面活性剂

生物表面活性剂在增溶和乳化方面的效果几乎和化学类表面活性剂一致，但是由于它们毒性更小、能够生物降解而被广泛关注[21]。而且生物表面活性剂还可由微生物代谢废弃物产生，从生产成本上也能够得到控制。生物表面活性剂和化学表面活性剂一样，在增加 PAHs 的表观溶解度和提高其生物降解效率方面显示出极大的潜力[22]。近年来，生物表面活性剂由于低毒和高生物降解性而受到广泛关注[23]。

在 PAHs 增溶生物降解中常用的生物表面活性剂有鼠李糖脂、槐糖脂、脂肽和皂角苷等，而其中使用最多、研究最广泛的是鼠李糖脂[24]。截止到 2021 年 3 月，我们在 Web of Science 以“Biosurfactant”作为关键词检索到关于生物表面活性剂的英文文献共 5172 篇，其中有关“Rhamnolipid”的文献有 1450 篇，占28%；同样，在中国知网中以“生物表面活性剂”作为关键词检索到中文期刊论文共2201篇，结果中有关“鼠李糖脂”的文献有585篇，占26%。许多研究表明了鼠李糖脂对土壤中PAHs污染具有良好的去除效果。在An等的研究中，添加50mg/L鼠李糖脂可使植物根际土壤和沟渠土壤中菲的去除量分别从3.37mg/kg和7.98mg/kg提高到8.76mg/kg和12.24mg/kg，而且随着土壤中鼠李糖脂含量的增加，菲的去除量也随之上升[25]。Wang等也发现，在PAHs污染土壤中添加鼠李糖脂，60d后PAHs的降解率提高了4.2倍[26]。与化学表面活性剂相比，鼠李糖脂在促进PAHs微生物降解方面的效果更加显著。裴晓红对比了吐温80和鼠李糖脂对鞘氨醇单胞菌GF2B降解菲的影响，结果表明吐温80抑制菲的降解，而鼠李糖脂却促进了菲的降解，使得菲的降解率达到了99.5%[27]。以上研究表明，鼠李糖脂能有效地促进土壤中PAHs的去除，适用于此类污染土壤的修复。

除鼠李糖脂之外，其他生物表面活性剂在促进PAHs生物降解方面的研究相对有限。皂角苷是一种在植物中提取的生物表面活性剂，当其浓度超过CMC时，菲、芘和苯并［*a*］芘的表观溶解度都显著增加[28]。Zhou等对比了皂角苷与化学表面活性剂对菲的增溶作用，结果表明，皂角苷对菲的摩尔增溶率约为非离子表面活性剂的3～6倍[29]。另外，Bezza等从石油污染土壤中分离得到一株铜绿假单胞菌，该菌株能产脂肽类生物表面活性剂，与水溶液相比，当脂肽类生物表面活性剂浓度为400mg/L时，菲、荧蒽和芘的去除率分别增加了19倍、33倍和45倍[30]。宋赛赛研究了皂苷同时去除镉和菲的性能。以3750mg/L皂苷溶液为去除剂，可同时去除87.7%的镉（Ⅱ）和76.2%的菲[31]。

9.1.2 糖脂类及脂肽类生物表面活性剂

生物表面活性剂根据组成分子的成分不同可分为糖脂类、脂肽类和磷脂类[32]。生物表面活性剂的结构差异导致了不同的功能性。以下介绍两种报道最多的生物表面活性剂。

（1）糖脂类

天然糖脂生物表面活性剂可由微生物发酵产生[33]。通常，它们在培养基中发酵并在细胞外释放出来[34]。目前有较多的天然糖脂被分离和鉴定出来了，如鼠李糖脂、海藻糖脂和槐糖脂[35]。而与化学类表面活性剂所不同的是，糖脂类生物表面活性剂的生产更为绿色，其中大部分工业废物如含油的副产物都可作为天然糖脂生产的原料。

糖脂生物表面活性剂由于具有多种理化性质和生物活性，近年来受到越来越多的关注。它们具有良好的表面活性，如分散性、起泡性、乳化性、增溶性、润湿性和渗透性。而且即使在极端 pH、盐度和温度条件下，它们的表面活性也是稳定的[36]。因此，它们在改善烃类溶解度、流动性和生物降解性方面应用非常广泛[37]。糖脂类生物表面活性剂具有溶血、抗菌、抗癌、抗病毒和免疫调节等作用，在生物医学和治疗学方面也应用较广。Mani 等研究了由葡萄球菌 SBPS15 生产的糖脂生物表面活性剂的抗菌活性[38]。研究表明，这种新型糖脂能够在宽泛的 pH 和温度下保持其稳定性，且对多种临床分离的病原菌和真菌具有良好的抗菌活性。此外，由于其广泛的乳化能力，在食品工业中能够得到很好的应用。Chander 等测定了鼠李糖脂（产于枯草芽孢杆菌 MTCC441）乳化植物油的能力，其中测定的植物油包括蓖麻油、芥子油、椰子油、姜籽油和葵花籽油[39]。得出结论，生物表面活性剂鼠李糖脂对姜籽油的乳化指数为上述植物油中最高，乳化百分数达到 71%。此外，糖脂类生物表面活性剂在农业中还可抑制病害虫幼虫的生长和对植物病原真菌有良好的抑菌效果。例如，Yan 等[40] 报道了鼠李糖脂显著降低了樱桃番茄的腐烂发生率，并指出鼠李糖脂对采摘后樱桃番茄的主要病原菌生长有明显的抑制作用。

在糖脂类生物表面活性剂中，鼠李糖脂是目前研究最多的、最具应用前景的一类生物表面活性剂[41]。它们主要由各种铜绿假单细菌产生，这些细菌能够利用各种疏水性底物作为碳源来生产鼠李糖脂[42]。鼠李糖脂具有两个亲水性头部基团和羧基基团使它的头尾两端同时具有亲水性和疏水性[41]。鼠李糖脂的这种结构特征使其具有发泡、去污、乳化和破乳等功能，在化妆品、农业和食品工业等领域应用广泛[43]。其中，鼠李糖脂的乳化性能对食品获得理想分子量产品起着关键性作用。再者，这种乳化性能对于石油工业的碳氢化合物乳化也非常重要，可用于提高石油回收率和提高生物修复石油污染效率[44]。而在化妆品领域，与化学表面活性剂相比，鼠李糖脂显示出与皮肤的高相容性，表现出非常低的刺激性[45]。综上所述，鼠李糖脂所表现的如去污、泡沫形成和乳化等功能，说明鼠李糖脂可以成为化学合成类表面活性剂的合格替代品，并且在一些方面还优于化学表面活性剂。例如，鼠李糖脂还具有抗菌活性和热稳定性。更重要的是，与合成表面活性剂相比，生物表面活性剂易于生物降解，生物相容性好且无毒。

到目前为止，铜绿假单胞菌分泌的鼠李糖脂、球拟假丝酵母分泌的槐糖脂和南极洲假丝酵母分泌的甘露糖赤藓糖醇脂已经能够被很好的研究和利用[46]。但此类生物表面活性剂仍存在生产成本高、产品提纯效率低下等问题。因此，需要继续研究糖脂生物表面活性剂合成技术，以实现高纯度的规模化生产，这是其商业化应用的前提[47]。

（2）脂肽类

脂肽类表面活性剂也可称为表面活性素（surfactin）[48]。相比于一般表面活性剂，拥有独一无二的亲水性肽环的表面活性素能够在不同的相界面上更加稳定地发挥作用[49]。脂肽类表面活性剂在降低表面张力方面有着出色的性能，表现为即使在其浓度低至 10mg/L 时仍然可以将水溶液中的表面张力从 72mN/m 降低到 27mN/m[50]。Maget-Dana 等总结了温度、pH 值和盐分对表面活性素表面性质的影响[51]。他们认为，表面活性素的性质受温度的影响较小，但受 pH 和盐分的影响较大，而影响较大的原因可能是肽环中谷氨酸和天冬氨酸残基被中和或被破坏了。

因为表面活性素具有很强的表面活性，到目前为止表面活性素被认为是微生物采油效率最高的生物表面活性剂之一[52]。Kiran 等筛选出一株能够产表面活性素的金黄色葡萄球菌，并通过实验验证了这种表面活性素在微生物采油中能够发挥促进作用[53]。更重要的是，此表面活性素能够在磷脂双分子层中产生选择性的阳离子通道，促进阳离子跨膜转运。并且此表面活性素还具有很强的抗菌能力，这使其能够在药物跨膜运输与水果保鲜和农作物抗病害方面发挥潜在作用。

然而，大多数表面活性素对不同的细胞类型是非选择性的，因此在使用的过程中可能会对哺乳动物细胞产生严重的细胞毒性[54]。近年来，人工合成脂肽受到人们青睐。因为合成脂肽对哺乳动物细胞膜的亲和力较低，不会造成人血浆中的蛋白质水解或降解。研究人员通过合理的分子设计，开发出新的合成脂肽，其功能领域包括抗菌、抗病毒、抗肿瘤、药物、化妆、驱油、酶抑制剂等。Makovitzki 等研究了一些抗细菌和抗真菌脂肽，这些脂肽在非常低的浓度下可以通过裂解机制迅速与微生物膜作用，对一系列植物致病性菌株和人类病原体具有强大的抗菌活性[55]。他们还报道称此类脂肽也可作为生产护肤品的原料，其作用是刺激皮肤表面产生胶原蛋白。同样的，Castelletto 等发明了一种市售脂肽，并将其用于如抗皱霜等化妆品中。研究表明，这种脂肽有助于刺激皮肤胶原蛋白的产生，增加皮肤细胞外基质的生成[56]。其他研究者也发现了脂肽 C_{16}-GHK 和 C_{16}-KT 具有类似刺激胶原产生的功能[57]。

虽然天然脂肽在工业上具有很高的应用价值，但目前的发酵工艺从成本和规模上都很难满足目前的工业需要。而且天然脂肽混合严重，通常难以分离和纯化。目前，还存在另外一种方式获得脂肽，即通过固相合成技术去合成具有特定分子结构的脂肽，其中肽序列和烃链长度可以灵活地变化。但这种合成技术在工业上使用仍然存在成本过高的问题。在生物合成方面，通过构建基因工程菌株，或许能够以低成本生产具有特定分子结构的脂肽类生物表面活性剂[58]。

9.1.3 生物表面活性剂在生物降解中的应用

生物表面活性剂具有低毒性和良好的理化性质，在石油泄漏清理、废水处理、疏水性污染物处理等环境生物修复中具有广阔的应用前景。生物表面活性剂能够影响微生物细胞表面疏水性，而细胞表面疏水性恰恰是生物降解过程中的一个关键因素[59]。细胞疏水性的关键性在于在降解过程中细胞表面能否聚集较多的污染物。污染物在微生物表面聚集后，微生物会进一步破坏污染物的碳氢键，在这种破坏力的作用下，污染物最终转化为二氧化碳、水和矿物质[60]。所以微生物降解能够更好地实现绿色降解的目的。

生物表面活性剂可以通过多种机制促进碳氢化合物污染的生物修复。它们既可以通过提高微生物的底物利用率，也可以通过与细胞表面相互作用，从而增加细胞表面的疏水性，使疏水性污染物更容易与细菌细胞结合，从而提高降解效率。这两种方式都能够很好地促进污染物的降解[21]。生物表面活性剂中使用和研究最多的是鼠李糖脂，鼠李糖脂生物表面活性剂在修复受污染的土壤中可发挥关键作用[61]。在 Whang 等的研究中，当鼠李糖脂以高于 CMC 值的浓度添加到去离子水中时，石油成分的增溶作用增强，微生物的生物量从 1000mg/L 增加到 2500mg/L，石油的生物降解率从 40%增加到 100%[62]。

生物表面活性剂会与细菌细胞的表面相互作用，从而影响细菌细胞与疏水化合物的相互作用。在溶液中碳氢化合物通常带负电，碳氢化合物和微生物之间的吸引力范德瓦耳斯力必须克服带负电微生物和碳氢化合物之间的静电斥力[63]。在 Kaczorek 等的研究中，单鼠李糖脂提高了细胞表面 zeta 电位，进而降低了静电斥力，增强了细胞与十六烷的相互作用，促进了十六烷的降解[64]。

生物表面活性剂还可以通过乳化污染物来促进碳氢化合物的生物降解。例如，溶血性不动杆菌 Zn01 的生物表面活性剂显示出 60%的乳化指数，并且具有很高的去除污染水中柴油的潜力[65]。另一种由假丝酵母产生的糖脂生物表面活性剂显示出去除70%疏水化合物的能力，例如吸附在多孔表面的机油；还显示出输送和溶解海水中溢油的潜力[66]。

生物表面活性剂由于其性能的稳定性优势，表现出从土壤中去除石油污染的应用前景[67]。有研究表明，由从石油污染土壤中分离的芽孢杆菌5-2a产生的脂肽生物表面活性剂在极端环境条件下，即在温度高达120℃、pH值为2～13、盐度为0～50%的不同条件下仍然具有较低的表面张力26.5mN/m，乳化指数也能达到60%，并表现出很强的去除原油污染物的潜力[68]。

由于近年来人类活动，在环境中存在着大量PAHs。PAHs水溶性低，疏水性高，其生物修复受到限制。其次，由于PAHs疏水分子在水中的溶解度低，界面张力高，因此很难将其从土壤中去除[69]。当生物表面活性剂与PAHs接触时，它能够使PAHs包裹在其内部，直观表现为PAHs在水相中溶解度增加[59]。因此，生物表面活性剂可以促进土壤中PAHs的环境生物修复[70]。例如，电动微生物修复（EMR）利用假单胞菌MZ01发酵得到的糖脂生物表面活性剂去除污染土壤中的PAHs[71]。

9.1.4 重金属和稀土离子胁迫下污染物的生物降解

有机和无机污染物共同污染的修复是一个复杂的问题，因为这两类污染物需要区别对待[72]。在高飞的描述中，由于重金属和PAHs都易被土壤颗粒吸附，它们在土壤中互相之间的协同和拮抗作用使得所产生的毒性效应也变得很复杂[73]。在影响微生物功能方面，共污染土壤中有毒金属的存在将会抑制微生物降解有机污染物，影响其生长、代谢、氮和硫转化等[74,75]。金属元素产生毒性的大小取决于金属本身浓度和形态以及生物体对金属胁迫作出反应的能力[76]。金属可通过多种方式产生毒性，例如抑制酶活性、置换生物体必需金属、破坏细胞膜与细胞器膜以及改变细胞内稳态与应激反应系统。

目前，大多数研究都关注于重金属与有机污染物的共同污染情况，却很少有研究者关注在稀土离子胁迫下有机物的生物降解情况。例如，在一些研究中就证实了有毒金属阳离子Cd^{2+}替代了酶内的必需金属Zn^{2+}，导致了生物酶功能障碍，影响了有机物的降解[77]。但是，随着稀土无序开采和电子垃圾堆积，土壤中稀土元素正在剧增。研究人员发现，有些地区土壤表面的稀土元素总浓度达100～200mg/kg[78]，而且在人类的活动下会将其水平提高到1000mg/kg以上[79]。

稀土元素在土壤中高富集可能是由其低迁移率造成的。Cao等的研究发现，稀土元素极其容易吸附在土壤和沉积物上[80]。Sheppard 等在 200 个加拿大农业土壤中开展的一项研究表明，稀土元素的固体-液体分配系数介于 3800 与 8100 之间，而其他金属元素如 Zn、Cd、Cu、Cr 的固体-液体分配系数仅仅在 16 与 780 之间，表明在环境中大量稀土元素与土壤结合[81]。稀土元素这种在土壤中高集聚的状态，势必造成与重金属污染相似的情况。

很少有研究者关注稀土毒性的现象，可能的原因是稀土的毒性被低估了。Gonzalez[82] Migaszewski[83] 的研究表明，稀土元素在接近中性或碱性条件下容易形成难溶的氢氧化物，或与磷酸盐或碳酸盐反应形成沉淀，从而降低其生物利用度。这种现象往往导致低估其在环境条件下的毒性[83]。而且，由于不溶性化学物质的形成，实验室试验的实际暴露浓度可能远低于分析浓度。但是在 Pang 等的报道中，尽管大多数稀土元素会形成沉淀而逐渐固定在土壤颗粒表面，但是约 10%的稀土元素仍然可溶[84]。这些可溶的稀土元素将会通过水流迁移，污染地下水，并扩散到其他地区，造成河流和湖泊的污染问题。而且这些固定在土壤颗粒表面的稀土，由于不能被生物利用，将会在生物体内积累，并将通过食物链给人体带来危害。

（1）重金属对污染物生物降解的影响

有机物与重金属混合污染物主要通过生活污水排放和工业废水排放进入水环境，对水生生物的生存环境造成影响[85]。重金属如 Hg、Pb、Cd 对人类、水生生物和整个环境具有很强的毒性，因为它们具有致癌性，很容易损害生物的重要器官[86]。据 Qin 等报道，大多数有机污染物与重金属一样也具有毒性和致癌性[87]。而由于有机污染物和重金属两者本身都对生物具有毒性，在水中生物处理这些混合污染物通常比处理单个污染物更加烦琐[88]。

在水溶液中存在有机化合物时，重金属与有机污染物之间可能形成络合物，重金属变得更容易黏附在土壤中，造成更深层次的污染。此外，在水溶液中重金属也会使得有机污染物在水中变得更加稳定，给从污水中生物降解这些污染物带来新问题[89]。根据 Lin 等的报道，由于重金属和有机污染物混合，发生更严重的拮抗作用，使得植物的生长受到抑制[90]。同样的，Ahmaruzzaman 等在研究微生物群落的生存状态上，也发现类似问题，研究表明，由于重金属和多环芳烃等有机污染物的共存，微生物种群可能受到负面影响[91]。

当然，研究人员已经开始着手研究，在重金属存在的情况下，有机污染物的生物降解问题[92]。据 Liu 等报道，重金属和有机污染物对微生物的联合影响比单个重金属或有机物的暴露更为复杂[93]。在 Sandrin 和 Maier 的研究中，有毒金属阳离子 Cd^{2+} 可替代酶内的必需金属 Zn^{2+} 导致酶功能障碍[77]。

重金属影响微生物降解有机污染主要有两种机制：a.吸附位点的竞争；b.影响酶活性。当重金属和有机污染物竞争相同的吸附位点时，吸附的先后顺序将由重金属与细胞的吸附力和有机物与细胞的吸附力两者的大小决定[94]。而对吸附力大小起决定性作用的是两种力的形式，细胞表面带负电的物质与重金属离子之间的是电荷力，而细胞表面与有机污染物之间的通常是范德瓦耳斯力[95]。在绝大多数情况下，电荷力是要远远大于范德瓦耳斯力的，所以造成了重金属抢占有机污染物的吸附位点，进一步导致了细胞表面性质的改变，影响细胞对有机物的吸附，与不存在重金属情况下对比降解效果出现明显差异[96]。

重金属通过与底物的直接或间接接触，能破坏关键酶反应，这样会使酶的结构发生改变，形成活性氧，从而导致酶的过氧化[97]。重金属在某些情况下还可以与酶蛋白结合，组成酶蛋白的活性部分，在重金属浓度低的时候能够促进有机物的降解[98]。然而，过多的重金属会与常量金属 Mg^{2+}、Ca^{2+} 等竞争，而这种常量离子一般是细胞用来组成降解污染物酶的关键。但是由于这种竞争关系的存在，导致了酶活性的进一步降低，抑制了降解。此外，重金属还能通过伪装成细胞活性物质来抑制酶的活性，对酶造成严重的影响，抑制污染物的降解[99]。

（2）稀土离子对污染物生物降解的影响

据调查，我国也有一些地区土壤中稀土含量较高。例如，郭伟等测定了内蒙古包头和白云鄂博矿区土壤中稀土含量。结果表明，距包头尾矿库边缘 50m 各个方位的土壤都有严重的稀土污染，最高的稀土富集 La、Ce、Nd 含量分别达到了 11145.0mg/kg、23636.0mg/kg、6855.51mg/kg；其中白云鄂博矿区土壤中的 Ce、Y 含量也明显高于其他地区，平均值高达 7142.1mg/kg、63.2mg/kg[100]。金姝兰等测定了典型稀土矿区龙南县土壤中的稀土元素含量，检测结果为稀土元素平均含量为 976.9mg/kg，达到了全国土壤稀土元素含量背景值的 5.09 倍[101]。与此同时，刘攀攀等对我国南方地区稀土矿周边水稻土进行采样调查，结果表明土壤中稀土元素含量最高达到了 965.3mg/kg，稀土含量平均值为 332.6mg/kg，是我国土壤背景值的 2～3 倍[102]。

目前，对稀土造成毒性的机制还研究较少，在各研究中，所介绍的毒性机制包括：a.稀土离子与钙/镁的竞争破坏生物骨骼完整性和细胞传递信号的机制；b.稀土离子替代铁离子，导致了脂质过氧化；c.由于稀土离子与磷酸根结合导致生物磷元素的缺乏。一般来说，暴露于过量浓度的稀土下可能会导致生物体产生多种反应，目前还没有稀土元素的生物效应机制被普遍接受[103]。

关于稀土离子与钙/镁的竞争其实和重金属与其竞争的效应是一致的。在 Das 等的描述中，镧系元素的离子半径与 Ca^{2+} 非常接近，它将会置换细胞不同部位的钙离子，导致不同的细胞功能受到损害[104]。与此同时，La^{3+} 可能会阻断钙离子通道[105]，并可能通过钙通道干扰营养离子的摄取。在 Zhang 等的报道中，镧通过刺激活性氧去除相关酶，减少小麦细胞损伤，使叶片不易受到氧化应激[106]。然而，Ippolito 等认为，当抗氧化剂刺激不能克服大量活性氧的产生和防止氧化应激时，可能会出现意想不到的负面影响。从这个意义上说，在高浓度施用含稀土的肥料后，在植物中可能会出现组织损伤[107]。目前，主要的研究都集中在稀土离子在对生物体造成影响，但是很少有研究者研究稀土离子对污染物生物降解的影响。

9.2 产表面活性剂菌株的筛选与鉴定

9.2.1 产表面活性剂菌株的筛选

（1）菌株分离

取采集的样品 1g 或 1mL，加入 10mL 无菌水中制成悬浮液，充分振荡后，取悬浮液 4mL 加入到 30mL 富集培养基中。30℃、150r/min 培养 2 天，或观察到明显浑浊后，再将菌落进行稀释涂布分离。待平板上的菌株长出肉眼可见的菌落时，选择生长较好的菌株，挑出在 LB 平板上进行划线纯化。最后挑取在划线的平板上的单菌落保存在斜面 LB 培养基中并命名。

（2）排油性能测定

将分离得到的单菌落接种于发酵培养基中，在 30℃、150r/min 的条件下培养，几天后，取发酵上清液测排油圈。使用油膜破裂法测定发酵液的排油圈。检测液的制备：在液体石蜡中加入染料苏丹红Ⅲ，并于 121℃灭菌 25min 制成检测液，于常温下保存备用。取 1mL 发酵液到 1.5mL 离心管中，8000r/min 下离心 10min，去除细胞，利用上清液测定排油活性。在桌上放置白纸和直尺，取直径为 9cm 培养皿置于其上，保证尺子在培养皿直径上。在培养皿中加入去离子水 15mL，再加入检测液 1mL，待检测液在去离子水表面形成红色薄膜后，在薄膜中央滴加 50μL 待测样品。待油圈排开后，拍照保存，之后用软件 NanoMeasurer 测量其排油直径，重复 3 次。排油圈测定后，保留排油性能较好的菌株进行第二次发酵培养及乳化性能的筛选。

对经过涂布、划线纯化分离的 38 株菌株进行发酵培养，所得培养液进行排油圈测定。如图 9.1 所示，根据排油圈的大小，排油圈大于 40mm 的菌株有 14 株，菌名分别是：FSP416、MSP314、FSP125、FSP315、MSP118、MSP313、MSP117、MSP114、OSP316、MSP126、MSP217、FSP115、OSP214、OSP114。保留这 14 株菌株进行下一步乳化性能的测试。

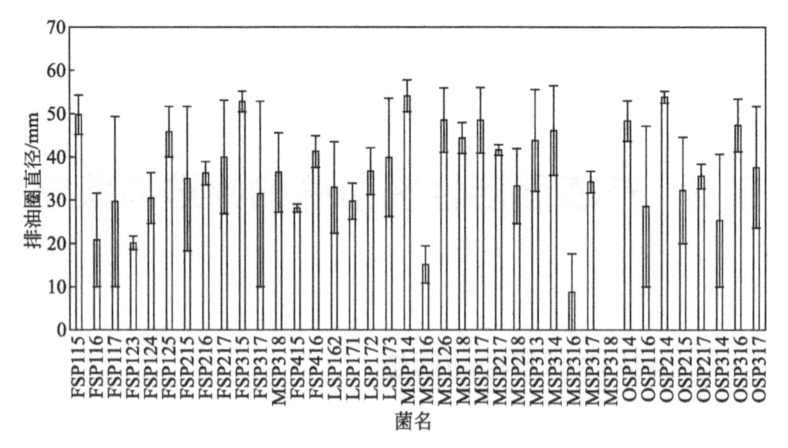

图 9.1　发酵液排油能力

（3）乳化性能测定

利用柴油这种不溶于水的有机物进行发酵液乳化性能的测定。取 5mL 离心去除菌体的发酵液和 5mL 柴油于 10mL 带有刻度的离心管中，在旋涡振荡器中振荡 5min，形成乳化液，静置 24h，之后记录乳化层高度，最后计算乳化性能指数 E_{24}。E_{24} 的计算式如下所示：

$$E_{24}=(H_{乳}/H_{总})\times 100\% \tag{9.1}$$

式中，$H_{乳}$ 代表乳化层高度；$H_{总}$ 代表溶液的总高度。

如图 9.2 所示，对经过排油圈筛选后保留的 14 株菌株进行发酵液乳化性能的复筛。结果表明，菌株 MSP117 的乳化性能指数为最高，达到了 78%。基本可以确定菌株 MSP117 具有产表面活性剂的能力。因此，最终保留了一株菌株 MSP117 用于后期的实验。

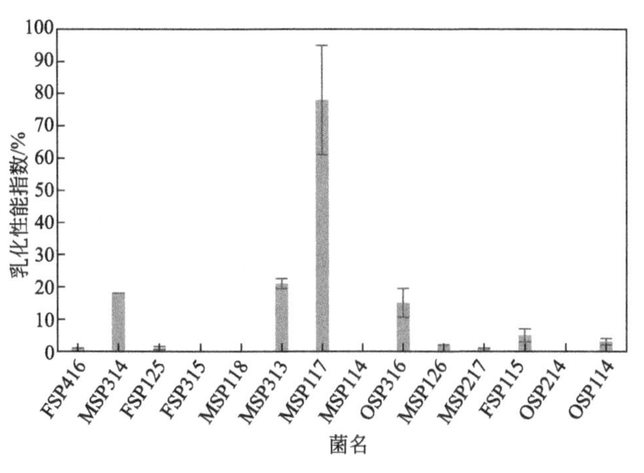

图 9.2 发酵液乳化性能

9.2.2 吸附性能测定

(1) 菌体的收集与吸附过程

菌株 MSP117 吸附剂的制备过程如下：a. 将 MSP117 单菌落接于发酵培养基中，培养 144h，培养条件为转速 150r/min 和温度 30℃；b. 培养完成后，将发酵培养基经离心机于 8000r/min 下离心 10min，收集菌沉淀；c. 用去离子水洗涤收集到的菌株沉淀物两次，并重复离心两次，得到湿菌（不处理）保留在 4℃冰箱备用。

菌株的吸附过程如下：取 0.5mL 湿菌体，加入 550μL 无菌水，定容到 1mL，使得菌悬液浓度为 0.5g/mL；分别取 20μL、40μL、60μL、80μL、100μL 菌液，加入到含有浓度为 100mg/L 的 10mL 稀土溶液的离心管中，使得菌株在溶液中的最终浓度为 0、1g/L、2g/L、3g/L、4g/L、5g/L；把离心管放入摇床中，吸附条件为 25℃、150r/min，100min 后取出摇床中的离心管，在 8000r/min 的转速下离心 10min，后取上清液测定稀土含量。

(2) 稀土样品的测定及其标准曲线的绘制

溶液配制与样品测定。a. 偶氮胂Ⅲ溶液（0.2g/L）：取 0.2g 偶氮胂Ⅲ溶于水，定容至 1L。b. 乙酸-乙酸钠缓冲溶液：用少量去离子水先将 25g 无水乙酸钠溶解，之后再加入 180mL 冰乙酸，最后加水定容至 1L。在 10mL 比色管中，加入 3mL 乙酸-乙酸钠缓冲液和 0.1mL 偶氮胂Ⅲ溶液，再取 0.1mL 的稀土样品溶液混合，然后加入 1.8mL 去离子水，混匀，放置 30min 后检测。最后使用酶标仪测定混合溶液在波长 655nm 处的 OD 值。

在一系列的 10mL 玻璃比色管中，用移液器分别吸取浓度为 0、1mg/L、2mg/L、4mg/L、6mg/L、8mg/L、10mg/L、20mg/L、40mg/L、60mg/L YCl_3（$CeCl_3$）溶液 0.1mL 置于 10mL 比色管（每组两重复），加入 3mL 乙酸-乙酸钠缓冲液和 0.1mL 偶氮胂Ⅲ溶液，最后加入 1.8mL 去离子水，混匀。放置 30min 后，取混合溶液 1mL 加入到 96 孔透明板中，再置于酶标仪中，于 655nm 处测定其 OD 值。

（3）吸附实验公式

分别测定吸附前后稀土离子浓度，稀土吸附量计算式如式（9.2）所示：

$$q_t = \frac{(C_0 - C_t)V}{M} \tag{9.2}$$

式中，C_0 为溶液中稀土离子的初始浓度，mg/L；C_t 为 t 时间溶液的稀土离子浓度，mg/L；q_t 为菌株 MSP117 在时间 t 的稀土离子吸附量，mg/g；V 为溶液体积，L；M 为菌株 MSP117 用量，g。

实验结果如图 9.3 所示，由图可知，菌株 MSP117 对稀土的吸附量随着其湿菌重的增加而逐渐升高。当湿菌 MSP117 浓度达到 5g/L 时，菌株对钇离子的吸附量达到 68.18mg/g；对铈离子的吸附量高达 94.23mg/g。在菌株的浓度较低时，稀土吸附量的增加速率很大。而随着湿菌浓度的增大，稀土吸附量的增加速率明显变缓，说明菌株在吸附过程中慢慢出现了吸附饱和。

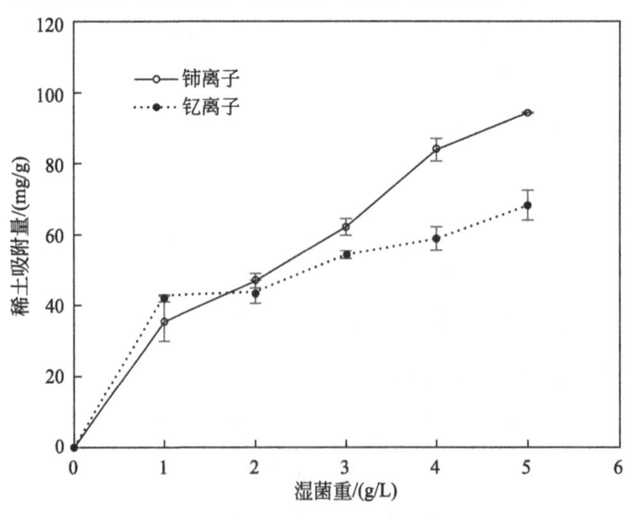

图 9.3　MSP117 湿菌吸附稀土

9.2.3 生理生化性能测定

（1）菌落的平板形态特征与显微镜观察

将菌种 MSP117 涂布于固体 LB 平板中，经约 48h 培养后，即可直接观察 MSP117 单菌落形态特征。取少量液体 LB 培养中的培养液稀释制片后可直接在相差显微镜中镜检。

（2）革兰氏染色

将菌体 MSP117 涂片、干燥、固定。在载玻片上先加少量结晶紫染液初染，后加卢戈氏碘液染色，然后用酒精脱色，之后用水冲洗并干燥，最后用番红再次染色并冲洗干燥，置于高倍显微镜下镜检。染色后，在显微镜下观察菌体，若呈红色，则为革兰氏阴性菌；若为紫色，则为革兰氏阳性菌。

（3）芽孢染色实验

将菌体 MSP117 涂片、干燥、固定，再将 5%孔雀绿溶液滴加于涂片上。之后加热，几分钟后停止加热。待载玻片自然冷却后，用流水冲洗直到染料不再褪色为止。最后使用 0.5%碱性番红复染 2min，再次将载玻片冲洗。将染色完成的载玻片置于油镜下观察。芽孢为绿色，菌体为红色。

（4）接触酶实验

在载玻片上滴加一定量的 3%过氧化氢溶液，之后再将 MSP117 单菌落加入溶液中，观察载玻片上是否有气泡产生。阳性反应为有气泡产生，阴性则无气泡产生。

（5）氧化酶实验

在 MSP117 单菌落上滴加 1%的 DMPD・2HCl 水溶液，观察菌落是否变为红色，变色为阳性，不变为阴性。

（6）淀粉水解

使用的是淀粉固体培养基，待平板长出菌落后，滴加一定量的碘液于淀粉固体培养基上。等待一定时间后，观察菌落的周围是否出现了无色透明圈。若出现，说明菌株能水解淀粉，为阳性；仍为蓝黑色则为阴性。

（7）糖发酵实验

使用的是糖发酵培养基，并将杜氏小管放入其中，30℃静置培养。若培养基颜色变为黄色，则菌株能够利用此糖作为碳源生长且产酸，不变色则为不产酸。若杜氏小管中有气泡出现，则产气；无气泡则不产气。

（8）甲基红实验

接 MSP117 于甲基红培养基中，室温培养。待培养基出现浑浊后，向培养基中加入一滴甲基红试剂，红色为阳性，黄色为阴性。

（9） VP 实验

接 MSP117 于 VP 培养基中，30℃静置培养。等待几天后，加入 0.8mL 奥梅拉试剂振荡 2min 后，温度 50℃下水浴 2h，变红则为阳性。

（10）吲哚实验

接 MSP117 于装有吲哚的培养基中，30℃静置培养。待几天后，加入 1mL 吲哚试剂。如有必要，需要加入乙醚振荡。观察颜色，变红则为阳性。

如图 9.4（见文前彩图）所示，其中图（a）为平板直接观察，图（b）为相差显微镜观察，图（c）为革兰氏染色后高倍显微镜观察。菌株 MSP117 在 LB 固体培养基的形态特征如图 9.4(a) 所示，菌落呈现白色、干燥、扁平、不透明，在平板上孵育 48h 后，直径为 0.6～0.8cm。从图 9.4(b) 中可以看出，细胞呈现杆状，且有孢子形成。如图 9.4(c) 所示，革兰氏染色后为紫色，为革兰氏阳性菌。且在静止培养过程中，菌会漂浮在液面上，形成一层薄膜，基本可以判断为芽孢杆菌。

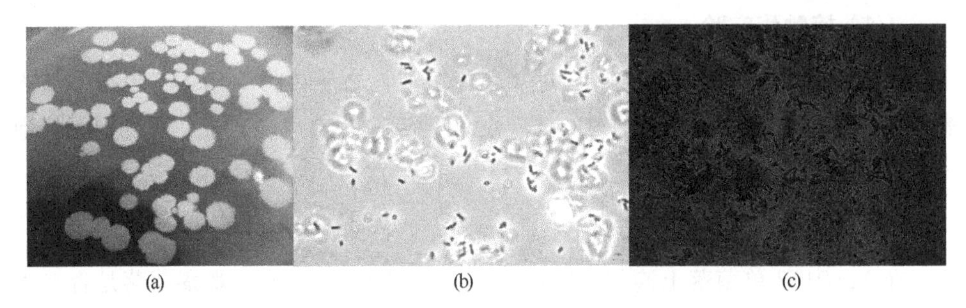

图 9.4　菌株的形态与显微观察

菌株的生理生化性能的结果见表 9.1。

表 9.1　生理生化性能

生理生化实验	MSP117
革兰氏染色	＋
芽孢染色	＋
接触酶实验	＋
氧化酶实验	＋

续表

生理生化实验	MSP117
淀粉水解	+
葡萄糖	产酸不产气
蔗糖	产酸不产气
甲基红实验	−
VP 实验	−
吲哚实验	−

注：+表示实验结果为阳性；−表示实验结果为阴性。

9.2.4 菌株的同源性分析

(1) MSP117 的 16S rDNA 序列测定

将筛选获得的纯菌 MSP117 移交给上海生工生物工程技术服务有限公司，利用 16S rDNA 基因序列的两种通用引物 27F 与 1492R 进行 PCR 扩增，扩增产物经过纯化后进行菌株 MSP117 的 16S rDNA 基因序列的测定。然后将获得 16S rDNA 序列输入至 NCBI 中进行 BLAST 分析 MSP117 的同源菌属，确定其菌属类别。

(2) 菌株 MSP117 Genbank 登陆序列号的获取

将菌株 MSP117 的 16S rDNA 序列与其他基本信息提交到 NCBI 中，等待其反馈后，即可获取到菌株 MSP117 的 Genbank 登陆序列号。

(3) MSP117 系统进化树的建立

将所得序列复制到 NCBI 中进行同源序列的检索，从检索的结果中保留 10 个左右相似度较高的序列，使用 MEGA6 软件对菌株 MSP117 的序列和所保留的 10 个左右序列进行比对，同时对前后不整齐的碱基进行修剪，以便达到较大的同源性。最后使用 MEGA6 软件中的比邻法（NJ 法）来构建系统进化树，通过 Bootstrap 法进行置信度的检验，重复次数 1000 次。

MSP117 的系统进化树如图 9.5 所示。基于 16S rDNA 基因相似性和系统进化分析，MSP117 极有可能是芽孢杆菌属（*Bacillus*）的一员，且与枯草芽孢杆菌（*Bacillus subtilis*）为同一种。

9.2.5 菌株的保藏

将筛选获得的纯菌 MSP117 菌株于试管斜面培养。在菌株培养期间，联系

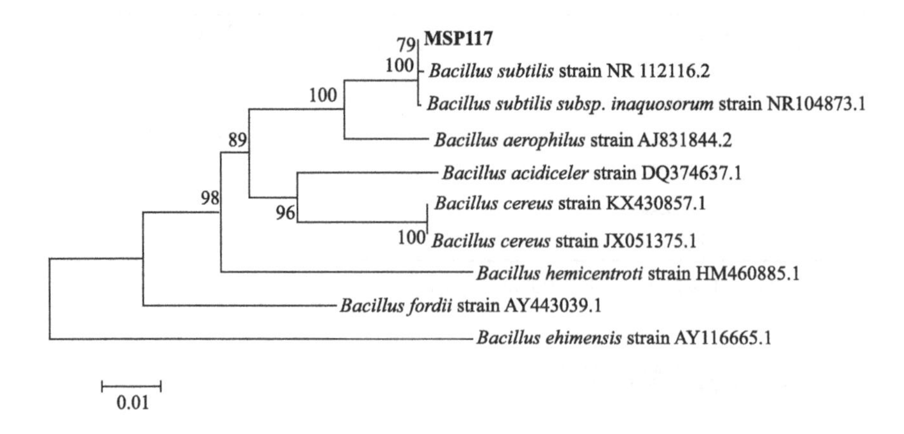

图 9.5　MSP117 菌 16S rDNA 系统进化树

中国工业微生物菌种保藏管理中心（CICC），提供菌株的生理生化指标和 NCBI 的登陆号等信息，填写菌种申请保藏书。待菌株 MSP117 在试管斜面出现明显菌落后，封装在含有冰袋的泡沫箱中并寄送到之前联系好的菌种保藏中心。最后，待保藏中心测试性能和指标完成且确定无误后，获得保藏编号。菌种 MSP117 现保藏在中国工业微生物菌种保藏管理中心，保藏编号为 CICC 25064。

9.3　表面活性代谢产物分析

9.3.1　菌株发酵生长曲线

将 1mL 菌株 MSP117 种子液接入 MMSM 培养基中，种子液浓度 OD_{600} 值＝0.815，在每个不同的时间段测定发酵液的 OD_{600} 以获得菌株的生长曲线。

由图 9.6 可知，菌株在 0～24h 出现对数生长期，在 24h 后菌株的生长变得缓慢。菌株 MSP117 的生长周期在 72h 左右，72～144h 为菌株生长的平稳期。在整个阶段，由于碳源较为充足，OD_{600} 值没有下降的迹象。

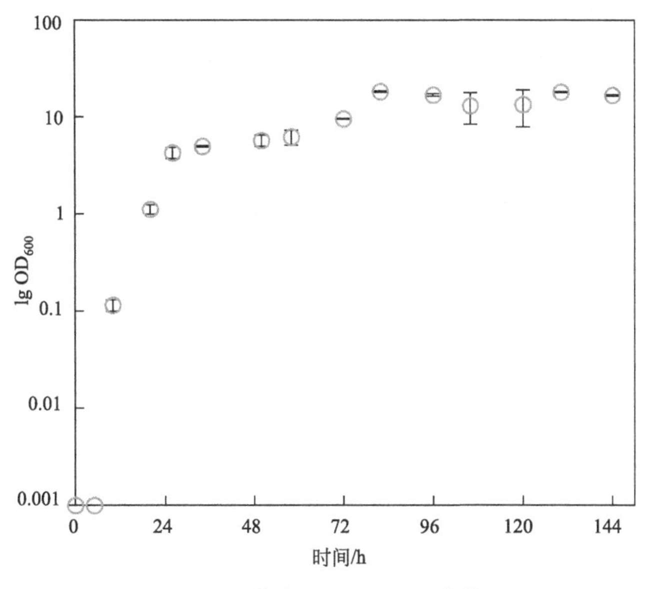

图 9.6 菌株 MSP117 发酵曲线

9.3.2 发酵液性质测定

(1) 发酵液 pH 的测定

利用实验室 pH 计在每个不同的发酵时间段测定发酵液的 pH 值。

(2) 发酵液表面张力的测定

取 30mL 发酵液置于玻璃试样皿中，之后将试样皿放到 JYW-200B 微控全自动表面张力仪的升降台上测定其表面张力值。在实验前要将铂金环和玻璃试样皿用无水乙醇清洗，之后铂金环要用酒精灯加热烘干，最后用镊子把铂金环挂入仪器的小钩上进行实验。

(3) 残留葡萄糖的检测方法

在比色管中加入 1mL 待测样品或对照样品，再添加 1.5mL DNS 试剂，之后在沸水中保持 15min，待其冷却至常温后，用蒸馏水稀释至 25mL 刻度线。在波长 540nm 处测定 OD 值，用空白对照调零点。最后，根据图 9.8 计算各样品中的含糖量。

(4) 葡萄糖标准曲线

准确称取 100mg 分析纯葡萄糖，加水在容量瓶中定容至 100mL，其浓度为

1mg/mL，8℃保存备用。按表 9.2 添加试剂，三个平行，实验方法与 9.3.2(3) 一致。葡萄糖标准曲线为 $y=0.7381x-0.0647$，$R^2=0.998$（x 为葡萄糖浓度；y 为吸光度）。

表 9.2 葡萄糖标曲各试剂用量

葡萄糖标准液/mL	蒸馏水/mL	DNS 溶液/mL	葡萄糖含量/mg
0	2.0	3	0
0.2	1.8	3	0.2
0.4	1.6	3	0.4
0.6	1.4	3	0.6
0.8	1.2	3	0.8
1.0	1.0	3	1.0
1.2	0.8	3	1.2
1.4	0.6	3	1.4
1.6	0.4	3	1.6

测定结果如下。

（1） pH 的变化

如图 9.7 所示，随着发酵时间的增加，发酵液 pH 呈现逐渐减小的趋势，发酵过程中有可能产生了酸性物质使得溶液被酸化了。

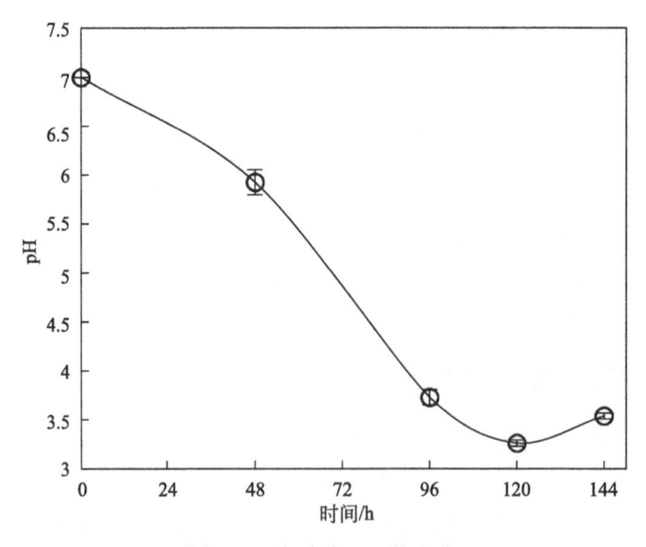

图 9.7 发酵液 pH 的变化

（2）残留葡萄糖的变化

在培养的不同时间段，取发酵液 2mL 离心，离心后取上清液 1mL，按照

9.3.2(3) 所述的方法进行葡萄糖浓度的测定。残糖含量结果如图 9.8 所示，从发酵液残留葡萄糖的变化可以看出，菌株 MSP117 对葡萄糖的利用是以比较缓慢的方式进行的。虽然可以看出葡萄糖的浓度一直呈现下降的趋势，但是葡萄糖浓度的下降速率一直没有明显的变化，葡萄糖的浓度呈现线性下降的趋势。

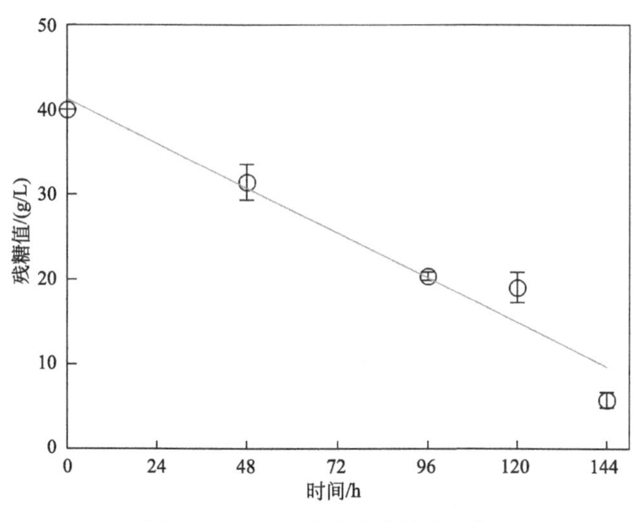

图 9.8　发酵液残留葡萄糖的变化

(3) 发酵液表面张力的变化

由图 9.9 可知，随着发酵时间的变化，发酵液的表面张力呈现随时间增大而减小的趋势，由此可以推测出，菌株在代谢的过程中产生了生物表面活性剂。

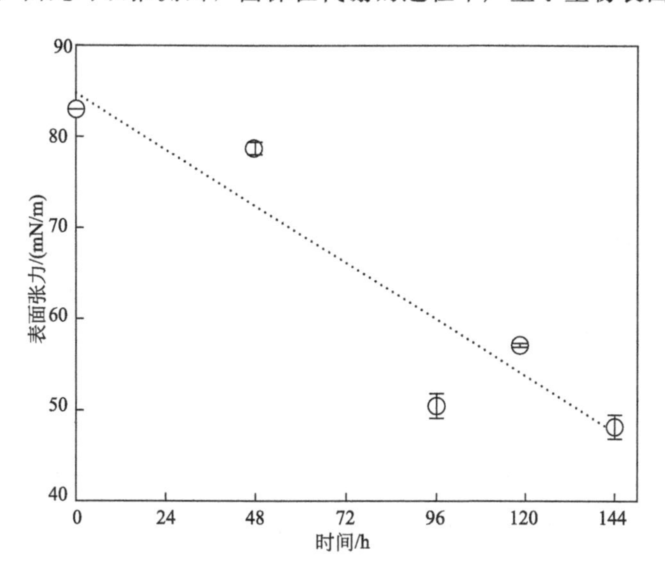

图 9.9　发酵液表面张力的变化

9.3.3 表面活性代谢产物提纯与鉴定

(1) 表面活性剂的提纯

采用酸碱沉淀法从培养液中提取菌株 MSP117 产生的生物表面活性剂[108]。具体方法如下：菌株培养 5 天后，培养液在 8000r/min 的条件下离心 10min，保留上清液；之后用 2mol/L 盐酸将上清液调至 pH＝2，并在 4℃冰箱中放置 12h；然后将溶液在 8000r/min 的转速下离心 20min，弃掉上清液，并用少量去离子水重悬沉淀；之后用 2mol/L 的氢氧化钠调节 pH 至中性并放入－80℃冰箱冷冻，然后置于冷冻干燥机中干燥至无水分状态。所得的样品即为菌株 MSP117 产生的粗表面活性剂。

用体积比为 4∶1 的乙酸乙酯和甲醇来溶解菌株 MSP117 产生的粗表面活性剂进行提纯。充分溶解后，在 8000r/min 的转速离心 20min，去除不溶性物质，上清液在 40～50℃下旋转蒸发。待蒸发到液体体积为 5mL 左右时，取出液体，之后用氮吹仪吹干，此时得到的干燥物为纯化的生物表面活性剂。

(2) 亚甲基蓝实验

利用酸性亚甲基蓝法来检测菌株 MSP117 产生的生物表面活性剂是否为阴离子表面活性剂。实验步骤：a. 配制亚甲基蓝溶液，取 50g 无水硫酸钠、12g 浓硫酸、0.03g 亚甲基蓝用水稀释至 1L；b. 取 1mL 亚甲基蓝溶液到每个小瓶中，之后在每个小瓶中加入 1mL 氯仿；c. 在每个小瓶中加入各种表面活性剂样品溶液，振荡 3min，静置至溶液分层，观察下层氯仿层是否变为蓝色，变成蓝色说明是阴离子表面活性剂。

(3) 薄层色谱分析

将 GF254 硅胶板于 100℃活化 6h 后取出备用。取适量样品溶于甲醇中，得到黄色澄清液体。用毛细管取该液体点样至活化完成的硅胶板中，待溶剂挥发后将其放入预先饱和的有展开剂的展开槽中。展开条件为 $V_{甲醇}:V_{乙酸乙酯}=1:1$。待溶剂前沿到达预先标好的位置后，取出硅胶板，等待风干后，放入碘缸或者喷洒其他显色剂观察。

不同显色方法的操作步骤：a. 碘显色的方法使用的是将少量碘颗粒置于棕色广口瓶中，之后将跑板完成的硅胶板放入碘缸中，等待几分钟后取出观察硅胶板的情况，糖类显黄色。b. 配制 0.2%茚三酮乙醇溶液。称取茚三酮结晶 0.2g，添加乙醇定容到100mL。在跑板完成后的硅胶板上喷洒上述0.2%茚三酮乙醇溶液，待溶液蒸发后，再将硅胶板放入110℃烘箱中烘10min，脂肽显红色。c：配制苯酚-硫酸试剂。5mL浓硫酸溶于95mL乙醇中，之后加入3g苯酚。在跑板完成后的硅胶板上喷洒上述苯酚-硫酸试剂，待溶液蒸发后，再将硅胶板放入110℃烘箱中烘10min，糖脂显橙红色或棕色。

（4）临界胶束浓度

临界胶束浓度（CMC）是表面活性剂的一个重要指标，指的是表面活性剂分子在水中形成胶束时的最低浓度。配制浓度为0、10mg/L、20mg/L、30mg/L、40mg/L、50mg/L的纯化后的生物表面活性剂，之后用表面张力仪按照9.3.2(2)介绍的方法测量上述不同浓度下生物表面活性剂溶液的表面张力值。之后作图，图中曲线出现的明显拐点所对应的横坐标即为菌株MSP117产生生物表面活性剂的CMC。

图9.10（见文前彩图）从左到右的样品依次是SDS（十二烷基硫酸钠，阴离子型）、Y样品、TX-100（曲拉通100，非离子型）、CTAB（十六烷基三甲基溴化铵，阳离子型）、C空白（水样）。亚甲基蓝是一种阳离子性质的染料，它能与阴离子型表面活性剂反应，生成能溶于氯仿的蓝色络合物，直观表现为水相的蓝色减淡，而氯仿相的颜色加深。与此相反，阳离子型的表面活性剂几乎不会改变两相原来的颜色，阴离子型的表面活性剂会加深氯仿相，而非离子型的表面活性剂则会使氯仿相变为乳白色或极淡的颜色。由图9.10（上层为水层、下层为氯仿层）可知，样品Y为非离子型表面活性剂。

图9.10 表面活性剂的离子型鉴定

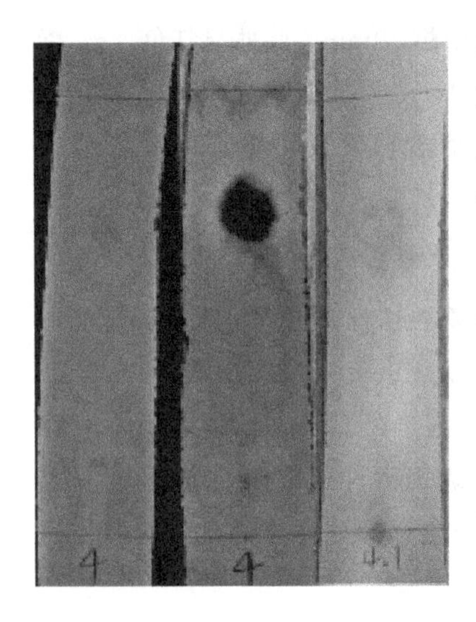

图 9.11 表面活性剂类别的鉴定

图 9.11（见文前彩图）所用的显色剂从左往右分别是：第一块是用碘蒸气熏蒸的；第二块是用苯酚-硫酸溶液显色的；第三块是用 0.2%茚三酮乙醇溶液显色的。本次薄层色谱分析三种显色剂的作用分别是：a. 碘熏蒸能使糖类显黄色；b. 苯酚-硫酸溶液显色使糖脂显橙红色或棕色；c. 茚三酮乙醇溶液使脂肽显红色。

如图 9.11 所示，从左往右第三块显示的颜色很浅，基本可以排除此样品为脂肽类表面活性剂；从第一块可以看出，样品中含有糖类物质；第二块显示比棕色更深的颜色，有可能是因为加热后硫酸的碳化较为严重，但依稀可见棕色，可推测本样品为糖脂类表面活性剂。

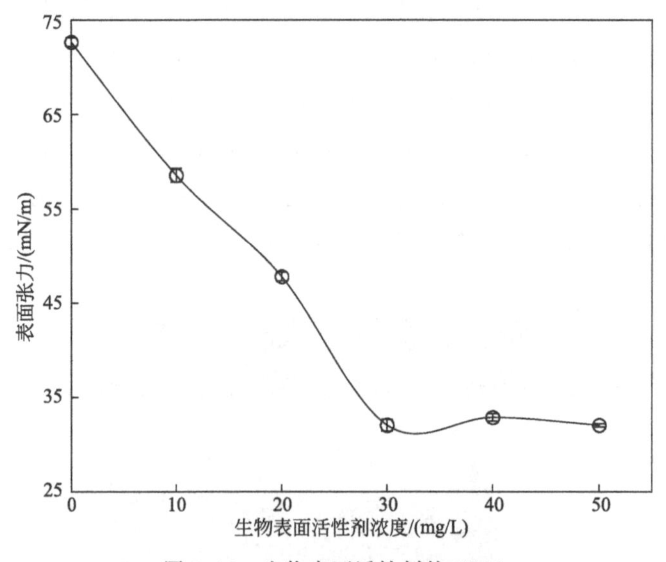

图 9.12 生物表面活性剂的 CMC

CMC 是评价表面活性剂性能的重要参数，表面活性剂的 CMC 越小，说明其性能越优良。菌株 MSP117 产生的生物表面活性剂的 CMC 测定结果如图 9.12 所示。由图 9.12 可知，随着表面活性剂浓度的增大，水溶液的表面张力一直呈现的下降趋势，但是下降的速率是不一样的。当菌株 MSP117 产生的生物表面活性剂浓度较低时，水溶液的表面张力的下降得速度较快。但当它的浓度达到一定值时，水溶液的表面张力下降得非常缓慢甚至趋于平稳。一般来说，溶液中表面张力下降速率变化转折点的浓度就是菌株 MSP117 产生生物表面活性剂的 CMC。

由图 9.12 可知，此生物表面活性剂的 CMC 大约为 30mg/L。此时，它能够把水的表面张力降低至 32.03mN/m。

9.3.4 发酵液对菲的增溶

（1）菲的测定以及菲标准曲线的建立

菲标准液的配制。菲固体溶于二氯甲烷，得到 200mg/L 菲标准液。菲标准液再添加如图 9.13 横坐标所示的各溶液含量，得到不同浓度梯度的菲标准液保存于 1.5mL 的棕色液相色谱瓶中。

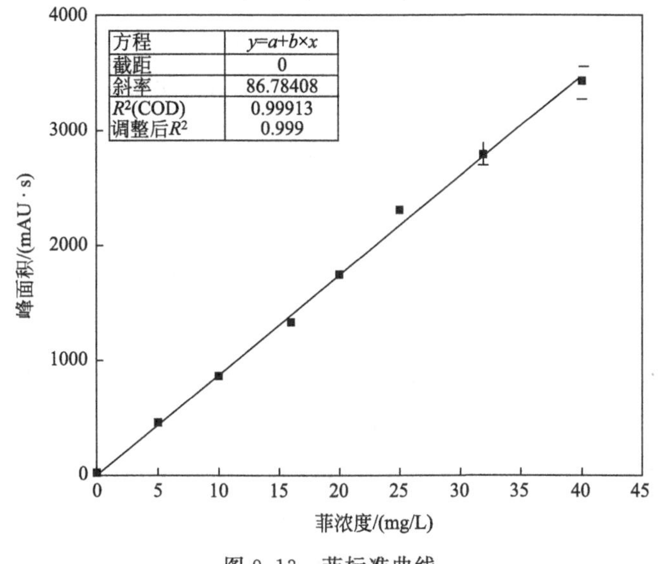

图 9.13 菲标准曲线

实验中菲的取样和稀释方法。将培养后锥形瓶中的培养基倒掉，在空的锥形瓶中加入 5mL 乙腈，用于溶解瓶底未降解完的菲。取两只 1.5mL 的 EP 管，分别加入 1mL 锥形瓶中的乙腈溶液，在 8000r/min 的条件下离心 10min，离心后取上清液 0.2mL，加入到装有 1mL 乙腈的 EP 管中。混合均匀后取 0.2mL 混合后的液体加入到装有 0.8mL 乙腈的棕色液相小瓶中。高效液相色谱（HPLC）

中流动相为 $V_{水}:V_{乙腈}=20:80$。流动相要在使用前进行超声处理，使用的乙腈纯度为色谱纯。

菲溶液液相色谱分析。用 Agilent 1260 海波西尔 C18 柱（5μm，150mm×4.6mm）和安捷伦 G1314BC 高效液相色谱分析。菲 HPLC 中的出峰时间一般在 3～3.5min 之间，保留时间设置为 5min。紫外可见分析波长设置在 254nm，柱温设置为 25℃。

将标准菲浓度与测得的标准菲峰面积作图，所得的标准曲线如图 9.13 所示。通过标准曲线即可计算样品中的菲浓度，相应公式如下：

$$菲残余量(mg/L)=(峰面积\times 5-b)/a \tag{9.3}$$

（2）微生物培养方法

向锥形瓶中加入菲储备液 0.6mL，待二氯甲烷挥发完全，再分别加入 MSM 培养基或添加有不同浓度葡萄糖的 MSM 培养基 30mL。此时，菲浓度为 400mg/L。葡萄糖的初始浓度为 0g/L、10g/L、20g/L、30g/L、40g/L；之后添加 OD 值为 0.6 的 MSP117 菌液，因为菌株 MSP117 是不利用菲生长的，但是其能够利用培养基中的葡萄糖产生物表面活性剂。如果在培养基中产生了生物表面活性剂，之后表面活性剂作用于瓶底的菲，可以使菲在水溶液中出现假增溶的情况。

（3）测定方法

在 MSP117 培养 48h、96h 时，取发酵液 1.5mL，离心保留上清液，之后使用 0.22μm 的水膜过滤，保留在液相小棕瓶中。之后按照 9.3.4(1) 的方法测定小棕瓶中菲的含量。

表面活性剂对有机污染物的增溶是一种很重要的性质。利用 MSP117 发酵产生的表面活性剂，测定菲在水中的溶解度是否会增加。通过对比 48h 和 96h 培养液中菲的含量，从图 9.14 很明显地可以看出，在 0g/L 葡萄糖的情况下，发酵液中的菲含量在 48h 与 96h 时，没有明显的差异；但是通过添加葡萄糖浓度在 10g/L、20g/L、30g/L、40g/L 后，发酵液在 96h 溶解菲的含量对比 48h 有明显的升高迹象，说明菌株 MSP117 产生的生物表面活性剂作用于瓶底菲，使得增溶效果产生了。在发酵 96h 时，对比葡萄糖为 10g/L、20g/L、30g/L、40g/L 的溶液中菲的含量发现，并没有出现菲增溶量随着葡萄糖浓度增大而逐渐升高的现象。原因可能是 10g/L 的葡萄糖浓度已经是菌株 MSP117 较为适合的葡萄糖发酵浓度了，再增加葡萄糖浓度并不能使菌株 MSP117 产生更多的生物表面活性剂。

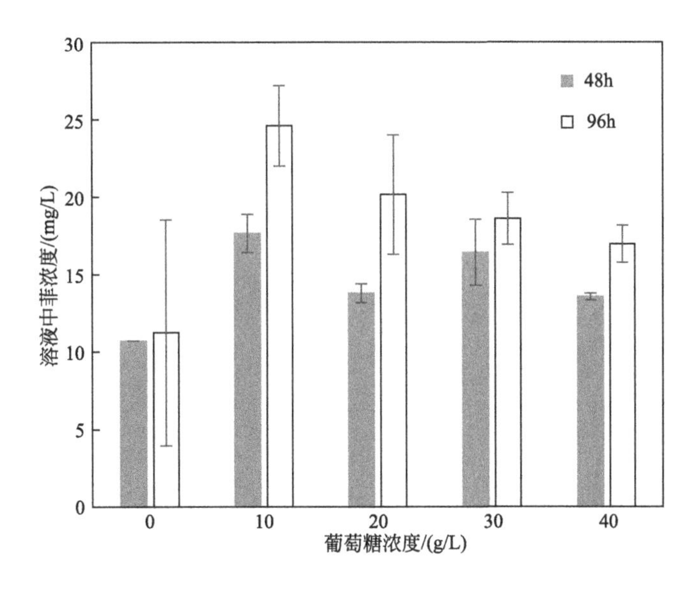

图 9.14 发酵液对菲的增溶

9.4 MSP117 对稀土离子的吸附

9.4.1 吸附过程与吸附干燥系数

吸附过程见 9.2.2(1)。吸附干燥系数的测定：分别称取 0.1g、0.2g、0.3g、0.4g、0.5g、0.6g、0.7g、0.8g、0.9g 的湿菌，之后再按照 9.4.3(1) 的处理方法烘干和冻干。之后再称量烘干和冻干后菌株的质量，以湿菌重为 X 轴、干菌重为 Y 轴做标准曲线，得到菌株干燥系数。

菌株干燥系数的确定是为了后续能够比较不同的处理方式下吸附量的变化，得到更为准确的研究结论。由图 9.15 与图 9.16 可知，菌株 MSP117 烘干的干燥系数为 0.3456，冻干的干燥系数为 0.3575。

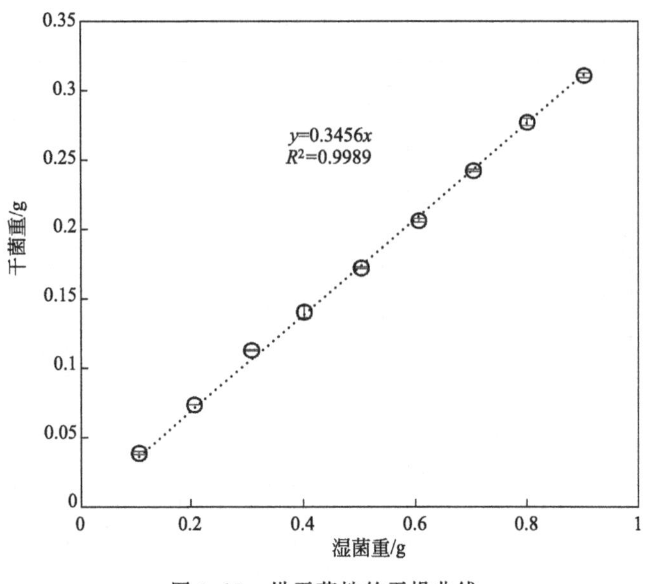

图 9.15　烘干菌株的干燥曲线

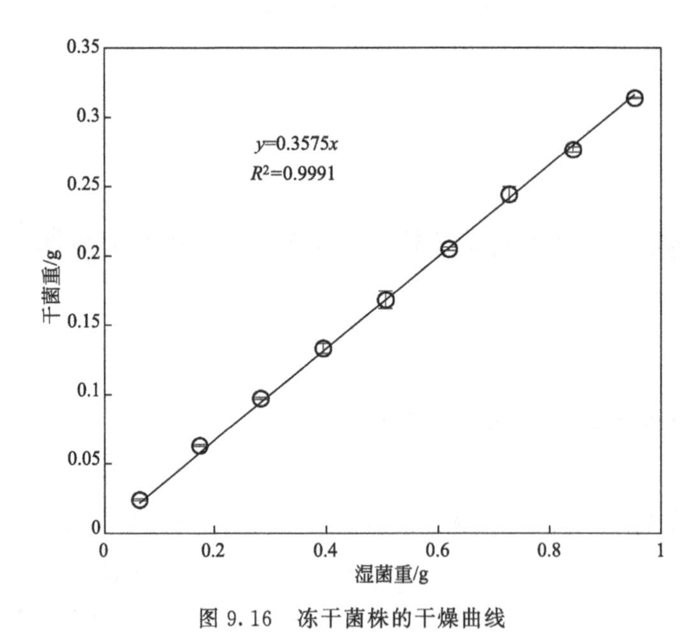

图 9.16　冻干菌株的干燥曲线

9.4.2　吸附等温方程

菌株 MSP117 吸附稀土离子的吸附效率、t 时间的吸附量 q_t、平衡吸附量

q_{eq} 是描述其吸附性能的重要指标，这些指标可用以下公式计算：

$$吸附效率(\%)=\frac{C_0-C_e}{C_0}\times 100\% \tag{9.4}$$

$$q_t=\frac{(C_0-C_t)V}{M} \tag{9.5}$$

$$q_{eq}=\frac{(C_0-C_e)V}{M} \tag{9.6}$$

式中，C_0 为溶液中稀土离子的初始浓度，mg/L；C_e 为吸附平衡时溶液的稀土离子浓度，mg/L；q_t 为菌株 MSP117 在时间 t 的稀土离子吸附量，mg/g；q_{eq} 为稀土离子平衡吸附量，mg/g；C_t 为 t 时间溶液的稀土离子浓度，mg/L；V 为溶液体积，L；M 为菌株 MSP117 用量，g。

本章中的吸附过程采用 Langmuir 吸附模型进行拟合。如下式所示：

$$\frac{C_e}{q_{eq}}=\frac{1}{q_m K_L}+\frac{C_e}{q_m} \tag{9.7}$$

式中，K_L 为 Langmuir 吸附等温线常数，表明物质间的结合能力，mg^{-1}；q_m 为吸附容量，mg/L。

Langmuir 吸附等温线基本特征用无量纲常数（R_L）来描述，如下式所示：

$$R_L=\frac{1}{1+K_L C_0} \tag{9.8}$$

式中，K_L 为 Langmuir 常数；C_0 为稀土离子初始浓度；R_L 的值可以表明此等温线是否适合菌株 MSP117 吸附稀土离子的描述，其中 $R_L>1$ 表示为不适合，$R_L=1$ 表示为线性关系，$0<R_L<1$ 表示适应，$R_L=0$ 表示为绝对适应。

9.4.3 pH 对稀土吸附的影响

湿菌、烘干菌、冻干菌三种菌悬液的制备过程如下。

湿菌菌悬液的制备：取 4mL 的干燥塑料离心管一根垂直放置在天平上，然后去皮；加入湿菌体至天平显示为 1.50g；之后滴加无菌水，至天平显示 3.15g（由终浓度 0.5g/mL 的菌液得）。此时，菌悬液浓度为 0.5g/mL。

烘干菌菌悬液的制备：取适量烘干菌体，在研钵内研磨成粉；取 4mL 的干燥塑料离心管一根垂直放置在天平上，然后去皮；加入烘干菌至天平显示为 0.5184g（由烘干菌干燥系数计算得）；之后滴加无菌水，使天平显示 3.15g。此时，菌悬液浓度为 0.5g/mL（以湿菌浓度计）。

冻干菌菌悬液的制备：取适量冻干菌体，在研钵内研磨成粉；取 4mL 的干燥塑料离心管一根垂直放置在天平上，然后去皮；加入烘干菌至天平显示为 0.5364g（由冻干菌干燥系数计算得）；之后滴加无菌水，使天平显示 3.15g。此时，菌悬液浓度为 0.5g/mL（以湿菌浓度计）。

取 15μL 菌液，加入到 2mL 不同 pH 值、不同浓度的稀土溶液中。此时，菌液在溶液中的浓度为 3.75g/L（以湿菌计）。在 25℃、150r/min 的条件下吸附 12h。然后 12000r/min 离心 1min，取上清液，按照 9.2.2(2) 中介绍的方法测定溶液中残留的稀土含量。

图 9.17 所表示的是菌株 MSP117 吸附稀土 Y^{3+} 和 Ce^{3+} 在 pH 为 5、7、9 下的吸附平衡等温线。吸附平衡等温线是由稀土离子平衡吸附量 q_{eq}（mg/g）为纵坐标以及吸附平衡浓度 C_e（mg/L）为横坐标绘制而成。

从图 9.17 可以看出，pH 值影响菌株 MSP117 对稀土 Y^{3+} 和 Ce^{3+} 的吸附。众所周知，氢离子与生物吸附材料中存在着结合位点竞争的关系。由于 pH 代表氢离子浓度的负对数，溶液中的氢离子浓度越高，pH 值越低。所以稀土 Y^{3+} 和 Ce^{3+} 的吸附量呈现的关系为 pH＝9＞pH＝7＞pH＝5。还有一种说法是，由于微生物细胞表面上有许多带负电荷的官能团，而其中大多数负电荷的官能团都为吸附的活性位点[109]。当 pH 值过低时，溶液中大量存在的氢离子会使吸附剂质子化，阻止了金属离子与吸附活性位点的接触[110]。但当溶液 pH 逐渐升高，微生物表面开始脱质子化，官能团的负电荷逐渐暴露出来[111]，因此菌株与金属离子的结合能力增强，表现为吸附能力的升高。

在图 9.17 中，在低稀土离子浓度下，吸附量急剧上升，直到达到吸附平衡。对比 Y^{3+} 和 Ce^{3+} 的吸附平衡等温线发现，Ce^{3+} 的吸附平衡等温线比 Y^{3+} 更陡，表明了在低浓度稀土溶液中，菌株 MSP117 吸附 Ce^{3+} 的选择性比 Y^{3+} 更高。

9.4.4 温度对稀土吸附的影响

取 15μL 菌液，加入到 2mL 不同浓度的稀土溶液中。此时，菌液在溶液中的浓度为 3.75g/L（以湿菌计）。在温度为 10℃、25℃、40℃ 共 3 个梯度下，150r/min 吸附 12h。然后 12000r/min 离心 1min，取上清液，按照 9.2.2(2) 中介绍的方法测定溶液中残留的稀土含量。

绝大多数吸附剂对稀土的吸附都会受环境温度的影响。不处理、烘干和冻干处理的菌株 MSP117 在温度为 10℃、25℃、40℃下吸附稀土的情况如图 9.18 所

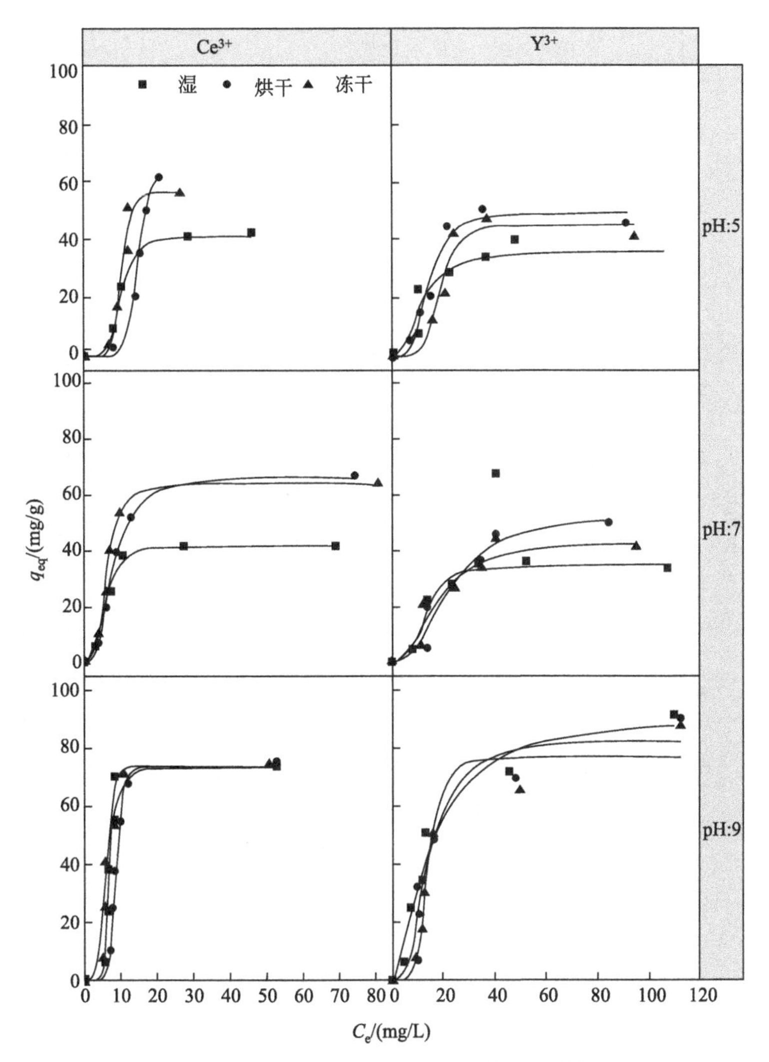

图 9.17 pH 对菌株 MSP117 吸附 Y^{3+} 与 Ce^{3+} 的影响

示。其中纵坐标 q_{eq}（mg/g）为稀土离子平衡吸附量；横坐标为吸附平衡浓度 C_e（mg/L）。从图 9.18 可以看出，在 10℃、25℃、40℃下吸附稀土 Y^{3+} 和 Ce^{3+}，达到吸附平衡后，这三种温度下的吸附曲线并没有明显的区别，最终的吸附容量也相差不大。

大多数研究表明，生物吸附稀土离子的过程是吸热的，即吸附量随着温度的升高而增大。例如，Torab 等报道了柑橘果皮吸附 Ce^{3+} 的量随温度升高而增加[112]。与此同时，Kütahyali 等利用改性野生松叶粉从水溶液中吸收 Ce^{3+} 也得出了相同的结论[113]，他给出的解释是由于温度的升高，可用于稀土吸附的细胞

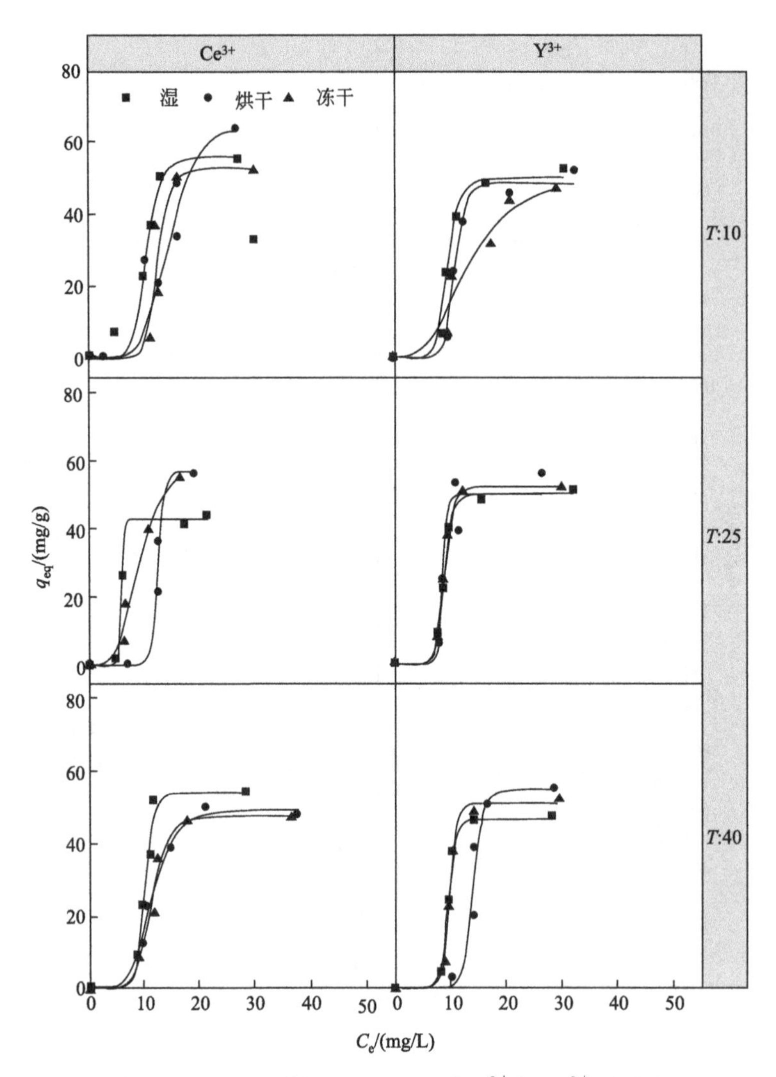

图 9.18 温度对菌株 MSP117 吸附 Y^{3+} 与 Ce^{3+} 的影响

表面的某些位置发生了变形，间接导致吸附量的增加。但是从图 9.18 的结果来看，并没有出现吸附量随着温度的升高而增大的现象，可能的原因是菌株 MSP117 没有出现细胞表面变形的情况，即在温度升高的过程中没有增加新的吸附位点。而为何没有出现细胞表面变形的情况，可能的原因是 MSP117 表面受温度的影响非常小。在本书 9.2.4 节中确定菌株 MSP117 为枯草芽孢杆菌，在进行吸附实验时，细胞 MSP117 已经变为芽孢，而芽孢受温度的影响非常小。

在前文提到菌株 MSP117 的吸附位点并不会随着温度的升高而增多，因此可以假设最终的吸附容量是恒定的。但是如果吸附时间能够设置在合理的区域，也能够了解到温度与吸附的关系。如 Fakhri 等所描述的，随着温度的升高，Ce^{3+} 在功能化氧化石墨烯化合物上的吸附增加，是由于高温下溶液黏度降低导致 Ce^{3+} 在溶液中的扩散速度加快所致[114]。但是从图 9.18 的结果来看，也没有出现类似的情况。可能的原因是实验的吸附时间设置过长，导致菌株 MSP117 的吸附在 10℃、25℃、40℃都达到了饱和，所以从图中反映出来的情况为温度对吸附的影响不大。

9.4.5 离子浓度对稀土吸附的影响

稀土-硫酸铵混合溶液的配制：在 4mL 塑料离心管中，加入 2mL 浓度为 100mg/L 的稀土溶液，再分别加入不同浓度的硫酸铵母液，使得溶液中最终 NH_4^+ 浓度达到 0、0.5mg/L、2.0mg/L、15mg/L、25mg/L、50mg/L、100mg/L、150mg/L。

取 15μL 菌液，加入到 2mL 稀土浓度为 100mg/L、不同 NH_4^+ 浓度的溶液中。此时，菌液在溶液中的浓度为 3.75g/L（以湿菌计）。pH＝7 时，25℃、150r/min、吸附 12h。然后 12000r/min 离心 1min，取上清液，按照 9.2.2(2) 中介绍的方法测定溶液中残留的稀土含量。

NH_4^+ 在离子型稀土矿山开采过后，以及在周边的农田施用氨氮肥料时，土壤和水中会出现 NH_4^+ 过多的情况。所以在本节中主要考察 NH_4^+ 对菌株 MSP117 吸附稀土离子（Ce^{3+}、Y^{3+}）的影响。

由图 9.19 和图 9.20 可知，菌株 MSP117 在吸附稀土 Ce^{3+} 与稀土 Y^{3+} 时，菌株在不处理的情况下吸附 Ce^{3+} 与 Y^{3+} 的量比处理后要更多，可能的原因是细胞表面的吸附位点由于冻干和烘干的处理方式而丢失了。在图 9.19 中，随着 NH_4^+ 浓度的增加，菌株 MSP117 对稀土离子 Ce^{3+} 的吸附量并没有明显的变化。可能的原因是 NH_4^+ 为一价阳离子，而不同离子之间对吸附位点的竞争往往发生在有类似离子半径的离子之间，所以 NH_4^+ 的存在对于稀土离子 Ce^{3+} 的吸附影响不大。在许多研究中都观察到类似的结论。例如，Dubey 和 Rao 报道了水合氧化铁（HFO）吸附水溶液中的稀土 Ce^{3+}。实验表明，一价阳离子 Na^+ 和 K^+ 的存在，对 Ce^{3+} 的吸附没有显著影响；而在含二价阳离子 Ca^{2+}、Mg^{2+}、Sr^{2+} 和 Ba^{2+} 的溶液中，Ce^{3+} 的吸附显著降低[115]。同样的，Li 等研究了一种新型的棒状纳米复合材料吸附 Ce^{3+}，发现 Na^+ 和 K^+ 的存在对 Ce^{3+} 的吸附影响很小；

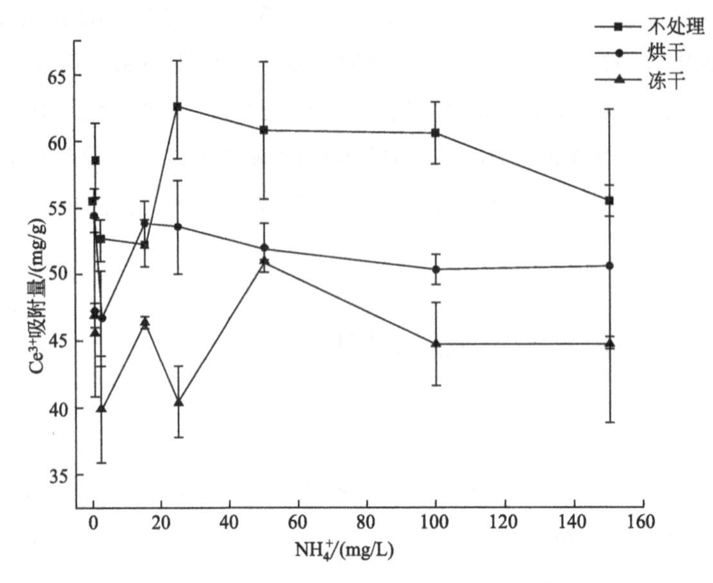

图 9.19　菌株 MSP117 吸附稀土 Ce^{3+}

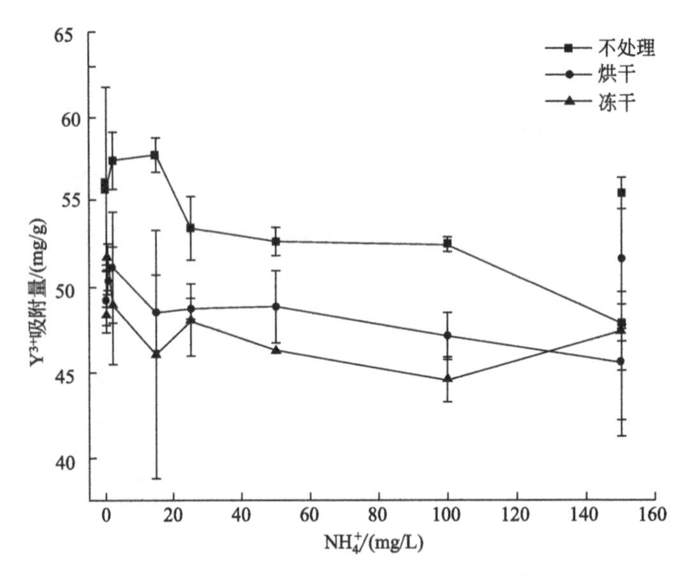

图 9.20　菌株 MSP117 吸附稀土 Y^{3+}

而 Ca^{2+} 的存在降低了吸附剂对 Ce^{3+} 的吸附[116]。

而在图 9.20 中却发现，随着溶液中 NH_4^+ 浓度的增加，菌株 MSP117 对稀土离子 Y^{3+} 的吸附量呈现下降的趋势。可能的原因是重稀土 Y 的结合位点可能与轻稀土 Ce 的结合位点不同，所以导致了与 Ce^{3+} 不同的结果。笔者查阅了相关文献，发现研究吸附剂吸附 Y^{3+} 的研究较少，所以很难确定具体的原因[117]。

9.5 双菌强化多环芳烃菲的生物降解

9.5.1 速效碳源对菌株生长和降解的影响

实验在 150mL 的锥形瓶中进行。提前准备 150mL 的锥形瓶若干，使用 8 层纱布和牛皮纸包扎好，MSM 培养基母液、1mL 移液管、量筒、800mL 去离子水及移液枪枪头若干，牛皮纸包扎，高温高压灭菌 20min，备用。葡萄糖母液配制成 150g/L 的浓度，用 0.22μm 的滤膜过滤除菌。向无菌水中分别加入定量的 MSM 培养基母液和不定量的过滤除菌后的葡萄糖母液，使其达到所需的浓度。

向每个锥形瓶中加入菲储备液 0.6mL，待二氯甲烷挥发完全，再分别加入 MSM 培养基或添加有不同浓度葡萄糖的 MSM 培养基 30mL，使得锥形瓶中菲初始浓度为 400mg/L。葡萄糖的初始浓度为 0g/L、0.1g/L、0.2g/L、0.5g/L、1g/L、5g/L、10g/L、20g/L、30g/L、40g/L。在实验开始阶段，分别在每个锥形瓶中加入 OD 值为 0.6 的 CFP312 种子液 1mL。之后在每 12h 取样测定 OD_{600}，实验结束后测定菲残余含量。

本节的实验目的是探究在疏水性碳源（菲）和亲水性速效碳源（葡萄糖）同时存在的情况下，菌株是如何生长的以及怎样利用这两种碳源，为后面稀土毒性的缓解实验提供参考。在培养条件为 MSM 培养基、400mg/L 菲、0～40g/L 不同葡萄糖浓度时，菲降解菌株 CFP312 的生长曲线如图 9.21 所示。在不同的葡萄糖浓度下，菌株的生长曲线差别很大。基本可以分为两种情况，1g/L 以内的低浓度葡萄糖和 5g/L 以上的高浓度葡萄糖。在 1g/L 以内的葡萄糖浓度下，CFP312 的生物量随着葡萄糖的浓度增加而呈现逐渐升高的迹象，这是显而易见的，随着碳源浓度的增加，菌株的生长更加活跃。但是当葡萄糖浓度大于 5g/L 时，再次增加葡萄糖浓度，菌株 CFP312 的生物量没有呈现升高的迹象，原因可能是当菌株的浓度到达 $OD_{600}=4$ 左右时，菌株的生存空间和除碳源之外的其他营养成分不足。

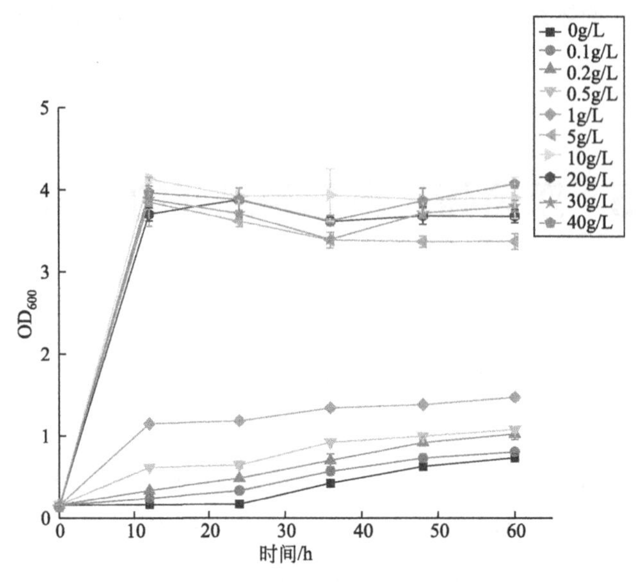

图 9.21 菌株的生长情况（同时含有菲与不同浓度葡萄糖）

如图 9.21 所示（见文前彩图），在 0～1g/L 的葡萄糖浓度下，菌株在 0～12h 为对数生长期，可以明显地看出，葡萄糖被迅速地利用，随后进入平稳期。但是在 24h 后，菌株的生长量继续升高，但是升高的速率并没有在 0～12h 时迅速。这种现象说明，在低浓度葡萄糖（0～1g/L）下，菌株在葡萄糖消耗完之后会紧接着利用菲生长；但是在高浓度葡萄糖（5～40g/L）下，因为葡萄糖足够，菌株是否利用了多环芳烃（菲）生长还不清楚。

图 9.22（菲去除率）作为图 9.21 细胞生长的一个补充，结果显示，随着葡萄糖浓度的增加，菲的去除率整体呈现下降的趋势。而且在葡萄糖达到 5g/L 及以上浓度，菲的去除率降低到了 40%左右；对比不添加葡萄糖时菲的去除率 80.7%，去除率下降了一半。而葡萄糖浓度在 0～1g/L 时，菲的去除率并没有下降很多，仍然能够保持 70%的去除率，这和图 9.21 所介绍的菌株生长情况是保持一致的。

9.5.2 稀土对菲降解菌株 CFP312 生长的影响

实验在 150mL 的锥形瓶中进行。YCl_3、$CeCl_3$ 溶液配制成不同的浓度作为储备液，用 0.22μm 的滤膜过滤除菌并保留在棕色瓶中。菲的添加与 9.5.1 一致。锥形瓶中菲初始浓度为 400mg/L，YCl_3 和 $CeCl_3$ 的浓度都分别是 0mg/L、

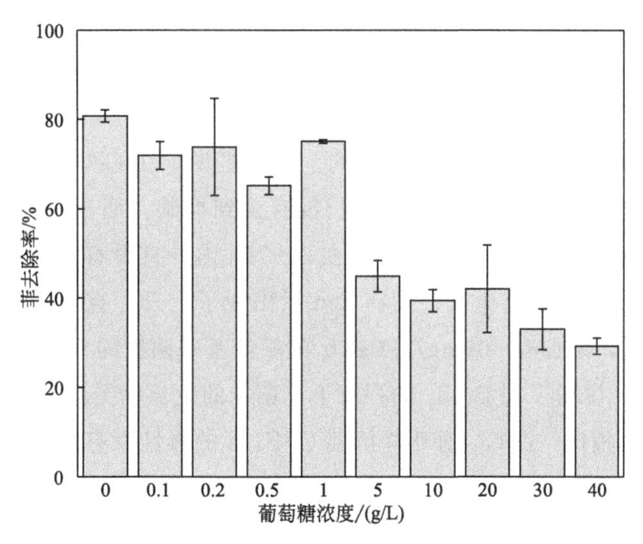

图 9.22　不同葡萄糖浓度下菲的去除率

50mg/L、100mg/L、500mg/L。在实验开始阶段，分别在每个锥形瓶中加入 OD 值为 0.6 的 CFP312 种子液 1mL，之后在每 12h 取样测定 OD_{600}，实验最后测定菲残余含量。

如图 9.23 所示，在 0mg/L、50mg/L、100mg/L 的 YCl_3 存在时，菌株的生长曲线几乎是重合的。也就是说，在 YCl_3 浓度为 50mg/L、100mg/L 时，菲降解菌 CFP312 的生长没有受到抑制。而当培养基中 YCl_3 的浓度达到 500mg/L

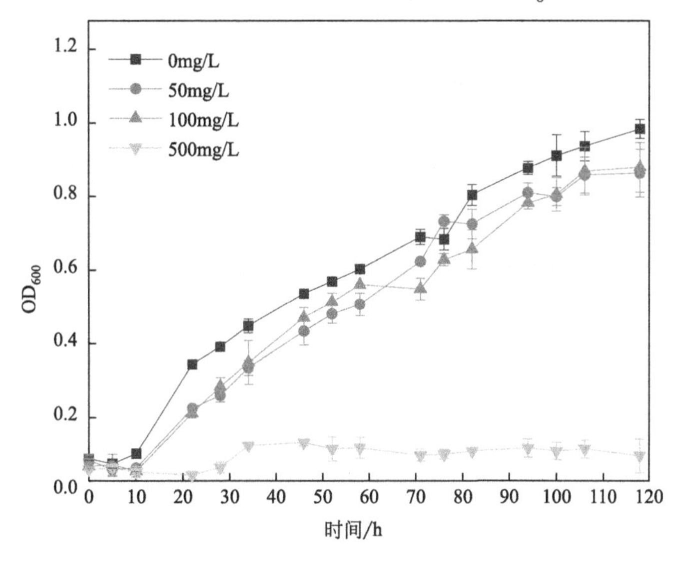

图 9.23　菲降解菌 CFP312 的生长情况（不同浓度 YCl_3，以菲为唯一碳源）

时，图中菲降解菌 CFP312 的 OD_{600} 值一直在 0.1 左右且没有上升的趋势，表明菌株 CFP312 的生长在浓度为 500mg/L 的 YCl_3 下受到了完全抑制。

如图 9.24 所示，与图 9.23 类似，在 0mg/L、50mg/L、100mg/L 的 $CeCl_3$ 存在时，菌株的生长曲线几乎是重合的。也就是说，在 $CeCl_3$ 浓度为 50mg/L、100mg/L 时，菲降解菌 CFP312 的生长没有受到抑制。而当培养基中 $CeCl_3$ 的浓度达到 500mg/L 时，图中的 OD_{600} 在 0～72h 内一直没有变化，在 0.1 左右，表明在此时间段菌株没有生长；而在 72h 后出现了上升，直到 90h 后达到平稳。但是在 120h 时，添加有 500mg/L $CeCl_3$ 的培养基中菌株的 OD_{600} 值并没有不添加 $CeCl_3$ 时高，说明了在 $CeCl_3$ 的存在下，菌株的生长也受到了抑制。但是与溶液中存在 YCl_3 相比，$CeCl_3$ 对菲降解菌 CFP312 的毒性没有那么强。

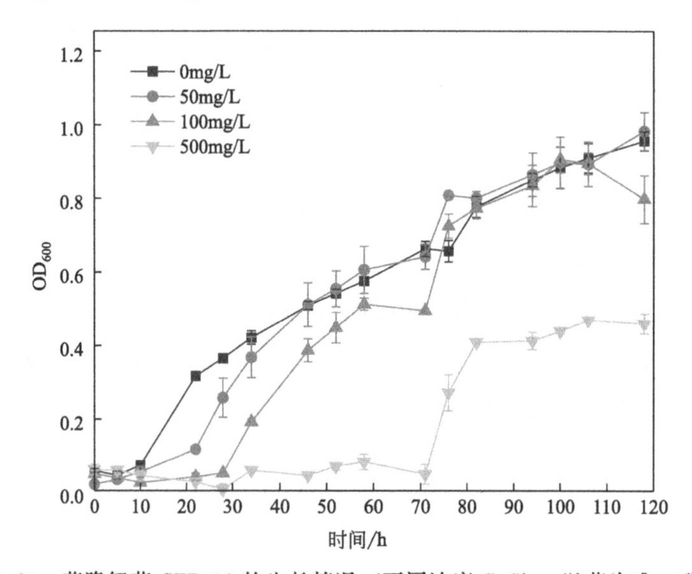

图 9.24　菲降解菌 CFP312 的生长情况（不同浓度 $CeCl_3$，以菲为唯一碳源）

9.5.3　稀土对菌株 CFP312 利用速效碳源的影响

实验在 150mL 的锥形瓶中进行。最终培养基成分为 MSM 无机盐培养基，0.5g/L 和 1g/L 葡萄糖，YCl_3 和 $CeCl_3$ 的浓度为 500mg/L。在实验开始阶段，分别在每个锥形瓶中加入 OD 值为 0.6 的 CFP312 种子液 1mL。之后每 12h 取样测定 OD_{600}。

如图 9.25，其中 Y 表示在培养基中添加有最终浓度为 500mg/L 的 YCl_3；C 表示未添加稀土元素；Ce 表示添加有最终浓度为 500mg/L 的 $CeCl_3$，（a）图为培养基中添加 0.5g/L 的葡萄糖；(b) 图则为添加 1g/L 的葡萄糖。如图 9.25 所示，菌株在 0～12h 出现对数生长期，OD_{600} 出现快速增长；12h 之后进入平稳期，且细胞生长量出现缓慢下降的趋势。对比培养基中含有稀土（500mg/L 的 YCl_3 或 $CeCl_3$）和不含稀土的情况，菌株 MSP117 的生长曲线并没有明显的区别。分别对比图 9.25(a)、(b) 两图，菌株生长的趋势是一样的，只是在生长的过程中，添加 1g/L 葡萄糖的培养基碳源更为充足，所以菌株整体生长量（OD_{600} 值）比添加 0.5g/L 葡萄糖的更高。

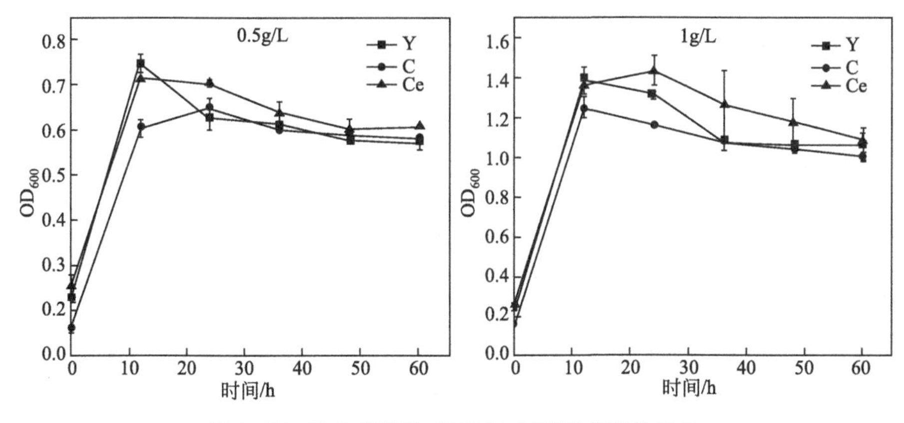

图 9.25 稀土对菌株 CFP312 利用葡萄糖的影响

总的来说，在培养基中存在 500mg/L 的 YCl_3 或 $CeCl_3$ 的情况下，菌株利用葡萄糖生长没有出现抑制情况，可能的原因是菌本身有稀土抗性，还有一种原因是稀土元素 YCl_3 或 $CeCl_3$ 在培养基中形成了沉淀，减小了毒性。

9.5.4 在葡萄糖与菲同时存在下菌株的二次生长

为了更好地说明在葡萄糖利用完全后，菌株利用菲生长的情况，在本次研究中增加了不添加菲且只含葡萄糖为碳源的培养条件作为对照，目的是在不同葡萄糖浓度的情况下，进一步验证 9.5.1 的内容。

图 9.26 中的 0g/L、100mg/L、200mg/L、500mg/L、1g/L、5g/L 分别代表着培养基中不同的葡萄糖初始浓度。如图 9.26 所示，在低浓度葡萄糖（0～1g/L）的情况下，可以看出明显的差异，葡萄糖在 12h 后基本利用完全，菌株转而再利用菲。但是在葡萄糖初始浓度为 5g/L 时，菌株在存在菲和不存在菲的情况下，并没有出现类似的菌株转而利用菲生长的情况。

总的来说，低浓度葡萄糖的添加，使得菌最开始只是在利用葡萄糖，待葡萄

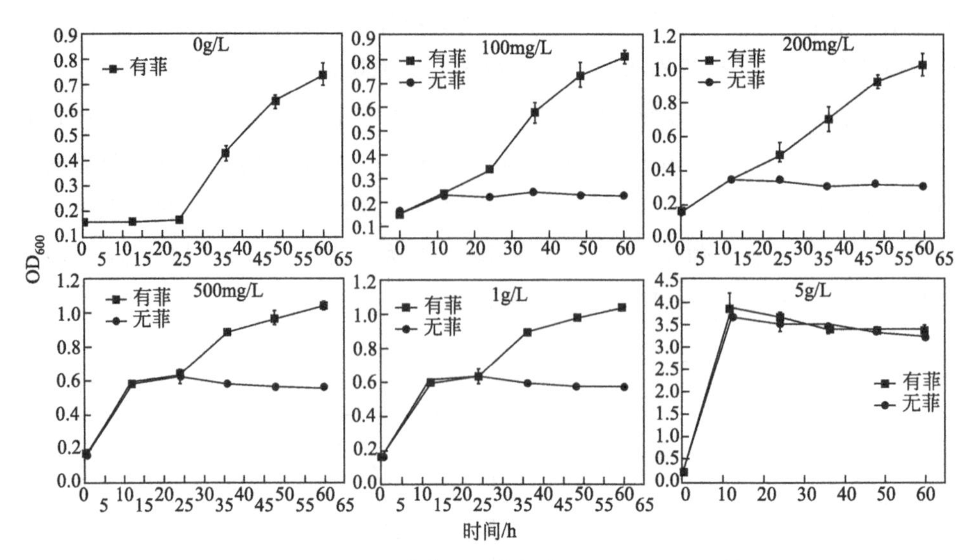

图 9.26　有菲与无菲情况下降解菌 CFP312 的生长情况

糖消耗完全后再利用菲生长。但是高浓度的葡萄糖会使菲的降解受到强烈的抑制。本次实验这样做的目的是弄清楚在两种碳源都存在的情况下，菌株是否会存在同时代谢的情况。但是从目前的结果看来，菲降解菌 CFP312 的代谢会先利用溶于水的碳源，也就是速效碳源。且如果速效碳源足够，就不再利用疏水性的碳源。在许多研究中，葡萄糖作为添加剂加入到土壤中，能使污染物的降解加快，但是在本研究中没有出现类似的情况。

9.5.5　菌株 MSP117 的添加对稀土毒性的影响

（1）灭活菌株 MSP117 的添加

实验在 150mL 的锥形瓶中进行。稀土 YCl_3 和 $CeCl_3$ 的处理和 9.4.1 一致。向无菌水中分别加入定量的 MSM 培养基母液和不定量的过滤除菌后的葡萄糖母液，使其达到所需的浓度。瓶底菲的添加与 9.5.1 一致，使得锥形瓶中菲初始浓度为 400mg/L。锥形瓶中 YCl_3 和 $CeCl_3$ 的初始浓度为 500mg/L。培养基中只含有菲作为碳源。

在实验开始阶段，先加入灭活菌株，分别使得灭活菌株在锥形瓶中的浓度为 0g/L、1g/L、2g/L、3g/L、4g/L、5g/L。12h 之后在每个锥形瓶中加入 OD 值为 0.6 的 CFP312 种子液 1mL。之后每 12h 取样测定 OD_{600}，实验结束后测定菲残余含量。

（2）未灭活菌株 MSP117 的添加

实验在 150mL 的锥形瓶中进行。葡萄糖的处理与 9.5.1 一致；稀土 YCl_3 和 $CeCl_3$ 的处理和 9.5.2 一致；瓶底菲的添加与 9.5.1 一致。最终锥形瓶中菲初始浓度为 400mg/L；YCl_3 和 $CeCl_3$ 的初始浓度为 500mg/L；葡萄糖的初始浓度为 0mg/L、200mg/L、500mg/L、1000mg/L。

在实验开始阶段，先添加 1mL OD 值为 0.6 的枯草芽孢杆菌 MSP117，待其生长至稳定期，再添加 OD 值为 0.6 的菲降解菌 CFP312 种子液 1mL。每 12h 取样测定 OD_{600}，实验结束后测定菲残余含量，以测定正常生长情况下的芽孢杆菌能否解除稀土的胁迫。

① 灭活菌株 MSP117 的影响

在本章前面部分提到了菌株 MSP117 有良好的吸附离子型稀土的能力，而菲降解菌 CFP312 吸附能力较小。在高浓度的稀土培养基中，观察菌株 CFP312 的降解能力能否得到缓解。

本次实验所用的培养条件为 MSM 无机盐培养基、500mg/L YCl_3（$CeCl_3$）。在实验初期添加的浓度为 0g/L、1g/L、2g/L、3g/L、4g/L、5g/L 的灭活芽孢杆菌。图 9.27 和图 9.28 中 0g/L、1g/L、2g/L、3g/L、4g/L、5g/L 分别表示不同浓度的灭活菌株 MSP117。如图 9.27 和图 9.28 所示，在灭活芽孢杆菌为 0g/L 时，在 YCl_3 和 $CeCl_3$ 存在的情况下，菲降解菌 CFP312 的活菌数量

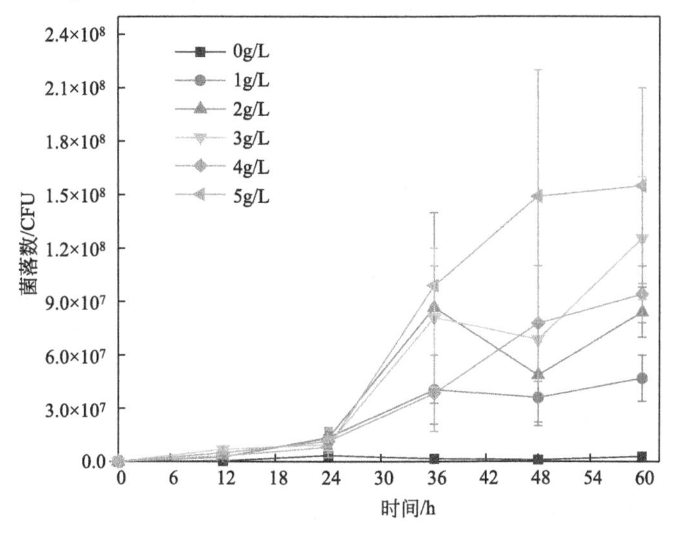

图 9.27　灭活菌株 MSP117 对菲降解菌 CFP312 生长的影响（500mg/L YCl_3）

(CFU) 基本没有增加，菌株处于不生长的状态。与此不同的是，添加了灭活芽孢杆菌 MSP117 的培养基，在 24h 后出现了 CFU 快速增加的情况，直到 48h 后出现平稳期。由于在培养基中只含有菲作为唯一碳源，经过涂布计数之后，活菌数量 (CFU) 的增加，都是以菲作为唯一碳源生长的。也就是说，通过添加灭活芽孢杆菌 MSP117，使得稀土 Y、Ce 的毒性得到了缓解。在不同灭活芽孢杆菌的添加量下，通过对比菌株的生长曲线发现，随着灭活芽孢杆菌的添加量增加，降解菌株 CFP312 的生长量也增加。

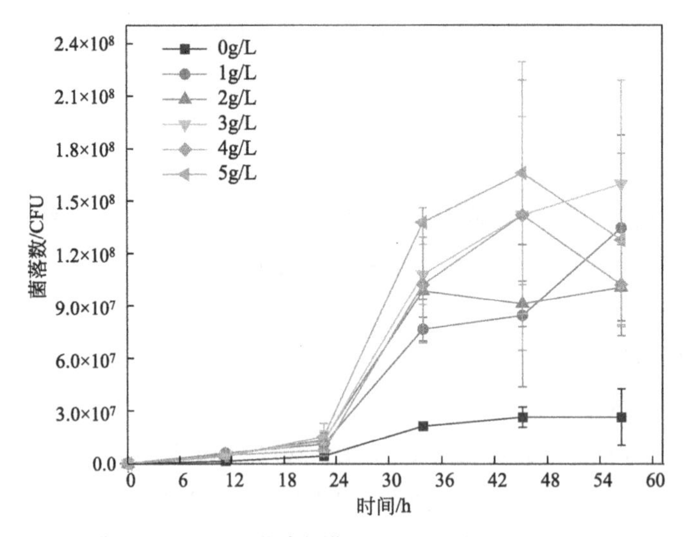

图 9.28 灭活菌株 MSP117 对菲降解菌 CFP312 生长的影响 (500mg/L $CeCl_3$)

添加不同灭活湿菌浓度作为吸附剂吸附稀土离子，之后测定菲降解率。由图 9.29 可知，存在 500mg/L YCl_3 的情况下，同时不添加灭活菌 MSP117，菲的去除率非常低，只有 15.18%；同样的在 500mg/L 的 $CeCl_3$ 条件下，不添加灭活菌，菲的去除率略高于存在 YCl_3 的情况，但是也只有 32.24%的菲去除率。

而在培养基中添加灭活的菌株后，菲的去除率有明显上升。在 1g/L 的灭活菌株添加后，即使在存在 500mg/L 的 YCl_3 或 $CeCl_3$ 的情况下，菲的去除率分别提高到了 91.1%和 96.1%。之后继续增加灭活菌株 MSP117 的浓度则为过量添加了，菲的去除率一直保持在 90%以上。菌株 CFP312 对菲的去除率即使在没有稀土毒性的情况下，也没有出现 95%以上；而有稀土存在和添加灭活菌株的情况下，去除率却高于 95%。出现这种现象的原因可能是添加灭活菌株后，灭活菌株菌体会吸附一部分的菲，使得菲的去除率比不存在稀土污染的情况下更高。

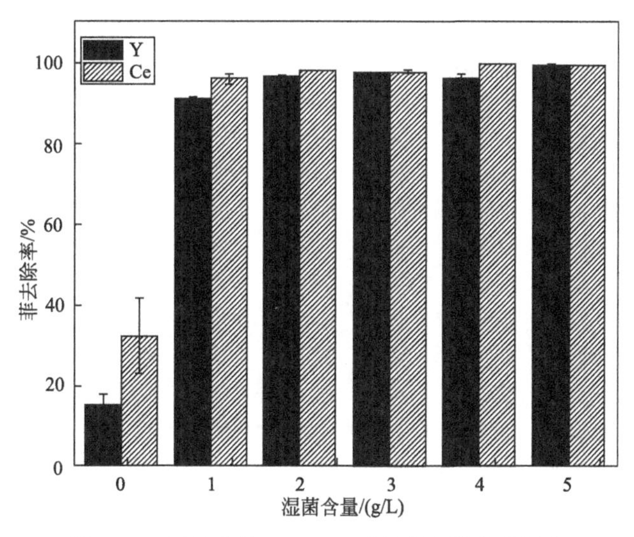

图 9.29 灭活菌株 MSP117 对菲的去除率的影响

② 添加 MSP117 对降解菲的影响

活菌 MSP117 的实验，利用芽孢杆菌 MSP117 在培养基中先培养，待芽孢杆菌生长到稳定期后，再加入菌株 CFP312 降解菲。观察能否利用芽孢杆菌 MSP117 的吸附缓解稀土的胁迫。

如图 9.30 和图 9.31 所示，培养条件为 MSM 无机盐培养基，400mg/L 菲，500mg/L 的 YCl_3 或 $CeCl_3$，0mg/L、200mg/L、500mg/L、1000mg/L 的葡萄糖。在实验 0h 时，添加芽孢杆菌 MSP117，在 0mg/L 的葡萄糖情况下，没有出现生长，故 OD_{600} 在 0～42h 一直没有出现变化；在存在 200mg/L、500mg/L、1000mg/L 葡萄糖的情况下，菌株 OD_{600} 出现不同程度增加的趋势，呈现葡萄糖浓度越高，菌株生长越好的现象。30～42h 观察 OD_{600} 发现，芽孢杆菌 MSP117 的生长到达了平稳期。

在 42h 添加菲降解菌 CFP312，如图 9.30 和图 9.31 所示，在 0mg/L 的葡萄糖下，菲降解菌 CFP312 没有生长；但是在 200mg/L、500mg/L、1000mg/L 葡萄糖的情况下，菲降解菌 CFP312 出现了生长，同样呈现葡萄糖浓度越高，菌株生长越好的现象，说明在 42h 时芽孢杆菌 MSP117 并没有把葡萄糖利用完全，在培养基中还残留有葡萄糖供菲降解菌 CFP312 生长。从目前的结果来看，在有葡萄糖存在的情况下，在 0h 时添加稀土吸附菌株 MSP117 能有效缓解 YCl_3 与 $CeCl_3$ 对菲降解菌 CFP312 的胁迫作用，但是还需要测定菲残余进行进一步的说明。

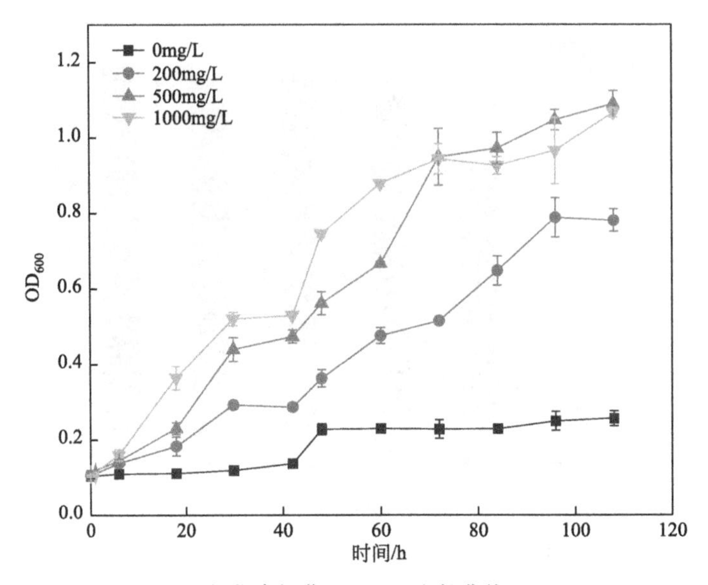

图 9.30　MSP117 与菲降解菌 CFP312 生长曲线（500mg/L YCl_3）

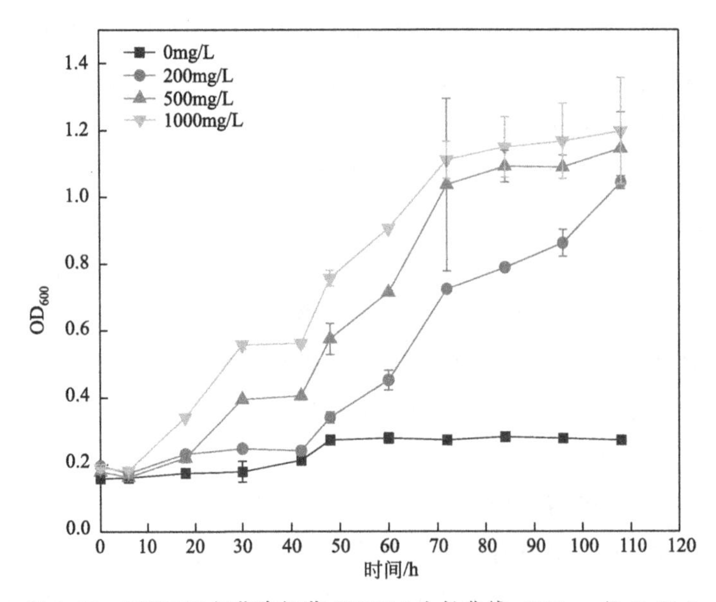

图 9.31　MSP117 与菲降解菌 CFP312 生长曲线（500mg/L $CeCl_3$）

图 9.32 是对图 9.30 和图 9.31 的补充，因为存在葡萄糖的情况下，菲降解菌 CFP312 的生长可能是因为利用了葡萄糖才出现的 OD 的改变。所以在实验结束后，测定了菲的残余量，计算出菲的去除率，从而了解在 0h 时活菌 MSP117 的添加是否能够缓解稀土胁迫。

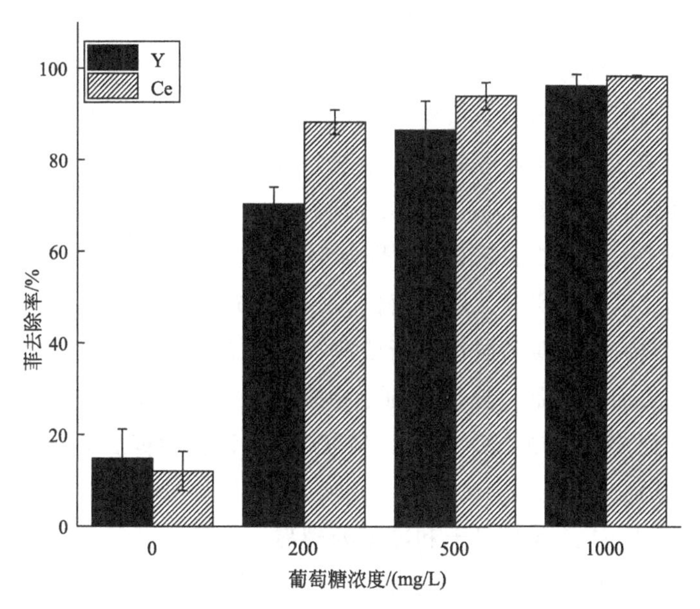

图 9.32　活菌 MSP117 的添加对菲去除率的影响

由图 9.32 可知，在 YCl_3 存在的情况下，不添加葡萄糖，菲的去除率非常低，只有 14.8%；同样的在 $CeCl_3$ 存在的情况下，不添加葡萄糖，也只有 12.06%的菲去除率。而在存在葡萄糖的情况下，芽孢杆菌能够生长，培养基中稀土吸附菌株 MSP117 生物量有所提高，呈现随着添加葡萄糖浓度的增加，生物量也逐渐升高的现象。在图 9.32 中可以清楚地看到菲的去除率也随着葡萄糖浓度的增加而升高。在 500mg/L YCl_3 或 $CeCl_3$ 存在下，葡萄糖浓度达到 1000mg/L 时，菲的去除率分别达到了 96.1%和 98.3%。因为在 9.5.1 已经讨论过了葡萄糖对稀土胁迫的缓解没有作用，所以可以说明稀土胁迫是在菌株 MSP117 的作用下得到了缓解。

小结：

(1) 从学校周边油污污染场地采样并分离得到 14 株排油圈直径大于 40mm 的产生物表面活性剂菌株。利用柴油乳化法检测这 14 株菌种的表面活性剂代谢能力。其中，一株命名为 MSP117 的菌株乳化率达到 78%，为表面活性剂最高产菌株。对菌株 MSP117 进行稀土吸附性能的研究，在菌液浓度为 5g/L 时，对水溶液中稀土铈离子的吸附量可达 94.2mg/g，对水溶液的稀土钇离子的吸附量可达 68.2mg/g，表明菌株 MSP117 具有良好的吸附稀土性能。

(2) 通过菌落观察、显微观察、生理生化实验和 16s rDNA 测序，对菌株

MSP117 进行鉴定。MSP117 菌落呈现白色、干燥、扁平、不透明，在平板上孵育 48h 后，直径大约为 0.6～0.8cm。在显微镜下观察，细胞呈现杆状，且有芽孢形成，初步判断为芽孢菌。菌株 MSP117 能够利用葡萄糖与蔗糖生长，含有接触酶、氧化酶以及淀粉水解酶。结合 16s rDNA 同源性分析，确定菌株 MSP117 为枯草芽孢杆菌（*Bacillus subtilis*），命名为 *Bacillus subtilis* MSP117（简称为 MSP117），其 Genbank 登录号为 MW412499，保藏编号为 CICC 25064。

（3）根据亚甲基蓝实验，确定菌株 MSP117 产生的生物表面活性剂为非离子型表面活性剂；根据薄层层析判断菌株 MSP117 产生的生物表面活性剂可能为糖脂类生物表面活性剂。纯化后的生物表面活性剂的 CMC 大约为 30mg/L，表面张力降低到 32.03mN/m。并且，MSP117 代谢葡萄糖后的发酵液对菲具有明显的增溶作用。

（4）菌株 MSP117 经过烘干和冻干处理后，对稀土的吸附能力减弱。菌株 MSP117 的吸附能力随着 pH 的增大而增大，但受环境温度影响不大。NH_4^+ 的存在，对稀土 Ce^{3+} 的吸附影响不大；但是对稀土 Y^{3+} 的吸附表现为 NH_4^+ 浓度越高，稀土 Y^{3+} 吸附量越低。

（5）稀土胁迫下，菲降解菌 CFP312 代谢活性被抑制。在存在速效碳源如葡萄糖的情况下，CFP312 的葡萄糖代谢活性未受影响，但其代谢菲的活性依然受到稀土离子的抑制。利用灭活菌体 MSP117 和共培养的情况下，稀土的胁迫作用被解除，CFP312 对菲的代谢得到增强。可能的原因是 MSP117 菌体对稀土具有良好的吸附作用，导致溶液中稀土离子含量变低，CFP312 受到稀土的胁迫作用减弱；另外，MSP117 生长过程中产生的生物表面活性剂对菲有一定的增溶作用。

参考文献

［1］ Balati A，Shahbazi A，Amini M M，Hashemi S H. Adsorption of polycyclic aromatic hydrocarbons from wastewater by using silica-based organic-inorganic nanohybrid material. Journal of Water Reuse and Desalination，2015，5（1）：50-63.

［2］ Xu X，Hu H，Kearney G D，Kan H，Sheps D S. Studying the effects of polycyclic aromatic hydrocarbons on peripheral arterial disease in the United States. Science of The Total Environment，2013，461/462：341-347.

［3］ 曾军，吴宇澄，林先贵. 多环芳烃污染土壤微生物修复研究进展. 微生物学报，2020，60

(12): 2804-2815.
[4] 尚琼琼，张秀霞，李振伟，张博凡，熊鑫. 表面活性剂复配强化微生物修复水土体系中的菲. 石油学报（石油加工），2018，34（03）：574-580.
[5] Deshpande S, Shiau B J, Wade D, Sabatini D A, Harwell J H. Surfactant selection for enhancing ex situ soil washing. Water Research, 1999, 33 (2): 351-360.
[6] 肖锟，刘聪洋，王仁女，董伟，潘涛. 表面活性剂影响微生物降解多环芳烃的研究进展. 微生物学通报，2021，48（02）：582-595.
[7] Edwards D A, Luthy R G, Liu Z. Solubilization of polycyclic aromatic hydrocarbons in micellar nonionic surfactant solutions. Environmental Science & Technology, 1991, 25 (1): 127-133.
[8] 梁旭军. 多环芳烃混合物在表面活性剂胶束体系中的增溶机制研究. 广州：华南理工大学. 2017.
[9] Rodriguez-Escales P, Borras E, Sarra M, Folch A. Granulometry and surfactants, key factors in desorption and biodegradation (T. versicolor) of PAHs in soil and groundwater. Water Air and Soil Pollution, 2013, 224 (2): 1422.
[10] Seo Y, Bishop P L. Influence of nonionic surfactant on attached biofilm formation and phenanthrene bioavailability during simulated surfactant enhanced bioremediation. Environmental Science & Technology, 2007, 41 (20): 7107-7113.
[11] Fernando B L, Sanz R, Carmen M M, Gonzalez N, Sanchez D. Effect of different non-ionic surfactants on the biodegradation of PAHs by diverse aerobic bacteria. International Biodeterioration & Biodegradation, 2009, 63 (7): 913-922.
[12] Wang C P, Liu H B, Li J, Sun H W. Degradation of PAHs in soil by *Lasiodiplodia theobromae* and enhanced benzo [*a*] pyrene degradation by the addition of Tween-80. Environmental Science and Pollution Research, 2014, 21 (18): 10614-10625.
[13] Reddy P V, Karegoudar T B, Nayak A S. Enhanced utilization of fluorene by *Paenibacillus* sp. PRNK-6: effect of rhamnolipid biosurfactant and synthetic surfactants. Ecotoxicology and Environmental Safety, 2018, 151: 206-211.
[14] 倪贺伟. 阴-非离子混合表面活性剂强化植物-微生物联合修复多环芳烃污染土壤. 杭州：浙江大学，2014.
[15] 陆海楠. SDBT-Tween 80 混合表面活性剂-植物协同强化微生物修复菲/芘污染土壤. 杭州：浙江大学，2019.
[16] Zhao B W, Zhu L Z, Li W, Chen B L. Solubilization and biodegradation of phenanthrene in mixed anionic-nonionic surfactant solutions. Chemosphere, 2005, 58 (1): 33-40.
[17] 潘涛. 浊点系统在三苯基甲烷染料微生物脱色中的探索与应用. 广州：华南理工大学，2013.
[18] Wang Z L, Dai Z W. Extractive microbial fermentation in cloud point system. Enzyme and Microbial Technology, 2010, 46 (6): 407-418.
[19] 田飞. 浊点系统中产碱杆菌（*Alcaligmes* sp. ATCC31555）萃取发酵产韦兰胶的研究. 广州：华南理工大学，2015.
[20] Pan T, Liu C Y, Zeng X Y, Xin Q, Xu M Y, Deng Y, Dong W. Biotoxicity and bioavailability of hydrophobic organic compounds solubilized in nonionic surfactant micelle

phase and cloud point system. Environmental Science and Pollution Research, 2017, 24 (17): 14795-14801.

[21] Pacwa-Płociniczak M, Płaza GA, Piotrowska-Seget Z, Cameotra S S. Environmental applications of biosurfactants: recent advances. International Journal of Molecular Sciences, 2011, 12 (1): 633-654.

[22] Kubicki S, Bollinger A, Katzke N, Jaeger K E, Loeschcke A, Thies S. Marine biosurfactants: biosynthesis, structural diversity and biotechnological applications. Marine Drugs, 2019, 17 (7): 408.

[23] Goswami M, Deka S. Biosurfactant production by a rhizosphere bacteria *Bacillus altitudinis* MS16 and its promising emulsification and antifungal activity. Colloids and Surfaces B: Biointerfaces, 2019, 178: 285-296.

[24] Liu G S, Zhong H, Yang X, Liu Y, Shao B B, Liu Z. Advances in applications of rhamnolipids biosurfactant in environmental remediation: a review. Biotechnology and Bioengineering, 2018, 115 (4): 796-814.

[25] An C J, Huang G H, Wei J, Yu H. Effect of short-chain organic acids on the enhanced desorption of phenanthrene by rhamnolipid biosurfactant in soil-water environment. Water Research, 2011, 45 (17): 5501-5510.

[26] Wang C P, Yu L, Zhang Z Y, Wang B L, Sun H W. Tourmaline combined with *Phanerochaete chrysosporium* to remediate agricultural soil contaminated with PAHs and OCPs. Journal of Hazardous Materials, 2014, 264: 439-448.

[27] 裴晓红. 生物表面活性剂在多环芳烃（菲）污染土壤生物修复过程中的作用研究. 南京：南京农业大学，2009.

[28] Kobayashi T, Kaminaga H, Navarro R R, Iimura Y. Application of aqueous saponin on the remediation of polycyclic aromatic hydrocarbons-contaminated soil. Journal of Environmental Science and Health. Part A, Toxic/Hazardous Substances & Environmental Engineering, 2012, 47 (8): 1138-1145.

[29] Zhou W J, Yang J J, Lou L J, Zhu L Z. Solubilization properties of polycyclic aromatic hydrocarbons by saponin, a plant-derived biosurfactant. Environmental Pollution, 2011, 159 (5): 1198-1204.

[30] Bezza F A, Chirwa E M N. The role of lipopeptide biosurfactant on microbial remediation of aged polycyclic aromatic hydrocarbons (PAHs)-contaminated soil. Chemical Engineering Journal, 2017, 309: 563-576.

[31] 宋赛赛. 皂角苷对重金属-PAHs 复合污染土壤的强化修复作用及机理. 杭州：浙江大学，2014.

[32] Mao X, Jiang R, Xiao W, Yu J. Use of surfactants for the remediation of contaminated soils: a review. Journal of Hazardous Materials, 2015, 285: 419-435.

[33] 刘伟杰，尤琰婷，赵若非，刘聪，孙地，朱静榕. 生物表面活性剂生产及应用的研究进展. 江苏农业科学，2018，46（24）：15-19.

[34] 黄毅梅，邓丰，李静. 微生物发酵生产生物表面活性剂的研究进展. 广东轻工职业技术学院学报，2016，15（02）：6-9.

[35] Paulino B N, Pessôa M G, Mano M C R, Molina G, Neri-Numa I A, Pastore G

M. Current status in biotechnological production and applications of glycolipid biosurfactants. Applied Microbiology and Biotechnology，2016，100 (24)：10265-10293.

[36] White D A，Hird L C，Ali S T. Production and characterization of a trehalolipid biosurfactant produced by the novel marine bacterium *Rhodococcus* sp. ，strain PML026. Journal of Applied Microbiology，2013，115 (3)：744-755.

[37] 代朝猛，朱晏立，段艳平，李彦，涂耀仁，万耀强. 生物表面活性剂强化降解土壤中PAHs研究进展. 水处理技术，2020，46 (02)：1-7.

[38] Mani P，Dineshkumar G，Jayaseelan T，Deepalakshmi K，Ganesh K C，Senthil B S. Antimicrobial activities of a promising glycolipid biosurfactant from a novel marine *Staphylococcus saprophyticus* SBPS 15. 3 Biotech，2016，6 (2)：163.

[39] Chander C R S，Lohitnath T，Kumar D J M，Kalaichelvan P T. Production and characterization of biosurfactant from *bacillus subtilis* MTCC441 and its evaluation to use as bioemulsifier for food bio-preservative. Advances in Applied Science Research，2012，3 (3)：1827-1831.

[40] Yan F，Xu S，Guo J，Chen Q，Meng Q，Zheng X. Biocontrol of post-harvest *Alternaria alternata* decay of cherry tomatoes with rhamnolipids and possible mechanisms of action. Journal of the Science of Food and Agriculture，2015，95 (7)：1469-1474.

[41] Nguyen T T L，Edelen A，Neighbors B，Sabatini D A. Biocompatible lecithin-based microemulsions with rhamnolipid and sophorolipid biosurfactants：formulation and potential applications. Journal of Colloid and Interface Science，2010，348 (2)：498-504.

[42] Jiang J，Zu Y，Li X，Meng Q，Long X. Recent progress towards industrial rhamnolipids fermentation：process optimization and foam control. Bioresource Technology，2020，298：122394.

[43] 郝建安，张晓青，杨波，司晓光，姜天翔，杜瑾，张爱君，任华峰，王静. 微生物表面活性剂应用新进展. 生物技术，2017，27 (04)：396-402.

[44] 罗娜. 铜绿假单胞菌产鼠李糖脂的能力及其对烃类污染物降解的研究. 西安：西北大学，2016.

[45] Benincasa M，Abalos A，Oliveira I，Manresa A. Chemical structure，surface properties and biological activities of the biosurfactant produced by *Pseudomonas aeruginosa* LBI from soapstock. Antonie van Leeuwenhoek，2004，85 (1)：1-8.

[46] Crich D. Synthesis of the mannosyl erythritol lipid MEL A；confirmation of the configuration of the meso-erythritol moiety. Tetrahedron，2002，58 (1)：35-44.

[47] 张嵩元，汪卫东. 基因工程微生物合成鼠李糖脂表面活性剂的研究进展. 微生物学报：61 (10)：3059-3075.

[48] 李光月，胡文锋，李雪玲. 表面活性素的国内外研究进展. 中国酿造，2021，40 (02)：20-25.

[49] 蔡京荣，吕佳佳. 脂肽类生物表面活性剂研究概况. 中国洗涤用品工业，2020，(08)：64-72.

[50] Shen H H，Thomas R K，Chen C Y，Darton R C，Baker S C，Penfold J. Aggregation of the naturally occurring lipopeptide，surfactin，at interfaces and in solution：an unusual type of surfactant? Langmuir，2009，25 (7)：4211-4218.

[51] Maget-Dana R, Ptak M. Interfacial properties of surfactin. Journal of Colloid and Interface Science, 1992, 153 (1): 285-291.
[52] 刘珑，范洪富，赵娟. 生物表面活性剂提高采收率的研究进展. 油田化学，2018，35 (04): 738-743.
[53] Seghal K G, Anto T T, Selvin J, Sabarathnam B, Lipton A P. Optimization and characterization of a new lipopeptide biosurfactant produced by marine *Brevibacterium aureum* MSA13 in solid state culture. Bioresource Technology, 2010, 101 (7): 2389-2396.
[54] Roberts K D, Azad M A K, Wang J, Horne A S, Thompson P E, Nation R L, Velkov T, Li J. Antimicrobial activity and toxicity of the major lipopeptide components of polymyxin B and colistin: last-line antibiotics against multidrug-resistant *Gram-negative bacteria*. ACS Infectious Diseases, 2015, 1 (11): 568-575.
[55] Makovitzki A, Viterbo A, Brotman Y, Chet I, Shai Y. Inhibition of fungal and bacterial plant pathogens in vitro and in planta with ultrashort cationic lipopeptides. Applied and Environmental Microbiology, 2007, 73 (20): 6629-6636.
[56] Jones R R, Castelletto V, Connon C J, Hamley I W. Collagen stimulating effect of peptide amphiphile C_{16}-KTTKS on human fibroblasts. Molecular Pharmaceutics, 2013, 10 (3): 1063-1069.
[57] Castelletto V, Hamley I W, Whitehouse C, Matts P J, Osborne R, Baker E S. Self-assembly of palmitoyl lipopeptides used in skin care products. Langmuir, 2013, 29 (29): 9149-9155.
[58] 胡仿香，李霜. 生物表面活性剂 Surfactin 生产菌株的定向改造策略. 微生物学报，2018，58 (10): 1711-1721.
[59] Kaczorek E, Olszanowski A. Uptake of hydrocarbon by *Pseudomonas fluorescens* (P1) and *Pseudomonas putida* (K1) strains in the presence of surfactants: a cell surface modification. Water, Air, & Soil Pollution, 2011, 214 (1/4): 451-459.
[60] Lima T M S, Procópio L C, Brandão F D, Carvalho A M X, Tótola M R, Borges A C. Biodegradability of bacterial surfactants. Biodegradation, 2011, 22 (3): 585-592.
[61] 王岚，张静，路璐. 不同浓度鼠李糖脂对土壤多环芳烃去除率及微生物群落结构的影响. 环境污染与防治，2019，41 (08): 901-905.
[62] Whang L M, Liu PW G, Ma C C, Cheng S S. Application of biosurfactants, rhamnolipid, and surfactin, for enhanced biodegradation of diesel-contaminated water and soil. Journal of Hazardous Materials, 2008, 151 (1): 155-163.
[63] Zeng G, Liu Z, Zhong H, Li J, Yuan X, Fu H, Ding Y, Wang J, Zhou M. Effect of monorhamnolipid on the degradation of n-hexadecane by *Candida tropicalis* and the association with cell surface properties. Applied Microbiology and Biotechnology, 2011, 90 (3): 1155-1161.
[64] Kaczorek E, Pacholak A, Zdarta A, Smułek W. The impact of biosurfactants on microbial cell properties leading to hydrocarbon bioavailability increase. Colloids and Interfaces, 2018, 2 (3): 35.
[65] Onur G, Yilmaz F, Icgen B. Diesel oil degradation potential of a bacterium inhabiting petroleum hydrocarbon contaminated surface waters and characterization of its emulsifica-

tion ability. Journal of Surfactants and Detergents，2015，18 (4)：707-717.

[66] Zhong H，Zhang H，Liu Z，Yang X，Brusseau M L，Zeng G. Sub-CMC solubilization of dodecane by rhamnolipid in saturated porous media. Scientific Reports，2016，6 (1)：33266.

[67] 田新堂，张玉峰，张沛琳，胡书敏，马会霞，马帅雨，罗一菁. 生物表面活性剂处理含油污泥的机理分析及应用现状. 化学与生物工程，2021，38 (02)：17-21.

[68] Zhang J，Xue Q，Gao H，Lai H，Wang P. Production of lipopeptide biosurfactants by *Bacillus atrophaeus* 5-2a and their potential use in microbial enhanced oil recovery. Microbial Cell Factories，2016，15 (1)：168.

[69] 王飞. 土壤多环芳烃污染修复技术的研究进展. 环境与发展，2019，31 (02)：55-58.

[70] 孙胜利. 焦化废水中产表面活性剂菌的筛选及其对多环芳烃降解的影响. 广州：华南理工大学，2018.

[71] Kuppusamy S，Thavamani P，Venkateswarlu K，Lee Y B，Naidu R，Megharaj M. Remediation approaches for polycyclic aromatic hydrocarbons (PAHs) contaminated soils：technological constraints，emerging trends and future directions. Chemosphere，2017，168：944-968.

[72] Gadd G M. Mycotransformation of organic and inorganic substrates. Mycologist，2004，18 (2)：60-70.

[73] 高飞. 淋洗修复土壤中重金属和多环芳烃复合污染的研究. 天津：天津大学，2013.

[74] Biswas B，Sarkar B，Mandal A，Naidu R. Heavy metal-immobilizing organoclay facilitates polycyclic aromatic hydrocarbon biodegradation in mixed-contaminated soil. Journal of Hazardous Materials，2015，298：129-137.

[75] Abd El-Azeem S A M，Ahmad M，Usman A R A，Kim K R，Oh S E，Lee S S，Ok Y S. Changes of biochemical properties and heavy metal bioavailability in soil treated with natural liming materials. Environmental Earth Sciences，2013，70 (7)：3411-3420.

[76] Rangel D E N，Finlay R D，Hallsworth J E，Dadachova E，Gadd G M. Fungal strategies for dealing with environment-and agriculture-induced stresses. Fungal Biology，2018，122 (6)：602-612.

[77] Sandrin T R，Maier R M. Impact of metals on the biodegradation of organic pollutants. Environmental Health Perspectives，2003，111 (8)：1093-1101.

[78] 梁涛. 稀土元素在土壤、农作物及鱼体中的环境生物地球化学特征. 北京：中国科学院研究生院（地理科学与资源研究所），2000.

[79] Li X，Chen Z，Chen Z，Zhang Y. A human health risk assessment of rare earth elements in soil and vegetables from a mining area in Fujian Province，Southeast China. Chemosphere，2013，93 (6)：1240-1246.

[80] Cao X，Zhou S，Xie F，Rong R，Wu P. The distribution of rare earth elements and sources in Maoshitou reservoir affected by acid mine drainage，Southwest China. Journal of Geochemical Exploration，2019，202：92-99.

[81] Sheppard S，Long J，Sanipelli B，Sohlenius G. Solid/liquid partition coefficients (Kd) for selected soils and sediments at Forsmark and Laxemar-Simpevarp，2009.

[82] Gonzalez V，Vignati D A L，Leyval C，Giamberini L. Environmental fate and ecotoxici-

ty of lanthanides: are they a uniform group beyond chemistry? Environment International, 2014, 71: 148-157.
[83] Migaszewski Z M, Galuszka A. The characteristics, occurrence, and geochemical behavior of rare earth elements in the environment: a review. Critical Reviews in Environmental Science and Technology, 2015, 45 (5): 429-471.
[84] Pang X, Peng A. Application of rare-earth elements in the agriculture of China and its environmental behavior in soil. Environ Sci, 2002, 9 (2): 143-148.
[85] 徐西蒙，陈远翔. 水体重金属-有机物复合污染的协同处理技术研究进展. 化工环保，2020, 40 (05): 467-473.
[86] 朱琳，陈伟. 重金属的危害及利用水滑石对其处理的研究. 科技创新与应用，2021, (10): 106-108.
[87] Qin W C, Su L M, Zhang X J, Qin H W, Wen Y, Guo Z, Sun F T, Sheng L X, Zhao Y H, Abraham M H. Toxicity of organic pollutants to seven aquatic organisms: effect of polarity and ionization. SAR and QSAR in Environmental Research, 2010, 21 (5/6): 389-401.
[88] 梁奔强，薛花. 重金属-有机物复合污染土壤修复研究进展. 广东化工，2020, 47 (15): 126-128, 142.
[89] Wuana R A, Okieimen F E, Vesuwe R N. Mixed contaminant interactions in soil: implications for bioavailability, risk assessment and remediation. Journal of Autonomic Pharmacology, 2014, 18 (3): 189-194.
[90] Lin Q, Wang Z, Ma S, Chen Y. Evaluation of dissipation mechanisms by *Lolium perenne* L., and *Raphanus sativus* for pentachlorophenol (PCP) in copper co-contaminated soil. Science of The Total Environment, 2006, 368 (2/3): 814-822.
[91] Ahmaruzzaman M. A review on the utilization of fly ash. Progress in Energy and Combustion Science, 2010, 36 (3): 327-363.
[92] 夏威夷，丁亮，朱迟，王栋，曲常胜，王水，蔡光华，郭乾. CST 固化剂修复重金属和有机复合污染土壤试验研究. 绿色科技，2021, 23 (04): 10-14.
[93] Liu S H, Zeng G M, Niu Q Y, Liu Y, Zhou L, Jiang L H, Tan X, Xu P, Zhang C, Cheng M. Bioremediation mechanisms of combined pollution of PAHs and heavy metals by bacteria and fungi: a mini review. Bioresource Technology, 2017, 224: 25-33.
[94] Ye J, Yin H, Xie D, Peng H, Huang J, Liang W. Copper biosorption and ions release by *Stenotrophomonas maltophilia* in the presence of benzo [*a*] pyrene. Chemical Engineering Journal, 2013, 219: 1-9.
[95] Zouboulis A I, Loukidou M X, Matis K A. Biosorption of toxic metals from aqueous solutions by bacteria strains isolated from metal-polluted soils. Process Biochemistry, 2004, 39 (8): 909-916.
[96] Weissenfels W D, Klewer H J, Langhoff J. Adsorption of polycyclic aromatic hydrocarbons (PAHs) by soil particles: influence on biodegradability and biotoxicity. Applied Microbiology & Biotechnology, 1992, 36 (5): 689-696.
[97] 陈希超，韩倩，向明灯，李良忠，玉琳，于云江. 重金属和有机物复合污染对土壤酶活力的影响研究进展. 环境与健康杂志，2016, 33 (09): 841-845.

[98] 李明珠，廖强，董远鹏，刘喜娟，邵翼飞，胡欣欣，李梦红，刘爱菊.铜和磺胺嘧啶复合污染对土壤酶活性及微生物群落功能多样性的影响.土壤，2020，52（05）：987-993.

[99] Guo C，Dang Z，Wong Y，Tam N F. Biodegradation ability and dioxgenase genes of PAH-degrading *Sphingomonas* and *Mycobacterium* strains isolated from mangrove sediments. International Biodeterioration & Biodegradation，2010，64（6）：419-426.

[100] 郭伟，付瑞英，赵仁鑫，赵文静，郭江源，张君.内蒙古包头白云鄂博矿区及尾矿区周围土壤稀土污染现状和分布特征.环境科学，2013，34（05）：1895-1900.

[101] 金姝兰，黄益宗，胡莹，乔敏，王小玲，王斐，李季，向猛，徐峰.江西典型稀土矿区土壤和农作物中稀土元素含量及其健康风险评价.环境科学学报，2014，34（12）：3084-3093.

[102] 刘攀攀，陈正，孙国新，李宏.稀土矿区及其周边水稻田中稀土元素的生物迁移积累特征.环境科学学报，2016，36（03）：1006-1014.

[103] 卢振伟，陈东，刘颖，聂毓秀，陈杭亭，李伟国，倪嘉缵.混合稀土对大鼠肝脏中7种酶的小剂量刺激作用.应用化学，2003，（01）：6-9.

[104] Maulik N，Tosaki A，Engelman R M，Chatterjee G，Das D K. Lanthanum provides cardioprotection by modulating Na^{+}-Ca^{2+} exchangea. Annals of the New York Academy of Sciences，1996，779（1）：546-550.

[105] Pineros M，Tester M. Calcium channels in higher plant cells：selectivity，regulation and pharmacology. Journal of Experimental Botany，1997，48：551-577.

[106] Zhang L，Zeng F，Xiao R. Effect of lanthanum ions（La^{3+}）on the reactive oxygen species scavenging enzymes in wheat leaves. Biological Trace Element Research，2003，91（3）：243-252.

[107] Ippolito M P，Fasciano C，d' Aquino L，Morgana M，Tommasi F. Responses of antioxidant systems after exposition to rare earths and their role in chilling stress in common duckweed（*Lemna minor* L.）：a defensive weapon or a boomerang? Archives of Environmental Contamination and Toxicology，2010，58（1）：42-52.

[108] Priji P，Sajith S，Unni K N，Anderson R C，Benjamin S. *Pseudomonas* sp. BUP6，a novel isolate from Malabari goat produces an efficient rhamnolipid type biosurfactant：rhamnolipid type biosurfactant from *Pseudomonas* sp. BUP6. Journal of Basic Microbiology，2017，57（1）：21-33.

[109] Comte S，Guibaud G，Baudu M. Biosorption properties of extracellular polymeric substances（EPS）towards Cd，Cu and Pb for different pH values. Journal of Hazardous Materials，2008，151（1）：185-193.

[110] 徐雪芹，李小明，杨麒，廖德祥，曾光明，张昱，刘精今.丝瓜瓤固定简青霉吸附废水中Pb^{2+}和Cu^{2+}的机理.环境科学学报，2008，（01）：95-100.

[111] Akar T，Tunali S. Biosorption characteristics of *Aspergillus flavus* biomass for removal of Pb（Ⅱ）and Cu（Ⅱ）ions from an aqueous solution. Bioresource Technology，2006，97（15）：1780-1787.

[112] Torab-Mostaedi M. Biosorption of lanthanum and cerium from aqueous solutions using tangerine（Citrus reticulata）peel：equilibrium，kinetic，and thermodynamic stud-

ies. Chemical Industry and Chemical Engineering Quarterly, 2013, 19 (1): 79-88.
[113] Kütahyali C, Sert S, Cetinkaya B, Yallcntas E, Bahadı Y A M. Biosorption of Ce (Ⅲ) onto modified Pinus brutia leaf powder using central composite design. Wood Science and Technology, 2012, 46 (4): 721-736.
[114] Fakhri H, Mahjoub A R, Aghayan H. Effective removal of methylene blue and cerium by a novel pair set of heteropoly acids based functionalized graphene oxide: adsorption and photocatalytic study. Chemical Engineering Research and Design, 2017, 120: 303-315.
[115] Dubey S S, Rao B S. Removal of cerium ions from aqueous solution by hydrous ferric oxide-a radiotracer study. Journal of Hazardous Materials, 2011, 186 (2/3): 1028-1032.
[116] Li X J, Yan C J, Luo W J, Gao Q, Zhou Q, Liu C, Zhou S. Exceptional cerium (Ⅲ) adsorption performance of poly (acrylic acid) brushes-decorated attapulgite with abundant and highly accessible binding sites. Chemical Engineering Journal, 2016, 284: 333-342.
[117] 董伟. 芽孢杆菌芽孢特性及其作为吸附稀土离子材料的应用. 长沙: 中南大学出版社, 2020.